# 中国含油气系统与油气藏学术会议论文集（2011）

胡素云　主编

石油工业出版社

## 内 容 提 要

本文集精选 2011 年中国含油气系统与油藏学术会议论文 22 篇，内容涵盖烃源岩评价、油气运移与聚集、油气成藏动力学、油气资源潜力与资源分布等，对含油气系统研究及油气勘探有促进意义。

本书可供油气地质、勘探人员及相关院校师生参考。

**图书在版编目（CIP）数据**

中国含油气系统与油气藏学术会议论文集：2011/ 胡素云主编．
北京：石油工业出版社，2012.12
  ISBN 978-7-5021-9329-4

  Ⅰ．中…
  Ⅱ．胡…
  Ⅲ．①含油气系统－中国－学术会议－文集
     ②油气藏－中国－学术会议－文集
  Ⅳ．P618.13-53

中国版本图书馆 CIP 数据核字（2012）第 254083 号

出版发行：石油工业出版社
　　　　（北京安定门外安华里 2 区 1 号　　100011）
　　　　网　址：www.petropub.com.cn
　　　　编辑部：（010）64523544
　　　　发行部：（010）64523620
经　销：全国新华书店
印　刷：北京中石油彩色印刷有限责任公司

2012 年 12 月第 1 版　2012 年 12 月第 1 次印刷
787×1092 毫米　开本：1/16　印张：15.5
字数：392 千字

定价：60.00 元
（如出现印装质量问题，我社发行部负责调换）

# 前　言

含油气系统是与一个有效的生烃灶相联系的烃类流体系统，包括了油气藏形成所必需的一切地质要素与地质作用及成因上相关的所有油气。含油气系统是客观评价油气资源潜力与有效发现油气藏的重要工具，是油气勘探的一种思路和方法，在减少风险、降低成本、提高勘探效益方面的作用越来越重要。含油气系统分析与评价已成为国内外各大石油公司油气勘探评价的重要内容之一。

中国石油学会石油地质专业委员会先后于 1996 年 11 月（北京）、2000 年 7 月（青岛）、2004 年 3 月（重庆）、2008 年 7 月（重庆）召开了四届"中国含油气系统应用与进展"全国研讨会，旨在推进含油气系统在中国的深入与发展。通过这四届会议的成功举办及研究人员的长期深入研究，中国学者不仅深入理解了含油气系统的概念、内涵及 L.B. 马恭和 W.G. 道所提出的"四图一表"模式，而且结合中国含油气盆地的特点，把含油气系统作为含油气盆地地质评价序列中介于盆地与区带之间的一个评价环节，并根据中国叠合盆地石油地质条件的特殊性，提出"复合含油气系统"的概念。在系统总结中国叠合盆地基本地质特征的基础上，提出了对中国含油气系统类型划分的基本方案，对"复合含油气系统"进行了定义，总结其内涵，提出一套可操作的评价流程，在"复合含油气系统"定量研究与模拟方面取得了重要进展。

近年来，随着油气勘探难度的增加，中国叠合盆地下组合海相碳酸盐岩成为油气储量增长的重要领域。因此，中国石油学会石油地质专业委员会含油气系统与油气藏学组于 2011 年 4 月在湖南长沙组织召开了"2011 年中国含油气系统与油气藏学术会议"，会议主题即为"含油气系统研究进展与碳酸盐岩油气藏"，目的是推动含油气系统与碳酸盐岩油气成藏理论在中国的发展与应用。该次会议得到了来自中国石油、中国石化、中国海油等三大石油公司及科研院所、高等院校共计 30 余家单位 120 余位专家、学者的积极响应与热情参与。该次会议研讨的主要内容包括四个方面。

（1）成藏动力学与含油气系统研究新进展，包括①四类（断陷、坳陷、前陆与克拉通）盆地成藏动力学与含油气系统；②非常规油气资源（煤层气、页岩气）的成藏机理；③含油气系统模拟技术（含物理模拟与计算机模拟）；④含油气系统运聚单元评价技术。

（2）海相碳酸盐岩烃源条件与资源潜力评价研究进展，包括①海相泥质烃源岩发育模式与分布规律；②高过成熟烃源岩生烃机理与潜力评价；③碳酸盐岩资源评价方法。

（3）海相碳酸盐岩油气成藏研究进展，包括①中国海相碳酸盐岩油气藏类型与形成条件；②断陷盆地古潜山油气成藏；③克拉通盆地古隆起油气成藏与富集规律；④礁、滩储集体油气成藏与富集规律；⑤古构造演化对海相碳酸盐岩油气成藏的控制作用；⑥中国海相碳酸盐岩大油气田分布规律。

（4）海相碳酸盐岩油气藏评价技术，包括①碳酸盐岩储层、流体测井评价技术；②碳酸盐岩储层、流体地震评价技术；③碳酸盐岩油气藏区带与目标综合评价技术。

为进一步促进交流，推进中国含油气系统的深入发展，大会组织机构决定组织出版《中国含油气系统与油气藏学术会议论文集（2011）》。本书共精选论文 22 篇，代表了 2008 年第四届含油气系统学术研讨会以来取得的最新成果与进展。中国石油勘探开发研究院胡素云教授负责论文集的组稿和统稿工作，汪泽成博士、谷志东博士负责稿件的编排整理，全书由胡素云教授审阅。

本书的出版，得到了中国工程院院士胡见义、中国石油学会石油地质专业委员会主任赵文智及秘书长王霞的大力指导，得到了中国石油勘探开发研究院周海民常务副院长、邹才能副院长的大力支持，在此一并表示感谢。由于篇幅有限，还有许多优秀论文未能入选，敬请谅解。对于所有入选和没有入选的论文作者的辛勤劳动和学术贡献表示衷心的感谢！

# 目　录

## 成藏动力学与含油气系统研究新进展

## 海相碳酸盐岩烃源条件与资源潜力评价研究进展

## 海相碳酸盐岩油气成藏研究进展

## 海相碳酸盐岩油气藏评价技术

# 成藏动力学与含油气系统研究新进展

# 等深流沉积——一个潜在油气勘探领域[❶]

何幼斌　罗顺社　高振中　文　沾

（长江大学地球科学学院）

**摘　要**　从 20 世纪 60 年代以来，等深流沉积的研究取得了长足的进展。等深流沉积的粒度范围相当宽广，从泥级、粉砂级至砂级，甚至细砾级，分选性一般为中等至较好，局部为好至很好，常发育各种层理、波痕、侵蚀构造、定向构造以及生物扰动构造等，垂向上典型层序为由一个向上变粗的逆递变段和一个向上变细的正递变段构成的对称递变层序。而且，随着深海调查的不断深入，在现代海洋大陆坡和陆隆地带发现了不少规模巨大的等深流沉积堆积体——等深岩丘，但地层记录中的等深岩丘发现极少。细粒的等深流沉积可以形成良好的盖层和烃源岩，砂级的等深流沉积可形成良好的储集岩，因而等深流沉积具有可观的含油气潜能。在我国应加强等深流沉积及其含量油气性的研究。

**关键词**　等深流沉积　对称递变层序　等深岩丘　烃源岩

## 1　研究历史与现状

20 世纪 50 年代初浊流理论的兴起及其后对重力流沉积的大规模研究，从根本上改变了人们对深水沉积的认识，发现在深海、半深海环境中，并非全为极细粒的远洋沉积，而是存在由浊流及其他重力流搬运来的粗粒物质，并可形成像海底扇这样的大规模的沉积体。Heezen 和 Hollister 根据对北大西洋陆隆水深 4 ～ 5km 海域岩心的研究，首次提出了存在深海底流的证据（Heezen & Hollister，1963），随后，用深海海底照片证明这种底流为平行于海底等深线方向的流动，从而确立了深水等深流的概念并阐明了其沉积特征（Heezen et al.，1966）。随着深海调查技术的进步和完善，特别是已完成的深海钻探计划（DSDP）及其后继项目大洋钻探计划（ODP）和综合大洋钻探计划（IODP），以大量的资料和雄辩的事实证实了深海等深流活动和等深流沉积的存在。1990 年 8 月，在英国诺丁汉召开的第 13 届国际沉积学大会就收到了不少有关等深流沉积的研究论文，Stow 和 Faugères 选择了其中代表性的论文在《Sedimentary Geology》（第 82 卷）上以等深流和底流的专辑形式出版（1993）。1996 年，高振中等著述了《深水牵引流沉积——内潮汐、内波和等深流沉积研究》。在补充资料的基础上，完善了有关内容，1998 年，出版了英文版《Deep-water Traction Current Deposits》。1998 年，英国著名沉积学家 Stow 博士等人组织和发起了一个有关等深流沉积、底流和古环流研究的大型国际合作项目——全球地质对

---

[❶]国家自然科学基金资助项目的部分内容（批准号 41072086）。

比计划 432 项目（IGCP No.432）。出版了多期通讯《Contourite Watch》，2002 年，出版了有关深水等深流和底流沉积的专著——《Deep-water Contourite Systems：Modern Drifts and Ancient series，Seismic and Sedimentary Characteristics》。2007 年，Viana 和 Rebesco 合编了一本等深流沉积研究的专著——《Economic and Palaeoceanographic Significance of Contourite Deposits》。2008 年，Rebesco 和 Camerlenghi 合编了沉积学进展第 60 卷——《Contourites》。

我国的等深流沉积研究起步较晚，主要开始于 20 世纪 80 年代初期（刘宝珺等，1982）。从 80 年代后期开始，研究力度不断加大，研究成果陆续涌现出来（如虞子冶等，1989；姜在兴等，1989；刘宝珺等，1990；段太忠等，1990；Duan et al.，1993；李日辉，1994；高振中等，1995；Luo et al.，2002；屈红军等，2010）。

# 2 等深流沉积的特征

## 2.1 岩性特征

对现代海底等深流沉积物的研究表明，其沉积物的主要来源有：陆源碎屑物质、生物成因的物质、海底沉积物的重新浮悬和火山物质等。因此，等深流沉积物的成分主要为陆源碎屑物质和生物物质或碳酸盐物质，亦有少量火山物质。

由于等深流沉积本身分异度低、生物活动改造强烈以及与其他沉积类型区别上的困难，因此，目前对由等深流沉积形成的或由等深流改造而形成的岩石——等深积岩（或称等深岩）的分类特别是成因分类的研究程度还很低。目前，一般将等深积岩分为四种基本类型，即泥质等深积岩、斑块粉砂质等深积岩、砂质等深积岩和砾质等深积岩以及若干过渡类型（图 1）。由于等深积岩的成分除陆源碎屑物质外，还有生物成因的物质、化学成因的物质以及火山碎屑物质等，因此，可按粒级将等深积岩划分为泥级等深积岩、粉砂级等深积岩、砂级等深积岩、砾级等深积岩等类型，每一类型按成分再进一步划分。

## 2.2 结构

现代等深流沉积物的结构组分包括泥级组分、粉砂级组分、砂级组分和细砾级组分。其中，泥级组分是最主要的，其次是粉砂级组分，砂级组分较少，细砾级组分极少。这是由于等深流的流速较低的原因（一般为 5 ～ 20cm/s，局部可达 250 ～ 300cm/s），决定了其所携带的颗粒大小一般为泥级至细砂级（8$\phi$ ～ 3$\phi$）。但是很少见由单一的或以细砂级为主要粒级所组成的现代等深流沉积物。Gonthier 等（1984）按照颗粒粒级及其含量将现代等深流沉积划分为三种相类型，即①砂—粉砂相，②斑块粉砂—泥相，③均质泥相。在相①中，细砂级颗粒含量 20% ～ 40%，粉砂为 50% ～ 70%，泥约 10% 或更少；在相②中，细砂 5% ～ 15%，粉砂 45% ～ 55%，泥约 30%；在相③中几乎缺乏细砂级颗粒，含粉砂 20% ～ 40%，泥 60% ～ 80%。

等深流沉积的分选性与其沉积时等深流的强度、持续时间、物源及生物活动等因素相关。Heezen 等（1966）、Hollister 等（1972）和 Bouma（1972）最初认为经典的等深流沉积物（单层厚度小于 5cm）的分选性为好—很好，分选系数小于 0.75（Folk 值）。但是，目前大洋中广为分布的等深流沉积中，其分选性一般为中等至较好，局部为好至很好。在正态概率曲线上，一般有 2 ～ 3 个沉积总体，其中跳跃总体斜率大。

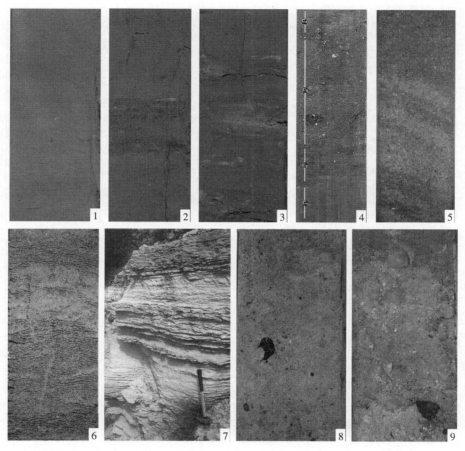

图 1　等深积岩的类型（据 Stow 和 Faugères，2008；Stow 等，2002）

1—泥质等深积岩，具生物扰动，上部见纹层；2—泥质等深积岩，见粉砂质斑块；3—粉砂质和泥质等深积岩互层；1 ～ 3 岩心取自英国西北大陆斜坡洛克尔海槽，岩心宽 8cm；4—泥质、粉砂质和砂质等深积岩，其中 $C_1$ 为泥质，$C_2$ 和 $C_4$ 为含斑块状粉砂质泥，$C_3$ 为泥质砂，取自 Cadiz 海湾法鲁等深岩丘，岩心宽为 8cm；5—纹层状砂质等深积岩，取自 Cadiz 海湾法鲁等深岩丘，具平行层理、小型交错层理，岩心宽为 10cm；6—具生物扰动的砂质等深积岩，见平行纹层，取自巴西大陆斜坡，岩心宽 5cm；7—塞浦路斯渐新统砂屑等深积岩，呈透镜状薄层；8—含砾砂质等深积岩；9—砾石滞留等深积岩；8 和 9 取自英国西北大陆斜坡 Faeroe—Shetland 水道，岩心宽 10cm

## 2.3　沉积构造

　　等深流沉积物中的沉积构造也较发育，特别是生物成因构造和机械成因的层理构造、波痕、大型黏性交错层、侵蚀构造和定向构造等（表 1）。

　　定向构造主要由生物屑、碎屑颗粒的定向排列表现出来。另外，刻蚀痕、障积痕等流动痕迹可作为定向构造，这些定向排列的物质其长轴方向平行于等深流流动方向。在流速较高的水道底部，常见滞留砾石呈叠瓦状排列，这种砾石层厚度较小，分布局限。

表 1 等深流沉积中主要的原生沉积构造（据 Martìn—Chivelet 等，2008，略修改）

| 比例尺 | 沉积构造图示 | 沉积构造名称 | 粒径 | 指示环境 | 丰富程度 |
|---|---|---|---|---|---|
| 1cm | 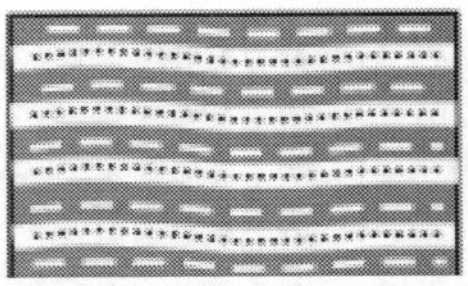 | 水平纹理或正弦波纹理；"帚状"纹理 | 细砂、粉砂和泥 | 水流强度低，悬浮沉积为主 | 非常常见 |
| 1cm | 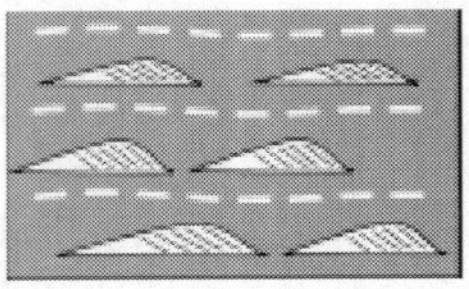 | 透镜状层理，不完全波痕 | 细砂、粉砂、泥 | 流动强度交替变化；低—中能的水流强度和簸选 | 非常常见 |
| 1cm |  | 波状层理 | 细砂、粉砂、泥 | 流动强度交替变化，低—中能的水流强度 | 非常常见 |
| 1～5cm | 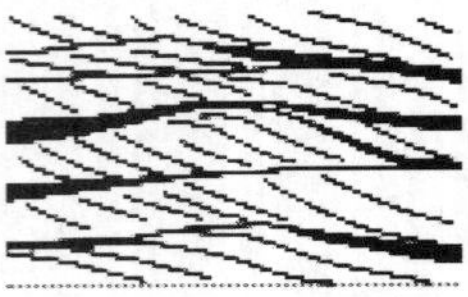 | 脉状层理，泥质条带 | 细砂至粉砂 | 流动强度交替变化，流速 0.1～0.4m/s | 非常常见 |
| 1～5cm | 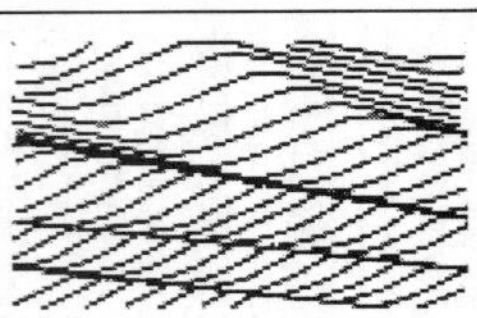 | 爬升波纹交错层理 | 极细砂—中砂 | 流速 0.1～0.4m/s，高悬浮载荷 | 常见 |
| 10～50cm | 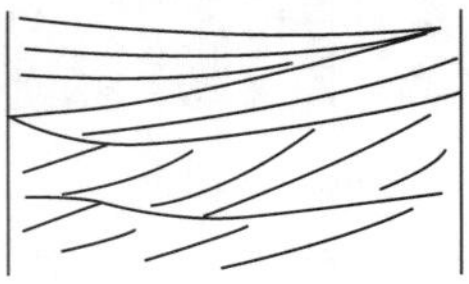 | 大型交错层理、巨型波纹、沙丘、沙波 | 中砂 | 流速 0.4～2m/s；新月形沙丘一般形成于流速 0.4～0.8m/s 时 | 常见 |
| 1cm |  | 平行纹理，出现原生流水线理 | 极细砂—中砂 | 流速 0.6～2m/s | 稀少 |
| 1cm | 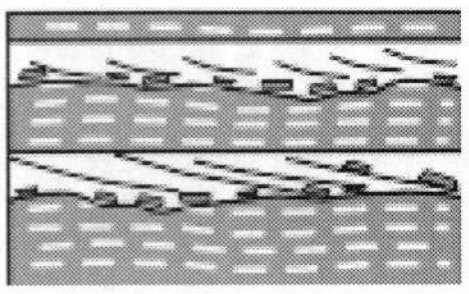 | 小侵蚀面，撕裂泥砾，上部突变接触 | 砂、粉砂、泥 | 流动强度交替变化；水流强度低—中能 | 常见 |
| 1～5cm | 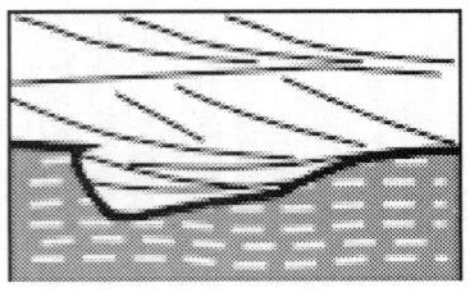 | 底痕：槽痕、障碍冲刷痕、纵向冲刷痕；冲刷—充填构造 | 砂、粉砂、泥 | 流速达到最大 | 稀少 |

| 比例尺 | 沉积构造图示 | 沉积构造名称 | 粒径 | 指示环境 | 丰富程度 |
|---|---|---|---|---|---|
| 1～10cm | | 生物扰动构造 | 砂、粉砂、泥 | 流速低，古生态控制作用强，低—中等堆积速率 | 非常常见 |
| 3～20cm | | 不同规模的、不同沉积类型中出现的正粒序和反粒序 | 粗砂—泥；通常为细砂、粉砂和泥 | 水流强度逐渐变化 | 非常常见 |
| 0.1～2cm | | 砾石滞留沉积，沟槽 | 粗砂、细砾 | 流速大于2m/s | 稀少 |

生物成因的构造中最普遍和最常见的是生物扰动构造及生物潜穴。生物扰动几乎贯穿于等深流沉积物中。生物扰动形成毫米级至厘米级的不规则状斑块，这些斑块使得原始的层理构造部分或完全遭到破坏。在不同岩相的接触界面附近，生物扰动可将不同岩相中的组分搅混。生物潜穴及生物遗迹在等深流沉积中也非常发育。这些潜穴及遗迹呈毫米级至厘米级，其形态呈孤立的囊状、条带状、延长的扁豆状、管状，有时密集排列成相交的网状。还有规则的椭圆状、椭球状等。生物潜穴或其他遗迹常与生物扰动斑块混杂在一起，使之变得模糊不清，难以辨认。

## 2.4 垂向层序

Faugères 和 Gonthier（1984）在研究北大西洋东缘现代等深岩丘时，发现等深流沉积组合具有一定的规律性，即按一定的垂向顺序排列，他们使用了层序一词来加以描述，并确定了其典型模式，其完整的层序如图2a所示。这一层序是由一个向上变粗的逆递变段和一个向上变细的正递变段构成的对称递变层序，层序厚10～100cm。层序各段间的接触关系有过渡的、突变的和侵蚀的。层序的厚度和完整性变化很大，也不一定是完全对称的，可以是不对称的或不太对称的。

段太忠等（1990）在研究湘北九溪下奥陶统等深积岩时也发现了与 Faugères 等描述的层序类似的层序（图2b），层序各段之间的接触关系也是过渡的、突变的和侵蚀的均有。层序厚度变化在10～200cm之间，以30～80cm最为常见。完整的和不完整的均较常见。

除上述典型层序外，还有一些其他特殊类型的层序，如由单一的砂屑等深积岩组成的层序。这类层序主要由中层到厚层的砂屑等深积岩叠置组成，其中每个单层砂屑等深积岩均具有典型的下细中粗上细的粒度变化特征，而整个层序在总体上又呈现为细—粗—细旋回，实际上，这是一种复合层序。

上述层序特征与浊积岩或风暴岩迥然不同，当然其代表的水力学意义也是不同的。浊积岩和风暴岩的层序代表的是一次短暂事件沉积作用，而等深积岩层序则反映了等深流流

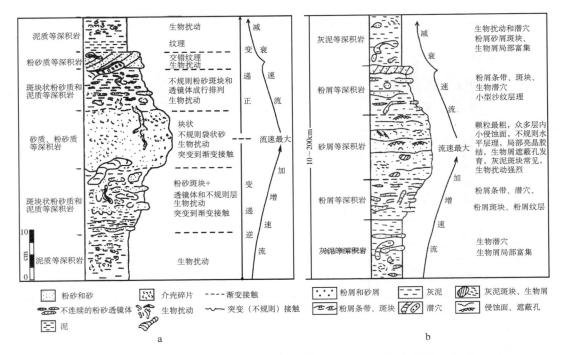

图 2　等深流沉积的层序（a 据 Faugères 等，1984；b 据段太忠等，1990）

动强度的长周期变化。即一个细—粗—细的垂向层序反映了等深流活动由弱到强再到弱的一个活动周期，而复合层则反映了等深流活动更大一级周期的弱—强—弱变化。

## 3　等深岩丘

　　早期的研究认为，等深流沉积是非常细粒的（粉砂为主）、薄层的（为厘米级）小规模沉积。随着研究的不断深入，发现等深流沉积的粒度范围相当宽广，从泥级、粉砂级至砂级，甚至细砾级。特别是随深海钻探计划的大规模实施，发现在现代海洋大陆坡和陆隆地带，普遍存在巨大的等深流沉积堆积体，这种堆积体的规模可与由浊流沉积形成的海底扇相比拟。Stow 等（2002）根据其形态和形成环境，将其划分为六种类型：①席状等深积岩体，②伸长状的等深岩丘状体，③水道有关的等深积岩体，④狭长的等深岩体，⑤浊流沉积体系被改造的等深积岩体，⑥充填等深积岩体。其中，伸长状的等深岩丘状体（等深岩丘）是一种最重要的类型（图 3），它呈长条形的或伸长状的，横剖面上呈丘状，长度一般为数十至数百千米，宽可达数十千米，高出周围海底 0.1km 到 1km 以上，其堆积厚度局部可过 2km 以上。如佛罗里达海峡北部的碳酸盐等深岩丘长达 100km，宽达 60km，丘体厚度达 600m，总面积达 3000km² (Mullins et al.，1980)；法鲁等深岩丘长 50km，沉积厚度为 300m (Gonthier et al.，1984)；费尼等深岩丘长达 600km，沉积厚度为 500m (Dowling et al.，1993)。在北大西洋盆地，这样大型的等深岩丘就已发现 16 个，小规模的不计其数。在我国南海也发现有类似的大型沉积体（邵磊等，2007）。

　　目前，对等深岩丘的研究主要集中于现代等深岩丘，对地层记录中的等深岩丘研究较少。已见诸文献报道的古代地层记录中的等深岩丘有三个，即阿拉伯克拉通大陆边缘白垩

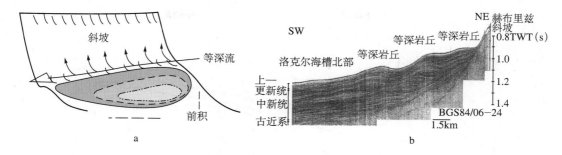

图 3　等深岩丘的形态特征

a—等深岩丘的通常分布样式，以法鲁（Faro）等深岩丘为例（据 Faugères & Stow, 2008）；
b—北大西洋洛克尔海槽北部等深岩丘的地震反射剖面特征（据 Howe, 2008）

系塔勒梅亚费组碳酸盐等深岩丘（Bein et al., 1976）（图 4）、湘北九溪下奥陶统碳酸盐等深岩丘（段太忠等，1993）（图 5）和鄂尔多斯地区西缘中奥陶统平凉组碳酸盐等深岩丘（高振中等，1995）。

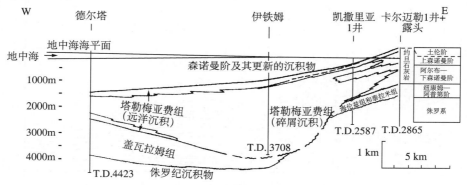

图 4　以色列滨海平原至陆架的地质剖面

（据 Bein et al., 1976；塔勒梅亚费组碳酸盐等深岩丘横向变化）

阿拉伯克拉通大陆边缘白垩系塔勒梅亚费组碳酸盐等深岩丘为一巨大的灰质碎屑沉积物堆积而成的棱柱形堆积体，包括有等深流沉积的泥屑灰岩、粉屑灰岩、砂屑灰岩和砾屑灰岩，构成了塔勒梅亚费组。等深岩丘南北长至少 150km，东西宽 20km，最大厚度 3000m。横剖面图显示塔勒梅亚费组在短距离厚度变化很大（图 4）。该等深岩丘的东部边缘位于现今以色列滨海平原，而大部分则位于地中海内。这是一个具有相当规模的油田。

湘北九溪下奥陶统碳酸盐等深岩丘位于华南被动大陆边缘湖南桃源九溪一带，由灰泥等深积岩、条带状粉屑等深积岩、砂屑等深积岩、细砾屑等深积岩和生物屑等深积岩构成，沿斜坡带发育一北东—南西向的脊状沉积体（图 5 下），其厚度超过 500m。向北侧碳酸盐岩台地方向厚度减小为 300m 以下；向南侧盆地平原区，同期沉积减为 200m 以下。该脊状沉积体应为发育于斜坡带而突出于同期沉积物之上的等深岩丘（图 5 下）。在该等深岩丘野外露头中发现了固体沥青。

现已发现的古代等深岩丘的数量与现代等深岩丘相比极不相称。而且已识别出的三个实例均为碳酸盐等深岩丘，这也与现代等深岩丘以碎屑岩为主形成鲜明对照。这说明有大量地层记录中的等深岩丘，特别是碎屑岩等深岩丘，有待人们去识别和发掘。

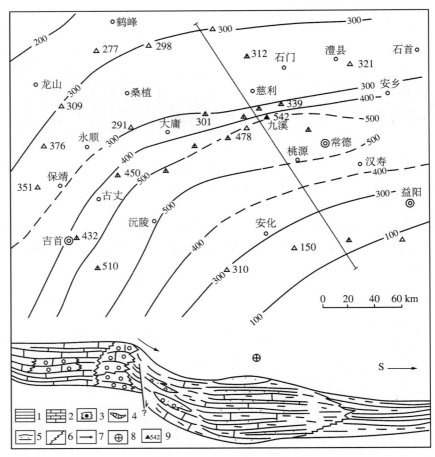

图 5　湘北地区下奥陶统厚度等值线图（上）及重建的横剖面示意图（下）（据 Duan et al., 1993）

1—页岩、泥灰岩；2—台地相灰岩；3—滩相灰岩；4—重力流沉积；5—砂屑等深积岩；6—相变界线；
7—沉积物离岸搬运方向；8—沿斜坡走向搬运方向；9—剖面位置及沉积厚度（m）

## 4　等深流沉积的石油地质意义

　　深水重力流沉积已被国内外勘探实践证实蕴藏有丰富的油气矿藏，而深水等深流沉积具有与重力流沉积相似的生储盖组合条件，泥级的等深流沉积可以形成盖层和烃源岩，砂级的等深流沉积可形成良好的储集岩，因而等深流沉积具有可观的含油气潜能。

　　有机质的沉积和保存要求的水动力条件是海底无强底流。但在深水环境中，强底流是局部和短暂的现象，而低—中等强度的水流是组成斜坡和盆地的主要循环模式（Viana，2008），具输送细粒沉积物的能力。在所有海洋盆地可识别出较厚、范围广的细粒等深流沉积。细粒等深积岩在深水油气勘探体系中发挥重要作用，不仅可以形成良好的盖层或隔挡层，而且和生油层聚集有关。此外，等深流通常与天然气水合物聚集有关。在沿着大西洋边缘的等深流沉积中都可发现大量天然气水合物聚集在特征的底部反射层之下（Viana，2008）。沉积物高渗透率有利于天然气水合物的聚集。布莱克外海台是在西太平洋海中的一个大型、富含黏土的等深岩丘，包含 $30 \times 10^6 \sim 40 \times 10^6$ t 储存在甲烷水合物和游离的沼气中的碳（Viana，2008）。这些资料表明，细粒等深流沉积与烃源岩关系密切。

在桑托斯盆地，厚度超过600m的新近纪桑托斯等深岩丘是古近纪含油砂岩的一非常好的盖层（Viana等，2007）。在坎普斯盆地，中新世中、晚期较厚的页岩—泥灰岩的楔形体覆盖在富砂的晚古近纪/早新近纪剖面上，在这些地方发现过一些大型油田（例如Marlim，Albacora和Barracuda油田，Souza Cruz，1998）。这个楔形砂体充当了很好的盖层。

等深流的运动在储层的几何形态、质量，盖层展布等方面会对含油气系统产生影响（Viana等，2007）。Viana等（2007）曾讨论过储集性能高的粗粒等深积岩的地震和测井特征，Cakebread-Brown等（2003）曾报道过加的斯海湾阿尔加维盆地早上新世对高孔隙度（30%）、含气的等深岩砂强地震道振幅和AVO特征。大量类似的特征被报道，说明了在相对较长的时间内（＞1Ma）富砂等深沉积体系被保存，与低振幅、高频率的反射层（细粒沉积）互层。在测井剖面上也反映出了斜坡等深流沉积中大量的富砂层和富泥层互层模式（Viana等，2007）。因此，在等深沉积体系中可形成良好地层圈闭。

在我国油气勘探中，等深流沉积是一个既有巨大潜力，又具现实可能性的勘探新领域。我国有广大地区多时代发育的海相深水沉积，具有发育等深流沉积条件的地区和时代比较广泛。从地层时代来讲，震旦系至奥陶系、泥盆系至三叠系、侏罗系、古近系至第四系。就地域来说，包括西北、西南、中南、华东以及南海等广大地区。因此，在我国油气勘探中，等深流流沉积油气勘探前景十分广阔。

# 5  结论

（1）等深流沉积的粒度范围相当宽广，从泥级、粉砂级至砂级，甚至细砾级，分选一般为中等到较好，沉积构造类型丰富多样，常发育各种层理、波痕、侵蚀构造、定向构造以及生物扰动构造等，垂向上可形成细—粗—细的对称递变层序。

（2）等深流沉积可以形成大型的堆积体——等深岩丘，在现代海洋大陆坡和陆隆地带发现了较多的等深岩丘，但目前在地层记录中发现的等深岩丘极少。

（3）深水等深流沉积具有与浊流沉积相似的油气生储盖组合条件，泥级的等深流沉积可以形成盖层和烃源岩，砂级的等深流沉积可形成良好的储集岩，这是一个潜在的油气勘探新领域。

## 参 考 文 献

段太忠，郭建华，高振中等．1990．华南古大陆边缘湘北九溪下奥陶统碳酸盐等深流岩丘．地质学报，64（2）：131-143．

高振中，何幼斌，罗顺社等．1996．深水牵引流沉积——内潮汐、内波和等深流沉积研究．北京：科学出版社．

高振中，罗顺社，何幼斌等．1995．鄂尔多斯地区西缘中奥陶世等深流沉积．沉积学报，13（4）：16-25．

姜在兴，赵澄林，熊继辉．1989．皖中下志留统的等深积岩及其地质意义．科学通报，34（20）：1575-1576．

李日辉．1994．桌子山中奥陶统公乌素组等积岩的确认及沉积环境．石油与天然气地质，15

(3)：235−239.

刘宝珺，许效松，梁仁枝．1990.湘西黔东寒武纪等深流沉积．矿物岩石，10（4）：43−47.

刘宝珺，余光明，王成善．1982.珠穆朗玛峰地区侏罗系的等深积岩沉积及其特征．成都地质学院学报，（1）：1−6.

屈红军，梅志超，李文厚，关利群，冯杨伟，范玉海．2010.陕西富平地区中奥陶统等深流沉积的特征及其地质意义，地质通报，29（9）：1304−1309.

邵磊，李学杰，耿建华等．2007.南海北部深水底流作用。中国科学（D辑），37（6）：771−777.

虞子冶，施央申，郭令智．1989.广西钦州盆地志留纪—中泥盆世等深流沉积及其大地构造意义．沉积学报，7（3）：21−29.

Bein A, Weiler Y. 1976. The Cretaceous Talme Yafe Formation：a contour current shaped sedimentary prism of calcareous detritus at the continental margin of the Arabian Craton, Sedimentology, 23（4）：511−532.

Bouma A H. 1972. Fossil contourites in Lower Niesen flysch Switzerland. Journal of Sedimentary Petrology, 42（4）：917−921.

Cakebread−Brown J, Garcia−Mojonero C, Bortz R et al. 2003. Offshore Algarve, Portugal：A prospective extension of the Spanish Gulf of Cadiz Miocene Play. AAPG Bull. 87.

Dowling L M and McCave I N. 1993. Sedimentation on the Feni drift and late Glacial bottom water production in the North Rockall trough. Sedimentary Geology, 82：79−87.

Duan Taizhong, Gao Zhenzhong, Zeng Yunfu, et al. 1993. A fossil carbonate contourite drift on the Lower Ordovician palaeocontinental margin of the middle Yangtze Terrane, Jiuxi northern Huanan, southern China, Sedimentary Geology, 82：271−284.

Faugères J C, Gonthier E, Stow D A V. 1984. Contourite drift molded by deep Mediterranean outflow, Geology, 12（5）：296−300.

Faugères J C, Stow D A V. 2008. Contourite drift：nature, evolution and controls. In：M Rebesco and A Camerienghi（ed），Contourites ——Developments in Sedimentology 60. Amsterdam：Elsevier. 259−288.

Gao Zhenzhong, Eriksson K A, He Youbin, et al. 1998. Deep−Water Traction Current Deposits—A Study of Internal Tides, Internal Waves, Contour Currents and Their Deposits. Beijing and New York：Science Press, Utrecht and Tokyo：VSP.

Gonthier E, Faugères J C, Stow D A V. 1984. Contourite facice of the Faro drift, Gulf of Cadiz. In：D V A Stow and D J W Piper（ed），Fine—grained Sedments：Deep—water Proccsses and Facies. Blackwell Scientific Publications, Oxford, London, Edinburgh, 15：275−292.

Heezen B C, Hollister C D, Ruddiman W F. 1966. Shaping of the continental rise by deep geostrophic contour currents, Science, 152：502−508.

Heezen B C, Hollister C D. 1963. Evidence of deep−sea bottom currents from abyssal sediments. Abstracts of papers, International Association of Physical Oceanography, 13th General

Assembly, Internatinal Union Geodesy and Geophysics, 6: 111.

Hollister C D and Heezen B C. 1972. Geological effects of ocean bottom currents. In: Gordon a L (ed): Studies in Physical Oceanography, Gordon and Breach, New York, 2: 37—66.

Howe J A. 2008. Methods for contourite research. In: M Rebesco and A Camerienghi (ed), Contourites —— Developments in Sedimentology 60. Amsterdam: Elsevier. 19—33.

Luo Shunshe, Gao Zhenzhong, He Youbin, Stow D A V. 2002. Ordovician carbonate contourite drifts in Hunan and Gansu Provinces, China. In D A V Stow et al (ed), Deep—water Contourite Systems: Modern Drifts and Ancient series, Seismic and Sedimentary Characteristics, London: the Geological Society, 433—442.

Martìn—Chivelet J, Fregenal—Martìnez M A and Chacon. 2008. Traction structures in contourites. In: M Rebesco and A Camerienghi (ed) . Contourites —— Developments in Sedimentology 60. Amsterdam: Elsevier. 159—182.

Mullins H T, Neumann A C, Wilber R J, Hine A C and Chinburg S J. 1980. Carbonate sediment drifts in Northern straits of Florida. AAPG Bull., 64 (10) : 1701—1717.

Rebesco M and Camerienghi A. 2008. Contourites —— Developments in Sedimentology 60. Amsterdam: Elsevier.

Souza Cruz C E. 1998. South Atlantic paleoceanographic events recorded in the Neogene deepwater section of the campos Basin, Brazil. AAPG Bull. 82: 1883—1984.

Stow D A V and Faugeres J—C. 2008. Contourite facies and the facies model. In: M Rebesco and A Camerienghi (ed), Contourites —— Developments in Sedimentology 60. Amsterdam: Elsevier. 223—250.

Stow D A V, Kahler G and Reeder M. 2002. Fossil contourites: type example from an Oligocene palaeoslope system, Cyprus. In: D A V Stow et al (ed) . Deep—water Contourite Systems: Modern Drifts and Ancient series, Seismic and Sedimentary Characteristics, London: the Geological Society, 443—455.

Stow D A V, Pudsey C J, Howe J A, et al. 2002. Deep—Water Contourite Systems: Modern Drifts and Ancient Series, Seismic and Sedimentary Characteristics. London: the Geological Society.

Viana A R and Rebesco M. 2007. Economic and Palaeoceanographic Siginificane of Contourite Deposits. London: the Geological Society.

Viana A R. 2008. Economic relevance of contourite. In: M Rebesco and A Camerienghi (ed), Contourites —— Developments in Sedimentology 60. Amsterdam: Elsevier. 223—250.

# 鄂尔多斯盆地西北部上三叠统延长组含油系统特征

刘显阳[1,2]　李元昊[1,2]　黄锦绣[1,2]

梁　艳[1,2]　独育国[1,2]　白嫦娥[1,2]

（1. 长庆油田勘探开发研究院；2. 低渗透油气田勘探开发国家工程实验室）

**摘　要**　鄂尔多斯盆地西北部延长组主要发育河流—湖盆相沉积，纵向上形成一个完整的从湖盆形成—鼎盛—萎缩—消亡的沉积演化过程。该区发育一个独立的含油系统，长 7 为烃源岩，具有厚度大，面积广、有机质丰富的特征，在白垩世中晚期烃源岩大量生排烃并通过渗透砂体、裂缝等输导体系向下向上储集体幕式充注成藏，纵向上具有多层系含油成藏特征。长 7 烃源岩具有连续式生烃、幕式排烃、多点式运聚等成藏特征。根据烃源岩向下、向上主动排烃特征，可细分为源下和源上两个次级含油系统，源下次级含油系统储层主要是长 10—长 7 下部，源上次级含油系统为长 7 上部—长 1。两个次级含油系统在物源方向、沉积体系、储层特征、成藏期次、资源量、油藏分布规律等方面具有不同的成藏特征。源下次级含油系统主要受西北沉积体系控制，而源上次级含油系统主要受东北沉积体系控制，成藏期源下早于源上次级含油系统；源上与源下次级含油系统的资源量大约是 3 : 1。

**关键词**　鄂尔多斯盆地　延长组　含油系统　双向排烃　幕式成藏

含油气系统（Petroleum System）代表了 20 世纪 90 年代石油地质学的最新进展。一般认为，含油气系统是一个相对独立的油气生成、运移、聚集的自然系统，该系统包括有效烃源岩及所有与其有关的油气聚集，还包括形成油气聚集所需要的所有地质作用和地质要素。含油气系统是介于含油气盆地（或含油气区）与油气聚集带（或成藏组合）之间的一个油气地质单元，研究重点是烃源岩与油气藏之间的成因关系，即查明盆内或区内烃源岩有机质在何时以何方式转化为烃？油气在何时以何方式运移？何时何地聚集成藏？油气藏的类型及分布规律如何？从含油气系统研究所必须完成的主要图件来看，它又是一种石油地质综合研究方法。油气藏的"定时、定量、定位"是含油气系统研究最终目的（费琪等，1997）。在油气大量成藏和已经聚集油气藏发生大规模调整甚至破坏的时间界面上，通过恰当选择成图内容以表达油气运移和聚集的全过程，并通过追踪这一过程，努力发现所有的油气藏就成为含油气系统研究的核心（赵文智等，2003）。本文通过分析鄂尔多斯盆地西北北上三叠统延长组含油系统特征，深化该区成藏机理，明确源下与源上成藏特征差异及其分布规律，最终指导石油勘探。

# 1　盆地西北部延长组地质概况

鄂尔多斯盆地晚三叠世延长期发育大型克拉通陆相坳陷湖盆，整体具有盆大、坡缓、水浅、源多、构造稳定的特征。上三叠统延长组主要为一套灰绿色、灰色中厚层—块状细砂岩、粉砂岩和深灰色、灰黑色泥岩组成的旋回性沉积，广泛发育河流、三角洲和浊积岩沉积。按油气情况及岩性、电性特征将延长组划分为10个油层组，顶底均与相邻地层区域不整合接触。延长组记录了鄂尔多斯盆地晚三叠世大型坳陷湖盆从发生、发展到消亡的演化历史。湖盆演化主要经历了3个大的演化阶段：长10—长8油层段（下部）为湖盆形成发展阶段，长7段—长4+5油层段（中部）是湖盆发展的鼎盛时期，长3—长1油层组（上部）为湖盆逐渐萎缩消亡演化阶段。三叠纪末期，由于印支运动使华北陆块整体抬升，三叠系顶部遭受长期广泛的侵蚀作用，形成具有"沟谷纵横、坡洼漫延、丘陵起伏、阶地层叠"特点的侏罗纪早期古地貌景观（宋凯等，2003）。

鄂尔多斯盆地上三叠统延长组油藏为典型的低渗透岩性油藏，具有低孔、低渗、低丰度特征。研究区位于盆地含油区的西北部（图1），具有多层系复合含油特征，纵向上油藏具有串珠状分布特征，是长庆油田勘探的重点区带之一，长7段油层组的泥岩、油页岩为烃源岩。勘探早期（2003年以前）主要勘探目的层为延安组及延长组上部，相继发现了一批小而肥油田。近几年来，该区延长组在上部长4+5、长6勘探获得了重大突破，发现了姬塬油田。近两年，该区延长组下部也发现了油藏，展现出亿吨级含油场面，其中，长8落实了5个含油富集区，长9发现了多个工业油流井。由于研究区只发育一套烃源岩，因此，该区只发育一个含油系统。根据长7烃源岩向下、向上主动排烃特征，可细分为两个次级油系统，即长7下部源下次级含油系统和长7上部源上含油系统，源下次级含油系统包含长10—长7下部，储层主要是长9—长8；源上次级含油系

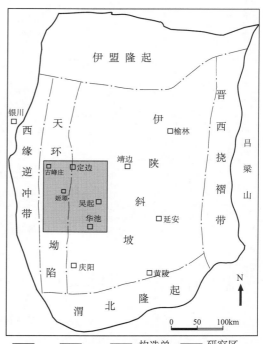

图1　研究区位置图

统包含长7上部—长1，主要储层为长6、长4+5。两个次级含油系统在物源方向、沉积体系、储层特征、成藏期次、油藏规模、油藏分布规律等方面具有不同的成藏特征。

## 2　研究区石油来自长7段烃源岩

延长组长7段湖侵背景下形成的暗色泥岩、油页岩，总体呈北西南东向展布，具有丰度高、类型好、厚度大、分布广的特征，是中生界最主要的一套优质烃源岩。长9段是近年来发现的仅次于长7段的一套烃源岩，主要发育于陕北志丹地区南部（刘华清等，2007），分布范围较为局限，盆地其他大部分地区不具备水生生物大量繁殖和有机质保存的基本条件（张文正等，2007）。

从生物标志化合物特征上看，研究区中生界油藏原油来自长7段烃源岩，原油与长7

段优质烃源岩的甾、萜类生物标志化合物分布特征较为相似，都具有 $C_{30}$ 藿烷含量较高，Ts > Tm，规则甾烷 $C_{27}$ 含量相对较高，与 $C_{28}$、$C_{29}$ 规则甾烷呈不对称"V"字形分布特征。而与长 9 段源岩的甾萜类生标物分布特征差异显著，特别是长 9 段烃源岩五环三萜的重排藿烷的含量显著高于 $C_{30}$ 藿烷（图 2），是区别于长 7 段烃源岩的一个主要标志。

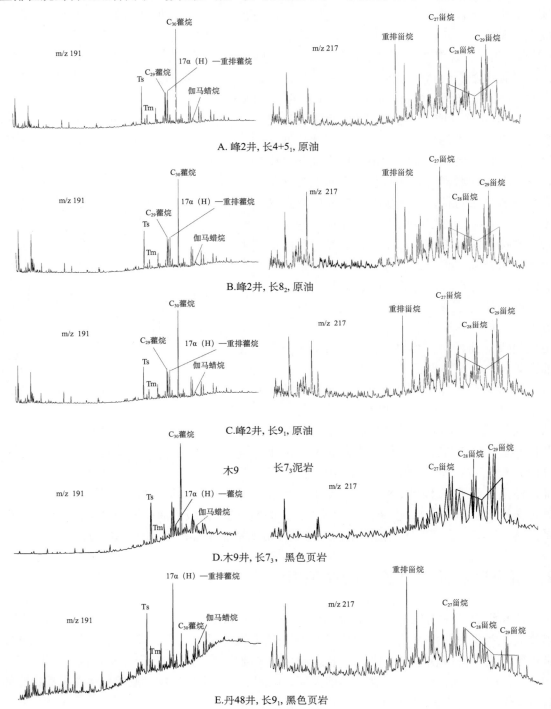

图 2  研究区不同层位原油及长 7 段、长 9 段烃源岩生物标志化合物特征

同时，从烃源岩分布看，研究区长7段发育厚层深湖相暗色油页岩和泥岩，厚度一般超过50m；而长9段在研究区主要是三角洲平原和前缘相沉积，其黑色油页岩主要发育在志丹及其南部，在研究区不发育。因此，研究区原油应来自长7段烃源岩，其他层段贡献极其微弱。

# 3 源下次含油系统特征

## 3.1 源下次含油系统沉积特征

根据轻重矿物、岩屑组合、古水流等研究表明，研究区长10—长8主要受西北沉积体系控制，推测物源主要来自探区西部的阿拉善古陆。西北沉积体系重矿物具有典型的绿帘石 + 榍石组合特征；西南沉积体系主要是硬绿泥石 + 绿帘石组合；东北沉积体系是绿帘石 + 硬绿泥石组合（表1）。

表1 不同物源区长9次稳定重矿物含量统计表

| 地区 | 层位 | 榍石 | 绿帘石 | 硬绿泥石 | 样本井（口） |
| --- | --- | --- | --- | --- | --- |
| 西北 | 长9 | 2.47 | 12.96 | 0.11 | 17 |
| 西南 | 长9 | 1.92 | 9.86 | 0.39 | 6 |
| 东北 | 长9 | 0.29 | 3.01 | 0.30 | 7 |

晚三叠世延长期长10主要发育冲积平原沉积、三角洲平原沉积及滨浅湖沉积。研究区三种沉积相均有发育，但以水上沉积为主，反应湖盆形成初期沉积物供应充足，水体较浅的特征。

长9继承了长10的沉积格局，进入长9期后，由于湖盆快速下沉，发生了延长组沉积过程中的第一次湖侵，湖盆范围扩大。主要发育三角洲和湖相沉积，局部发育半深湖沉积。工区内西北沉积体系较西南、东北沉积体系发育，河道砂体复合连片，延伸长度超过130km。

延长组长8浅水三角洲沉积特征，在野外露头和岩心观察中，长8砂岩中发现的大量的植物根、茎秆和碳质泥岩沉积。网络状植物根化石、立生植物化石和植物叶化石等常见，植物根水平根迹和须状根普遍发育。在长8泥岩中也发现含碳及植物碎片较高的黑色泥岩、碳质泥岩。反映延长组长8沉积时气候温暖，植物茂盛，水体较浅，为变浅湖沉积环境。煤线在全盆地长8广泛发育，是浅水沉积标志之一，其形成环境是当沉积区水体较浅或短时间出露地表时，植物大量繁盛，埋藏成岩后，碳质含量高的形成薄煤层，泥质含量高的形成暗色泥炭层（李元昊，2010）。

## 3.2 源下储层特征

源下储集体主要是长8浅水三角洲水下分流河道和长9的分流河道和水下分流河道砂体。根据湖盆西北部长8（53口井，255块样品）、长9（20口井，77块样品）薄片资料进行统计，长8储层岩石类型主要为岩屑长石砂岩、长石岩屑砂岩，其次为少量的岩屑砂岩及个别长石砂岩，长9储层岩石类型主要以岩屑长石砂岩为主，其次为长石岩屑及长石砂岩。砂岩粒度主要为细—中粒，总体上看，长8储层砂岩较长9储层砂岩粒度要细，砂岩分选好、磨圆度以次棱角状为主。长8储层砂岩孔隙类型主要有粒间孔、长石溶孔、沸石溶孔、岩屑溶孔、晶间孔，其中，粒间孔为主要孔隙类型，次为长石溶孔，砂岩面孔率为2.39%。长8油层组砂岩孔隙度为5.5%～18.6%，平均8.1%；渗透率为0.1～18.6mD，平均为0.57mD。长9油层组砂岩孔隙度为6.0%～18.7%，平均10.6%；渗透率为0.1～157mD，平均为5.77mD，可见长9、长8油层组主要是特低渗透层，其次为超低渗透层和低渗透层。

### 3.3 成藏时间为早白垩世早中期

从包裹体均一温度在研究区元98井埋藏史分布位置看（图3），大部分包裹体均一温度点位于85～130℃之间，代表了主要成藏时间，所对应的时间为早白垩世早中期，表明，鄂尔多斯湖盆延长组下部主要成藏时间为早白垩世早中期，在早白垩世末开始大范围抬升以前油藏已经形成。

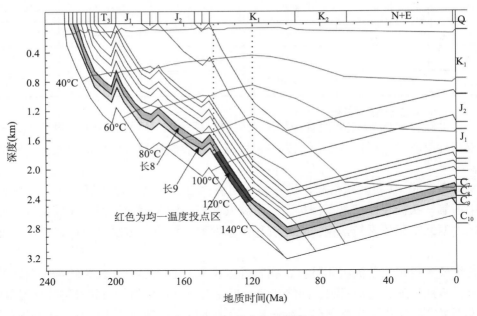

图3　元98井中生界埋藏史

## 4　源上次含油系统特征

### 4.1　源上次含油系统沉积特征

根据轻重矿物、岩屑组合、REE配分模式、微量元素判识物、水流等研究表明，姬塬地区延长组长6、长4+5具有东北、西北和西部三个物源，其中，东北向物源是本区的主要物源供屑区，推测物源主要来自探区北部的阴山古陆。东北沉积体系重矿物组合石榴子石含量高，具有高石榴石＋锆石组合区，主要分布在杨井—安边一带。西北和西部物源影响范围较小。

长7最大湖泛后，延长期湖盆进入了湖退演化阶段，三角洲相发育。延长组长6末期是三角洲最主要的建设时期，河流进积作用更强，安边三角洲体系三角洲前缘水下分流河道仍占主体，发生侧向迁移和拓宽，并与吴起三角洲体系三角洲前缘的吴仓堡朵状体汇合连片，砂体连片的分布范围比大。叠置主水下分流河道及末端河口沙坝的砂体厚度大、分选好，为良好的储集砂体。长4+5期为湖盆经过长6期稳定阶段后到长3—长1期萎缩、消亡阶段之间的一次短暂湖侵期。

## 4.2　源下储层特征

延长组长6、长4+5、长2岩石类型主要为长石砂岩和岩屑长石砂岩，少量为长石岩屑砂岩，偶见岩屑砂岩。长6油层组以细小孔微细喉道型为主；长4+5油层组以细小孔微细喉道型和小孔细喉型为主，少量小孔中细喉型；长2油层组以小孔中细喉道型、小孔细喉型和细小孔微细喉型为主，少量中小孔中细喉型。

长6油层组砂岩孔隙度为1.2% ～ 23.6%，平均10.4%，41.9%的样品为8% ～ 12%之间；渗透率为0.01 ～ 19.8mD，平均为0.46mD。长4+5油层组砂岩孔隙度为0.7% ～ 23.2%，平均10.4%，73.6%的样品为8% ～ 15%之间；渗透率为0.01 ～ 15.6mD，平均为0.62mD，渗透率在0.1 ～ 1mD的占59.6%。可见长4+5、长6油层组主要是超低渗透层，次为特低渗透层。

## 4.3　成藏时间为早白垩世中晚期

长4+5均一温度峰值在135 ～ 145℃和105 ～ 115℃；代表了主要成藏时间，所对应的时间为早白垩世中晚期（图3），表明鄂尔多斯湖盆延长组上部主要成藏时间为早白垩世中晚期，较延长组下部（长10—长8）成藏时间晚。

# 5　研究区含油系统成藏特征

## 5.1　长7段烃源岩具"连续式生烃，幕式排烃"特征

根据研究区长7段烃源岩上油藏包裹体均一温度普遍高于长7段下油藏包裹体均一温度，长7段烃源岩厚度大，沉降过程中烃源岩下部先成熟、排烃，生烃期持续沉降的地质背景是超压保存的关键，长7段烃源岩具"连续式生烃，幕式排烃"特征（李元昊等，2010）。在长7段烃源岩生烃前，异常压力较小（图4A）。随着埋深增加，温度逐渐升高，烃源岩开始成熟。由于长7段烃源岩为厚层热导率较低的泥页岩，底部烃源岩形成热屏蔽效应首先成熟、生烃，孔隙压力逐渐升高，形成异常高压。当异常压力达到下部地层的破裂压力时，下部地层开始破裂，形成向下运移的优势通道，油水混相快速排出（图4B）。随后，压力快速降低，流体压裂缝闭合。随着埋深的增加，烃源岩继续生烃、增压，进入下一个循环（图4C）。随着埋深的继续增加，下部地层发生流体压裂需要的超压越来越大。当烃源岩增加的压力（$p$极值压力）不能把下部烃源岩压裂而上部开始压裂时才开始向上

排烃（图 4D），直到长 7 段上部烃源全部成熟排烃。

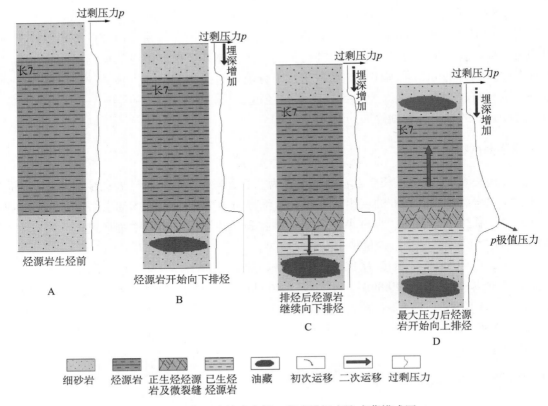

图 4　研究区连续式生烃、幕式排烃充注成藏模式图

### 5.2　长 7 烃源岩平面上具有多点式排烃特征

　　研究区浊积岩极不发育，烃源岩在异常高压作用下主要向上、向下两个方向排烃成藏。由于向上和向下排烃厚度关系到烃源岩上下层系的勘探潜力，笔者对研究区烃源岩向上、向下排烃厚度进行了统计，进而可以根据排烃厚度估算排烃量。

　　通过对研究区近 300 口井的统计，编制了长 7 段向下、向上排烃厚度等值线图。长 7 段向下排烃厚度一般为 5 ～ 25m，局部超过 30m，有利目标区主要分布在 10m 以上排烃区内（图 4）。长 7 段向上排烃厚度一般为 20 ～ 50m，局部超过 100m，油藏主要分布在 30m 以上排烃区内（图 5）。

　　利用 $p$ 极值点上下烃源岩厚度可以估算上下排烃量之比。研究区向下排烃厚度总和为 2571m，向上排烃厚度总和为 8301m，二者比值为 0.309，向下 / 向上排烃量约是 1 ∶ 3。向上平均排烃厚度约 30m，向下平均排烃厚度约 10m。

　　向下排烃厚度图上存在多个相互独立厚度排烃区（大于 15m），这些厚的地方就是排烃点，形成了平面上多点式向下排烃特征（图 5）。向上排烃厚度图上也存在多个相互独立厚度排烃区（大于 40m），这些厚的地方就是排烃点，形成了平面上多点式向上排烃特征。有利区主要分布在排烃厚度大于 40m 范围内（图 6）。

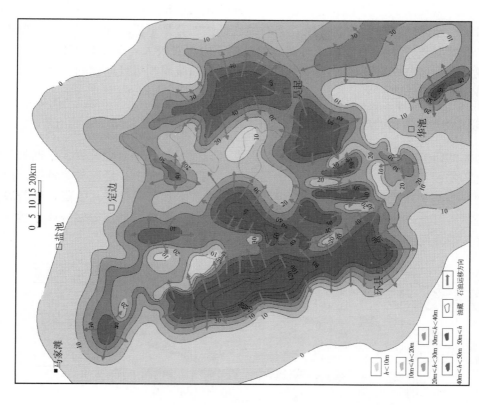

图 6　长 7 段烃源岩向上排烃厚度及石油运移方向

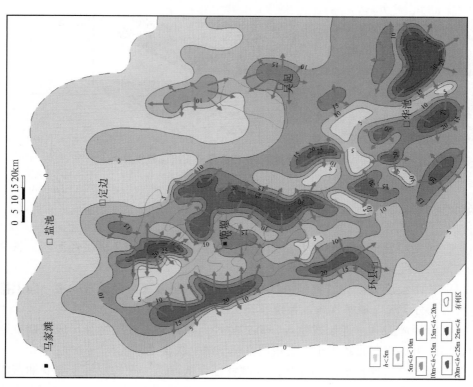

图 5　长 7 段烃源岩向下排烃厚度及石油运移方向

烃源岩多点式向下、向上排烃表明：①研究区在大量排烃时期存在多个独立的超压体（封存箱），超压体之间相互独立排烃；②石油在低渗透背景下以垂向运移为主，短距离侧向运移；③排烃厚度大的地方排烃时需要的过剩压力相对较大；④从研究区长4+5—长8主要油藏及有利区分布看，低渗透油藏的规模主要受油藏周围排烃厚度的控制，为下一步寻找有利区提供了依据。

### 5.3 双向排烃多层聚集的成藏模式

从前面的研究可以看出，鄂尔多斯盆地西北部只发育长7一套烃源岩，根据长7沉积前后的沉积物的物源、储层特征、沉积特征不同，长7向下向上排烃差异等特征，把该区纵向上划分为两个次级含油系统。长7烃源岩首先向下多点幕式排烃、成藏；随着埋深的增加，烃源岩开始向上多点幕式排烃，并通过渗透砂体、裂缝、断层等输导体系运移，在相对高渗区聚集成藏，少量石油甚至运移到侏罗系（图7）。

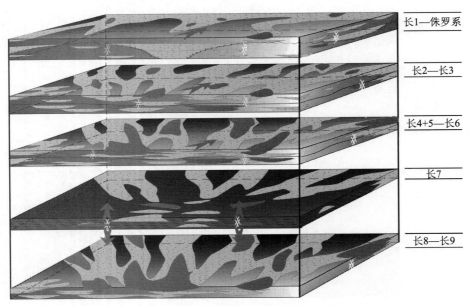

图 7　鄂尔多斯盆地西北部三叠系延长组成藏模式图

# 6　结论

（1）研究区主要发育一套厚度大、分布广、有机质丰富的长7优质烃源岩，长9烃源岩对该区成藏基本没有贡献。

（2）根据长7前后沉积物的物源、沉积相、储层特征及长7烃源岩向下、向上排烃情况，研究区可细分为长7源下次含油系统和长7源上次含油系统。

（3）长7段烃源岩具"连续式生烃，幕式排烃，多点式充注"特征，成藏期主要是在白垩世中晚期，源下次含油系统充注成藏期略早于源上次含油系统。

（4）烃源岩具有双向排烃多层聚集的成藏特征，低渗透油藏的规模主要受油藏周围排烃厚度的控制，向下/向上排烃量约是1：3，向上平均排烃厚度约30m，向下平均排烃厚度约 10m。

参 考 文 献

费琪等．1997. 成油体系分析与模拟．武汉：中国地质大学出版社．

李元昊，张铭记，王秀娟等．2010. 鄂尔多斯盆地西北部上三叠统延长组复合油藏成藏机理．岩性油气藏，22（2）：32-36.

刘华清，袁剑英，李相博等．2007. 鄂尔多斯盆地延长期湖盆演化及其成因分析．岩性油气藏，19（1）：52-56.

宋凯，吕剑文，凌升阶等．2003. 鄂尔多斯定边—吴旗地区前侏罗纪古地貌与油藏．古地理学报，5（4）：497-505.

张文正，杨华，傅锁堂等．2007. 鄂尔多斯盆地长 91 湖相优质烃源岩的发育机制探讨．中国科学（D）地球科学，（37）：33-38（增刊）．

赵文智等．2003. 中国含油气系统—基本特征与评价方法．北京：科学出版社．

# 鄂尔多斯盆地中生界低渗透岩性油藏
# 多层系复合成藏规律研究[❶]

刘显阳[1,2]　惠　潇[1,2]　李士祥[1,2]

（1. 中国石油长庆油田公司勘探开发研究院；

2. 低渗透油气田勘探开发国家工程实验室）

**摘　要**　鄂尔多斯盆地中生代为典型的大型内陆坳陷湖盆，含油层系主要为三叠系延长组和侏罗系延安组。本文通过对烃源岩的研究，建立了湖相优质烃源岩发育模式，揭示了淡水湖泊环境下无机营养盐触发生物勃发的机理，评价了烃源岩的生排烃能力，提出了"高强度生烃、大面积运聚"的认识，丰富了湖盆的生烃理论。利用储层成岩流体包裹体、自生伊利石测年和沥青期次等多种方法对成藏期次进行了分析，总结出延长组油藏成藏期次可分为早白垩世早、中和晚三期。结合地层埋藏史、地层古地温演化史和成岩史与储层孔隙度演化关系的研究，明确了延长组主力目的层的成岩演化与成藏史之间的关系，其中，长8油层为先充注、持续成藏、同步致密，长6和长4+5油层为边致密、边成藏的特征。异常高压为中生界低渗透储层油气大规模运移的主要动力，过剩压力的分布特征对油藏展布有明显的控制作用，建立了"生烃增压、大面积充注、多种输导、幕式成藏"的成藏模式。

**关键词**　鄂尔多斯盆地　低渗透岩性油藏　复合成藏　烃源岩　成藏期次　储层致密史　成藏动力　输导体系　中生界

鄂尔多斯盆地中生代为典型的大型内陆坳陷湖盆，具有稳定沉降、湖盆宽缓、沉积范围大的特点，晚三叠世早期进入湖盆发育阶段，发育一套河流—三角洲—湖泊相碎屑岩沉积，由于物源供应充足，加之湖盆稳定回返，沉积了一套厚约千余米的湖泊—三角洲相碎屑岩建造，为油藏的形成创造了优越的储集条件。

经过半个多世纪的勘探，鄂尔多斯盆地发现了丰富的油气资源，含油层系主要发育在三叠系延长组和侏罗系延安组，在三叠系延长组长10—长1油层组、侏罗系富县组和延安组延10—延4+5油层组均发现了油藏，具有纵向上多层系复合成藏，平面上发育多个叠合含油富集区的油藏分布特征。本文通过对鄂尔多斯盆地烃源岩特征、成藏期次、储层致密史、输导体系、运移动力和油藏配置关系研究，以期对盆地多层系复合成藏的规律进行探讨，指导下一步的石油勘探。

---

❶基金项目：国家示范工程（2008ZX05044）资助。

# 1 优质烃源岩为大型岩性油藏的形成提供了充足的物质基础

鄂尔多斯盆地中生界丰富的石油资源与上三叠统长7湖相富有机质烃源层的大规模发育有着密切的关系。该套优质烃源岩（油页岩）的有机质丰度很高，TOC 主要分布于 6% ～ 14%，最高达 30% 以上，分布范围广（$5.0 \times 10^4 km^2$）（杨华等，2005），大部分地区油页岩段的厚度在 10 ～ 50m 之间，最发育的地区累计厚度可达 80m 以上，烃源岩条件优越。

## 1.1 优质烃源岩的特征及发育机制

通过盆地钻井取心观察，油页岩样品外观呈黑色、质纯、手感较轻，部分样品点火可燃。薄片观察（图1）和电镜—能谱分析显示，集合体具二层结构特征，内核的主要成分为磷酸钙，荧光极弱，外层有机质很高，荧光很强。

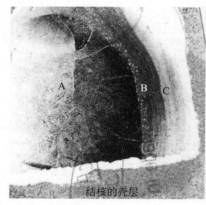 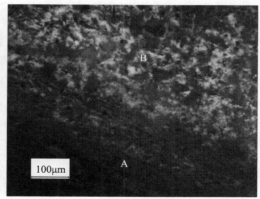

a.透射光照片                    b.荧光照片

图1　里57井长7油页岩磷结核显微照片

晚三叠世的区域构造活动造成了长7早期大规模湖泛，形成了长7湖泛期高强度生烃的特征（张文正等，2006）。长7期也是晚三叠世湖盆演化过程中的最大湖泛期，湖盆的快速扩张形成了大范围的半深湖—深湖相沉积环境。湖盆水域的扩张和变深为浮游藻类、底栖藻类以及水生动物的大量繁殖提供了重要的基础条件。岩石学研究表明，长7富有机质优质烃源岩中显微纹层十分发育，并常见富含有机质的磷酸盐结核，表征了沉积时的高初级生产力特征。烃源岩的元素地球化学研究揭示出长7富有机质烃源岩中 $P_2O_5$、Fe、V、Cu、Mo、Mn 等生物营养元素明显富集的特点，长7期生物的高生产力特征十分明显。湖盆沉积水体的富营养特征是引起高生产力的重要控制因素。长7烃源岩有机质丰度（TOC）与 Mo 含量具有较好的正相关性（图2），与 $P_2O_5$、Fe、V、Cu、Mn 等含量也有较好的相关性，反映出水体中丰富的营养物质是引起生物勃发和有机质高生产力的关键因素。

氧化—还原环境是影响有机质保存条件的关键因素，缺氧环境无疑有利于有机质的良好保存。通常某些元素特别是变价元素的地球化学行为与氧化—还原环境有着密切的关系，U、S、V、Eu 等元素在缺氧环境下呈低价，易沉积富集，因此，长7富有机质优质烃源岩

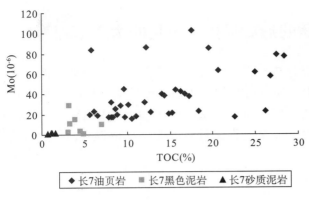

图 2    长 7 烃源岩 TOC—Mo 相关关系图

富球状黄铁矿、高 $S^{2-}$ 含量等以及富有机质烃源岩的大范围发育充分表征了底层水和沉积物表层的缺氧特征（张文正等，2008）。鄂尔多斯盆地延长组长 7 富有机质烃源岩具有高 U/Th 比值，高 V/（V+Ni）比值的显著特征，因此其缺氧程度明显高于其他烃源岩。烃源岩有机质丰度与 $S^{2-}$（%）、U/Th、V/（V+Ni）等的正相关关系充分反映了缺氧环境在有机质保存与富集中所起的重要作用，$S^{2-}$ 含量、V/（V+Ni）、V/Sc、V/Th、U/Th 等参数值反映出缺氧程度越高，沉积物－烃源岩中有机质富集程度越高。发育于长 7 早期湖盆快速扩张—缓慢回升过程的优质烃源层，其各项无机地球化学参数也清楚地反映出氧化—还原环境的变化特征及其与有机质富集的关系。在湖盆快速扩张期，$S^{2-}$、V/（V+Ni）、U/Th 等参数表现出快速增高的趋势，同时，V/Cr、V/Sc、δEu、δCe 等参数也相应地呈增高趋势，表征了缺氧环境的形成与演化。随着湖盆的扩张和水体变深，缺氧程度的增强，有机质的富集程度也明显提高；在湖盆稳定沉积期，$S^{2-}$、V/（V+Ni）、U/Th、V/Cr、V/Sc、δEu、δCe 等各项参数处于高值，反映出沉积环境的缺氧特征。相应地，有机质富集程度也维持了高水平；湖盆缓慢抬升期，$S^{2-}$、V/（V+Ni）、U/Th、V/Cr、V/Sc、δEu、δCe 等各项参数呈现出逐步降低的趋势，相应地，有机质富集程度也表现出逐步降低的趋势。

## 1.2  高强度生烃与地质事件的关系

长 7 油层组沉积早—中期是鄂尔多斯盆地晚三叠世陆相湖泊优质烃源岩主要发育期，在该段地层中发现了震裂岩及震裂构造、滑塌岩、凝灰岩、液化砂岩脉与泄水构造、肠状构造、重荷模与重荷构造、砂岩墙及震褶岩与柔褶构造等事件沉积物，这些地质事件，对优质烃源岩的形成具有重要的影响。

### 1.2.1  地震活动对优质烃源岩发育的影响

地震是强烈的区域性构造活动的表现形式之一，震积岩是地震活动的活化石。已有的资料表明，长 7 优质烃源层中各种类型的震积岩十分发育，并且分布范围广，并伴随着强烈而频繁的地震活动。

长 7 优质烃源岩与震积岩在时空上的共生关系直观地反映出地震活动与优质烃源岩的大规模发育有着内在联系。地震活动对优质烃源岩的作用主要体现在：①地震与断裂活动促进了湖盆的快速沉降和水体扩张，形成了范围大、利于优质烃源岩发育的深水—缺氧沉积环境，为优质烃源岩发育提供了基本地质条件，同时，地震活动中伴随着边缘（或盆内）的多期次、强烈的火山喷发活动，在盆内产生了热水活动，热水活动与火山物质可能有力地促进了湖盆生物的勃发。②地震作为灾变性地质事件可直接造成生物的快速死亡与堆积，促使有机质的富集。③地震活动还可引起水体的剧烈运动，促使富含生物营养成分的底层水体往上运动，促使高的生物初始产率的形成。

地震活动不仅表征了延长期湖盆的快速扩张和大规模的湖泛作用，引起生态环境的剧烈变化，而且地震活动对于有机质高生产率的形成起着积极的促进作用。

### 1.2.2 火山喷发活动对优质烃源岩发育的影响

长7优质烃源层中震积岩、凝灰岩、优质烃源岩的共生发育关系，纹层状凝灰岩和富有机质、富黄铁矿沉凝灰岩的发育，玻屑凝灰岩、双屑凝灰岩、火山灰质沉积岩的发育及大面积分布，充分反映了长7优质烃源岩发育期同火山喷发活动的频繁发生。

火山持续喷发期，由于大量的酸性气体、水气、火山灰进入大气之中，显著改变了古大气环境。火山喷发物中的 $CO_2$、$NH_3$ 和氮的氧化物等经大气降水作用进入湖泊水体中，从而成为重要的生物养分提供途径之一。火山物质在沉入水底后也会发生进一步的水解作用，使得底层水中生物营养成分的提高，促进底栖藻类的勃发。

另外，火山物质进入水体后对埋藏环境所产生的影响也不可小视，大量火山灰进入水体后，一方面会使得水体的透光性变差，影响水生生物的生长；另一方面，火山物质在沉降过程中有可能吸附一些生物和有机质共同沉积形成富有机质的沉凝灰岩。

### 1.2.3 湖底热水活动对优质烃源岩发育的影响

长7优质烃源层的岩石学研究，发现了硅质岩（庄50井、庄57井）、白铁矿、与黄铁矿共生的白铁矿，以及呈纹层状分布的十分丰富的莓状黄铁矿、裂缝中的自生钠长石、丰富的磷酸钙结核和磷灰岩等。Cu、U、Mo等微量元素的显著正异常现象，初步揭示出长7优质烃源岩发育期可能存在湖底热水活动。

有关研究表明，烃源岩的演化与地温场有直接的联系（孙少华等，1996），华北元古宇青白口系下马岭组黑色页岩优质烃源岩（孙省利等，2003），塔里木盆地下寒武统湖相优质烃源岩等的发育均与海底热水活动有关（孙省利等，2004；陈践发等，2004）。晚三叠世长7早期的湖底热水活动对优质烃源岩发育的作用主要体现在以下几个方面：热水活动提高了水体的温度，形成适宜生物生长的古水温条件，热水提供的能量部分通过生物勃发的形式转换成生物能而被储藏下来；湖底热水活动一方面促使水体循环，起到类似上升流的作用，造成底层水体中丰富的生物营养物质被带到上层水体之中，促进生物勃发，另一方面，热水中含有丰富的 P、N、Cu、Fe、Mo、Mn 等生物营养成分，促进富营养湖盆的形成，高生产力是形成缺氧环境的重要因素。

另外，长7优质烃源岩中U的显著正异常也可能与热水活动有关，U的异常富集是缺氧环境的直观表征。因此，湖底热水活动在缺氧环境的形成、有机质的良好保存中起着重要的作用。

## 1.3 优质烃源岩的分布特征

通过对长7优质烃源岩的研究，其发育模式可归结为区域地球动力系统活动产生的地质事件作用下的高强度生烃模式，具有高强度生烃、大面积运聚的特点，具体可表述为以下几方面的特征：晚三叠世长7早期，强烈的区域拉张伸展构造活动引起大规模湖泛，形成大范围的深湖—半深湖区，水体盐度较低。与区域构造活动相伴随的地震、火山喷发、海侵与湖底热水活动促进了富营养湖盆的形成，诱发了高的生物生产力。高生物生产力、湖底热水活动和火山喷发活动造成了十分有利于有机质保存的缺氧环境。湖盆中心深湖区欠补尝沉积促进了有机质的富集。

延长组长 7 湖侵背景下形成的暗色泥岩、页岩、油页岩是中生界的主力烃源岩，丰度高、类型好、厚度大、分布广，是一套区域性的烃源岩。该套烃源岩分布稳定，具有高阻、高伽马、高时差、低密度、低电位的特征。其厚度由几米到几十米，往往由厚层深灰、灰黑色泥岩或碳质泥岩与灰绿色、深灰色泥质粉砂岩、粉砂质泥岩、粉、细砂岩的薄互层、韵律层组成，反映深水沉积特征，在盆地内广泛分布，西北可伸展到姬塬—马家滩以西，西南可分布到庆阳—西峰以南，东南可覆盖至铜川以南和黄龙以东（图 3）。

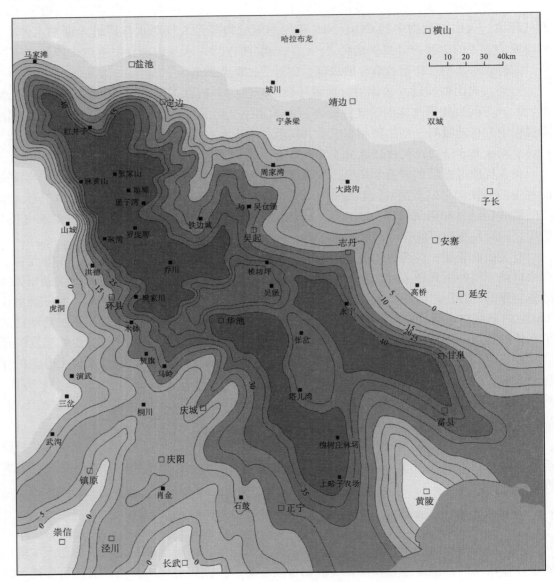

图 3　鄂尔多斯盆地延长组长 7 烃源岩分布图

# 2　主要发育三期石油充注，具有幕式成藏特点

油气是赋存于沉积地层中的流体矿物，沉积地层的各种信息从不同程度反映了油气运

移的期次。通过对油气储层中的油气包裹体、自生伊利石测年分析和储层中沥青特征分析，综合判识油气成藏期次。

## 2.1 利用油气包裹体分析成藏期次

目前，利用包裹体研究油气成藏期次的方法主要是根据油气包裹体均一温度、冰点或盐度、荧光特征和储层岩相学特征等来划分油气成藏期次（刘建章等，2005；王传远等，2009；张文淮等，1993），其中，均一温度、冰点或盐度反映了包裹体形成时的环境条件。岩相学研究方法是在综合研究成岩作用和成岩矿物分析基础上，查明油气包裹体寄主的自生成岩矿物序列及油气包裹体特征，才可以确定油气包裹体期次，进而确定油气运移和聚集成藏期次（刘德良等，2002；肖贤明等，2002；赵孟为等，1997；邓秀芹等，2009）。

通过对鄂尔多斯盆地中生界 300 余块油气包裹体岩相学特征研究，盆地主要发育三期包裹体。第一期有机包裹体分布在早期裂隙和溶蚀孔隙中，为含有机质成分的流体包裹体，该期流体包裹体并不代表油气运移成藏过程，只是一期含有机流体的成岩事件。广泛分布在钠长石、斜长石解理缝、早期裂隙和石英自生加大边内缘的第二期油气包裹体代表了早期被改造的一次油气成藏事件。钠长石加大边、钠长石重结晶、亮晶方解石胶结物、硅质胶结物中具亮黄色荧光油气包裹体，代表了本区主成藏期。分布在钠长石加大边和晚期胶结物中的第三期油气包裹体属于成岩油气包裹体，与加大边和晚期胶结物同时形成。盆地延长组主要发育第三期包裹体，代表了一次比较集中的油气成藏充注事件。

考虑到石英裂隙中呈串珠状分布的包裹体是沉积有机质演化过程中形成的有机酸流体发生成岩反应的产物，不反映石油成藏事件，所以本次包裹体均一温度分析排除了这一部分的资料，主要应用矿物自生加大边、长石解理缝和胶结物中的包裹体进行测温。通过对鄂尔多斯盆地延长组包裹体均一温度进行分析（图4），可以看出整个盆地延长组主成藏期比较集中，主要分布在 80 ～ 110℃温度范围内，对应于早白垩世中期，相当于中期成藏；一部分包裹体均一温度分布在 60 ～ 80℃，对应于早白垩世早期，属于早期成藏；还有一部分包裹体均一温度分布在 120 ～ 140℃，对应于早白垩世晚期，属于晚期成藏。

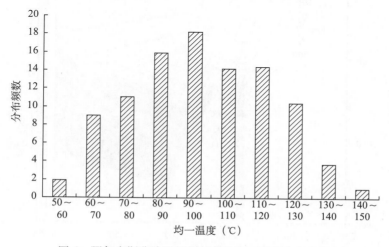

图 4　鄂尔多斯盆地延长组包裹体均一温度分布直方图

针对不同的区块，均一温度峰值存在一定的差异，其中 60 ～ 80℃主要分布在西峰地区，对应于西峰地区的早期成藏期；80 ～ 90℃主要分布在华庆、合水地区；90 ～ 100℃对应合水、陕北和西峰地区的主成藏期；100 ～ 110℃对应西峰、华庆和东南地区的主成藏期；110 ～ 120℃对应于姬塬地区的主成藏期；130 ～ 140℃对应于西峰和东南地区的另一成藏期。

## 2.2 利用自生伊利石测年分析成藏期次

伊利石 K—Ar 时钟是一个封闭体系，可有效地用于确定沉积岩的成岩作用时代（张克银，2005）。一般认为，油气开始大规模向储层充注时，进入储层的油气抑制了储层中的自生伊利石的生长，因而确定了自生伊利石的形成时间就等于得到了油气向储层大量充注的时间，亦即油气藏的成藏时间。自生伊利石 K—Ar 测年所确定的时间，实际上是油气充注过程发生之前所生成的自生伊利石的平均年龄，严格地讲，该年龄肯定大于油气向储层充注的地质年龄，但考虑到自生伊利石形成的温度范围比较窄，其形成的延续时间也不大，可以将这一平均年龄大致看作大规模油气充注发生的绝对年龄。

本次研究选取位于盆地北部的 A57 井深度 2103.4m 的长 $6_1$ 细砂岩样品，通过 X 射线衍射所测黏土矿物中伊 / 蒙混层含量较低，为 22%，伊 / 蒙混层中蒙皂石的比例较低达到 20%，基本达到了测年样品要求。扫描电镜下观察，该样品较致密，粒间孔隙 30 ～ 50 μm 之间，连通性较差。镜下粒间有丝片状伊 / 蒙混层和针叶状绿泥石，颗粒表面溶孔中有片状高岭石，整个样品基本达到自生伊利石测年的要求。实验室自生伊利石 K—Ar 同位素测年结果为（159.28±1.40）Ma 和（165.26±1.90）Ma。从安 57 井单井埋藏史看（图 5），所测年龄为晚侏罗世，长 7 烃源岩开始进入生烃门限的深度，长 6 油层组古地温为 80℃左右，深度为 1500m 左右。这一结果正好与本文根据流体包裹体推测的油气首次充注的年龄一致，并符合鄂尔多斯盆地整体的成藏背景和成岩背景，可信度较高，代表了油气首次充

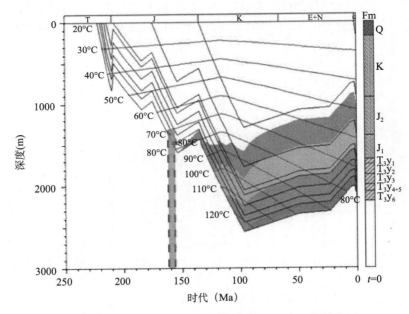

图 5   鄂尔多斯盆地 A57 井埋藏史与 K–Ar 测年综合图

注储层的绝对地质年龄。

## 2.3 利用储层中沥青特征分析成藏期次

石油是一种液态的以碳氢化合物为主的复杂混合物，石油中除轻质汽油和石蜡不发光外，大部分石油都具有荧光性。油质沥青发黄、蓝白色荧光，胶质沥青以橙色为主，沥青质沥青以褐色为主，碳质沥青不发光。油质沥青反映的是原油的特征，胶质沥青、沥青质沥青，特别是碳质沥青一般而言充当填隙物，对储层物性产生负面影响。鄂尔多斯盆地延长组主要发育黄白色荧光沥青、蓝白色荧光沥青、暗黄褐色荧光沥青、暗绿褐色荧光沥青以及碳质沥青，共计五种类型（图6）。其中，暗绿褐色荧光沥青的含量较少，只在个别样品中见到，含量很低。单偏光下为一大块棕黑色沥青，在紫外光的照射下即有发黄白色荧光的沥青，也有荧光分布不是很均匀的发暗黄褐色荧光沥青（图6C），沿边缘和微裂隙比较强，可能是黄白色荧光沥青对碳质沥青改造所造成的。暗黄褐色沥青的荧光强度比较均匀（图6D），还伴有溶蚀现象，表明，后期注入的原油对其浸泡比较充分；暗黄褐色荧光沥青右侧另一孔隙中的碳质沥青中裂缝不发育，其周缘也没有较多的油质沥青。图6G进一步表明了黄白色荧光沥青对碳质沥青的溶蚀，发蓝白色荧光沥青充填在孔隙之中，并渗入黏土薄膜。从产状看，黏土薄膜形成于发黄白色荧光沥青之后，蓝白色荧光沥青充注之前。蓝白色荧光沥青沿裂缝穿过碳质沥青，使得碳质沥青发暗绿褐色荧光（图6E）。

不同类型的油质沥青在孔隙中没有发生充分的混溶（图6B、F、H），其原因之一可能是储层的渗透率很低。在裂缝之中，混溶的程度有所增加（图6E、G），其中碳质沥青明显地起到了阻隔的作用。

镜下沥青特征反映本区至少经历了三期油气充注：第一期以碳质沥青为代表，第二期为黄白色荧光沥青为代表，第三期为蓝白色荧光沥青为代表。在第二期和第三期油气充注之间，有无机流体的活动，形成了黏土薄膜。暗黄褐色和暗绿褐色荧光沥青是碳质沥青被油质沥青浸染所造成的，其主体还属于碳质沥青，但其可溶性明显增加。碳质沥青应是第一期油气充注后油气遭到破坏而残留下来的物质，它们对油气生产可能已不具意义，但它们对储层的润湿性应该产生了重要影响，形成有利于第二和第三期油气注入储层的动力条件，促进了低渗透储层中烃类富集，这有可能是一个十分有利的成藏因素。

# 3 低渗透储层具有"持续成藏、同步致密"的特点

储层砂岩的致密史包含了储层在地史演化中，在压实作用和胶结作用等因素的作用下使原生孔隙变小，渗透性能降低的过程，实质体现为孔隙度和渗透率随地层埋藏过程的变化（席胜利等，2004）。本文通过研究孔隙演化史与储层致密史的关系，明确了储层致密与成藏的时间顺序。

## 3.1 主要成藏期储层物性特征

生排烃高峰期古物性恢复是建立在石英加大边烃类包裹体形成于生排烃高峰期的认识基础之上，通过判断主要成岩矿物与硅质胶结物形成的先后关系，结合储层现今物性特征，

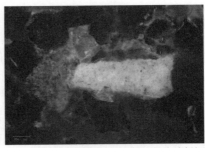

A.Z84井，2202.30m，长3，粒间孔和粒内溶孔的
沥青充填，发中亮的黄色—绿蓝色荧光

B.Z86井,2036.30m,长2，残余粒间孔内液烃沥
青的两期充注，黄橙色和黄—绿蓝色荧光

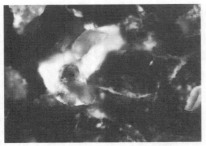

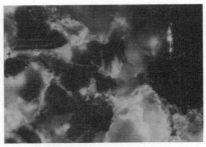

C.X21井，2039.2m，长8，10×10（Y）荧光
分布不是很均匀的发暗黄褐色荧光沥青

D.X41井，1990.88m，长8，20×10（Y）。暗黄褐色
荧光沥青的荧光强度比较均匀，还伴有溶蚀现象

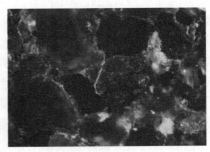

E.ZH9井，1709.64m，长8，10×10（Y）蓝白
色荧光沥青沿裂缝穿过碳质沥青，使碳质沥青
发暗绿褐色荧光

F.X41井，1997.2m，长8，20×10（Y）不同类
型的油质沥青在孔隙中没有发生充分的混溶

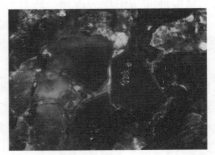

G.X41井，1992.29m，长8，20×10（Y）
黄白色荧光沥青对碳质沥青的溶蚀

H.ZH9井，1704.64m，长8，10×10（Y）Ⅲ期
原油充注，Ⅰ期已转化为碳质沥青，Ⅱ期为黄
白色荧光沥青，Ⅲ期为蓝白色荧光沥青

图6　鄂尔多斯盆地延长组烃类沥青特征

计算生排烃高峰期古孔隙度和古渗透率（席胜利等，2004）。

鄂尔多斯盆地生排烃高峰期与最大埋深期均发生于早白垩世，因此，生排烃高峰期后压实作用基本停止，计算古孔隙度时可以不考虑后期压实损失的孔隙度。另外，成岩序列研究显示，仅含铁碳酸盐胶结物和伊利石形成于石英加大边之后，由于伊利石母岩矿物也占据了孔隙空间，因此，伊利石的形成对孔隙的影响不大。这样生排烃高峰期的孔隙度近似的等于现今孔隙度加碳酸盐胶结损失的孔隙度。目前，长6、长7、长8储层的孔隙度一般为8.5%～14.30%，5.4%～12.80%，5.2%～12.20%，加上晚期碳酸盐胶结损失的孔隙度5.2%，4.3%，5.3%，计算生排烃高峰期孔隙度分别近似等于13.7%～19.5%，9.7%～17.1%，10.5%～17.5%。

通过对长6—长8储层孔隙度和渗透率进行统计，发现具有较好的指数相关关系。把上述求出的长6—长8储层的孔隙度代入相应的渗透率—孔隙度指数关系式中，即可得到长6、长7和长8油层组生排烃高峰期的渗透率分别为0.6～8.8mD，0.1～1.4mD，0.6～13.5mD。所以，主要成藏期储层物性较好，具备形成大规模油气运移和聚集的储集条件。

### 3.2 储层致密与成藏的时间顺序

盆地演化、成岩作用和孔隙演化控制着储层砂岩的致密过程，成岩过程形成的碳酸盐胶结物及储层油气包裹体等信息可以综合反映储层致密与成藏的时间顺序。通过对成岩作用、孔隙演化及生排烃史匹配关系的研究，认为盆地长8储层先充注、持续成藏、同步致密，长6、长4+5储层是边成藏，边致密的成藏序列。

长8储层主要分布于盆地的姬塬、西峰、镇北和华庆地区，埋藏深度主要在2300～2800m，不同地区埋藏深度不一致，由于埋藏深度的差异，导致成岩序列及成藏存在一定的差异。通过对流体包裹体、自生伊利石测年、储层沥青特征及碳酸盐胶结物等的研究，认为长8储层虽然不同区块埋藏深度存在一定差异，但总体具有先充注、持续成藏、同步致密的特征（图7）。长8油藏包裹体均一温度分布范围宽，油气充注时间早且比较长，主峰温度80～120℃，主成藏期从早白垩世早期持续到早白垩世晚期，以中期成藏为主。致密与成藏的序列关系控制着油藏类型，先成藏后致密型油藏具有油气充注时储层物性较好，油气聚集主要受构造控制，油气在高部位聚集，丰度高，油水分异较好特征。

长6、长4+5主力储层的分布主要集中在姬塬、陕北和华庆地区。三个地区储层的成岩作用和孔隙度演化具有相似性。储层在晚侏罗世期间进入致密过渡期，油藏具成藏与致密同步进行的特征（图8）。长4+5、长6储层包裹体均一温度范围集中110～130℃，主峰温度为110～120℃，主成藏期在早白垩世晚期，以中晚期成藏为主。边致密边成藏的油藏具有油气充注时储层物性相对致密，油气聚集成藏主要受物性控制，在储层整体相对较好的部位聚集成藏，具有选择性充注的特征，油水分异差特征。

## 4 生烃增压为石油运移的主要动力

油气聚集成藏的过程是在驱动力作用下选择最有利地质储集空间的过程，驱动力性质决定着油气运移的方向和强度。鄂尔多斯盆地中生界储层主要为低渗储层，通过对不同运

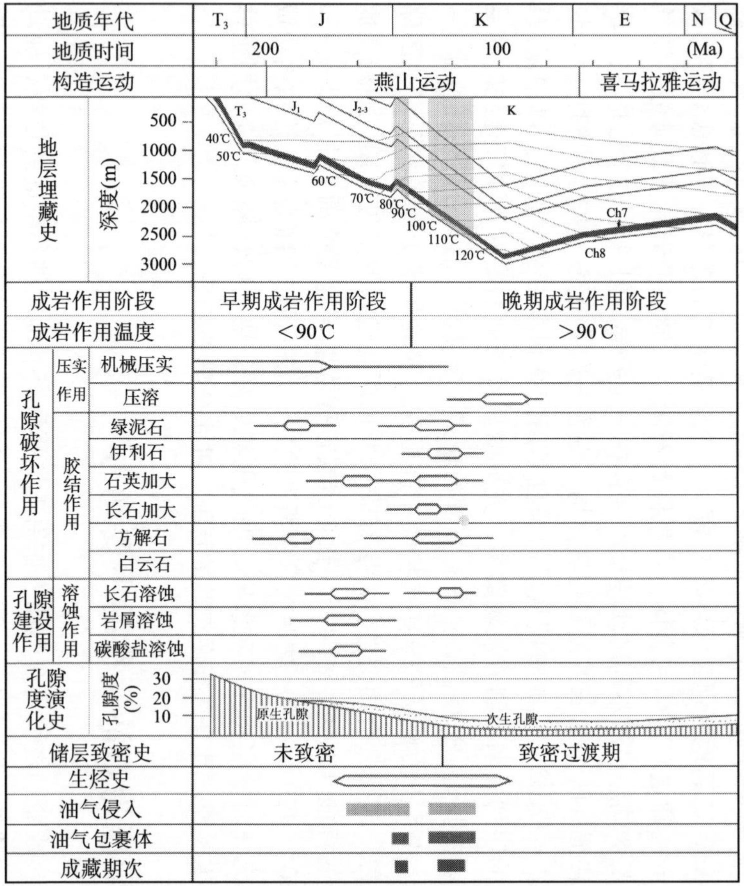


图 7　延长组长 8 储层孔隙演化与油气成藏综合图

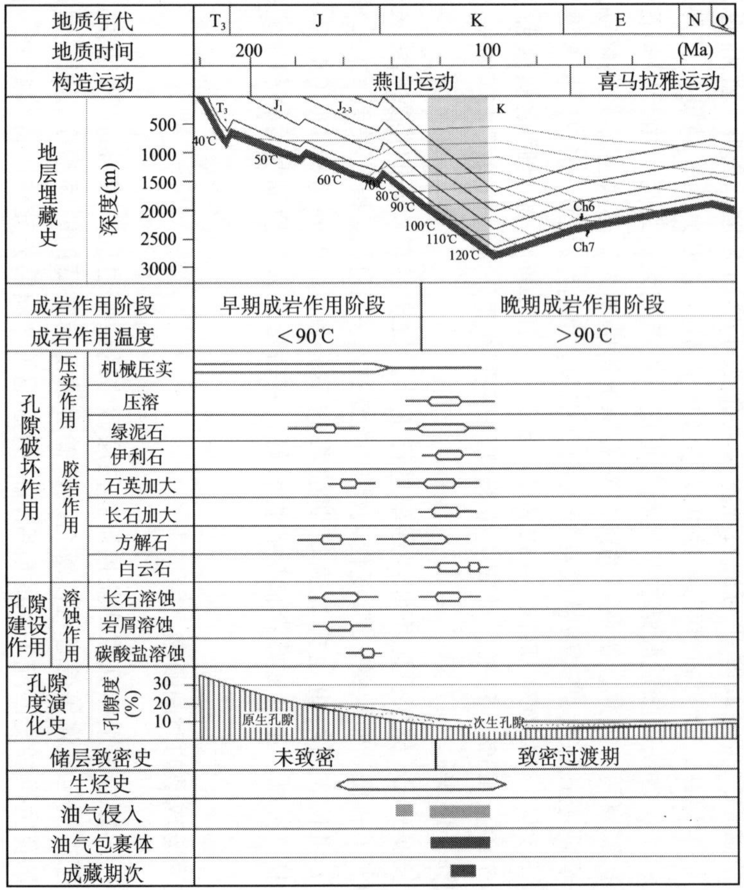


图 8　延长组长 6 储层孔隙演化与油气成藏综合图

移动力类型及发育特点研究，发现影响油气大规模成藏的主要动力类型为由于泥岩欠压实而存在的异常高压（王震亮等，2005；郭泽清等，2004）。以下对异常高压这一主要动力类型的特征及对成藏的影响进行分析。

## 4.1　异常高压形成原因

异常高压形成的一个主要条件是沉积体中具有渗透性足够低的岩石，因而，在沉积体上覆载荷增大时其内的流体流出速度相对于沉积体压力增加而言可以忽略不计，异常高压通常出现在以页岩为主的层系中。由于流体排出不畅，通常应该由岩石骨架承担的压力转移给了地层流体，则出现高压流体。在连续埋藏时上覆沉积物重量逐渐增加，总垂直应力也随之增加，岩石骨架只承担部分新增加的应力，其余部分传导给地层流体。如果埋藏的时间足够长，考虑到地层有微弱的渗透性，则这部分增加了的压力将通过流体流出而缓慢地逐步释放。然而，由于连续埋藏，颗粒胶结更加致密，孔隙空间变小，渗透性进一步降低，地层流体的排出过程与增压过程更加不平衡，孔隙压力逐步增加而产生异常高压。

生烃增压作用也是形成异常高压的另一个重要因素。固体有机质或干酪根转化为石油或天然气可以导致孔隙流体体积明显增加。烃源岩大量生烃过程一般被认为是产生超压的重要机制，近年来，在很多盆地中发现超压的分布与成熟烃源岩的生油强度分布也密切相关（查明等，2002；姚泾利等，2007）。长 7 暗色泥岩是中生界的一套主要烃源岩，母质类型以腐殖—腐泥混合型生油干酪根为主，其暗色泥质烃源岩平均有机碳含量 4.74%，镜质组反射率（$R_o$）平均达到 1%，正处于生油的高峰时期。根据平衡深度法求取的姬塬地区延长组地层异常压力值与长 7 油页岩的关系可以看出，在长 7 油页岩较厚的区域，剩余异常压力值较高，在油页岩较薄的区域，剩余异常压力值较低，长 7 油页岩的厚度与剩余异常压力的分布具有很好的相关性（图 9），所以延长组长 7 主力烃源岩的生烃对延长组超压分布具有重要的影响作用。

## 4.2　异常高压分布特征

姬塬地区单井泥岩压实曲线的特征比分析说明，该区正常压实趋势明显，一致性较好，欠压实现象普遍发育于长 6 和长 7 油层组，各井开始出现稳定的异常压实处的泥岩声波时差值大部分都在 220 μs/m 左右，且正常压实与欠压实分界线多数位于长 6 底界和长 7 顶界之间。各单井曲线上仅在异常段的顶界埋深、层位以及异常段偏离正常压实趋势的幅度等方面存在着一定的差异。

从异常压力层位的分布看，全区异常压力的出现与长 7 油页岩的厚度具有较好的一致性，姬塬南部泥岩厚度较大，整个延长组沉积期间都是沉积中心，异常压力出现的层位多为延长组长 6 底部与长 7 顶之间。长 7 之上地层压力基本保持在静水压力带附近，在接近长 7 暗色泥岩处，地层压力逐渐偏离静水压力，超压幅度渐增。西南方向出现异常的深度较大，一般都在 2400 ~ 2500m。

异常压力出现层位和深度的不同主要是差异压实的结果，总体规律是油页岩厚的地方，单井过剩压力较大，油页岩较薄的地方，单井过剩压力较小（图 9）。姬塬地区耿 73 井长 7 油页岩厚度最大达到 80m 以上，单井最大过剩压力达到 15.17MPa，向东北方向随着长 7 油页岩厚度的减薄，单井最大过剩压力逐渐减小。

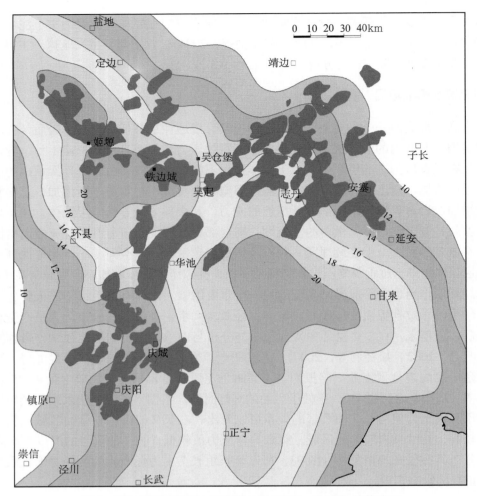

图 9  鄂尔多斯盆地地下白垩统长 7 过剩压力（MPa）等值线图

## 4.3  异常高压为石油运移的主要动力

石油运移方向主要取决于某一方向的过剩压力梯度与渗透性砂体的横向连通程度。延长组纵向的地层过剩压力梯度远大于横向，且在垂直裂缝发育地带的低渗透地层中纵向渗透率远远大于横向顺层渗透率，因此，石油在垂直裂缝发育带中主要做垂向运移。异常高压地层在瞬时外力强烈作用时可能导致更强烈的瞬间高压并引发水力破裂，在延长组的长 6—长 4+5 特低渗地层中形成由断裂和裂缝组成的运移通道，而在上部长 3—长 2 中形成裂缝—砂体复合运移通道，流体沿着裂缝幕式运移。当裂缝带的剩余流体压力大于其切割的长 6—长 4+5 储集砂体的毛管阻力时，石油能够充注进入储层并聚集成藏。除此之外，异常高压可以促使长 7 生成的原油沿垂向叠置的砂体向上覆低渗的长 6、长 4+5 储层运移。长 3—长 2 油层组物性相对较好，石油运移到该油层组以后，沿着砂体进行侧向运移，在长 2 的一些低幅构造中聚集成藏。

延长组长 6—长 2 段以发育三角洲水下分流河道砂体为主，紧邻长 7 烃源岩的长 6 和长 4+5 砂体渗透率均值分别是 0.46mD 和 0.62mD，都不到 1.0mD，属于特低渗透地层，再加上长 6 和长 4+5 三角洲平原和前缘的沉积类型多样，砂体交错纵横，在横向上岩性多变，非均质性较强，因而，通常情况下石油是难以进行垂向、横向运移的。延长组长 7 烃源岩中普遍存在异常高压，一方面异常高压是长 7 烃源岩中石油排出的主要动力，另一方面它引起上覆油层组水动力场的变化，形成上覆长 6—长 3 油层组中石油二次运移的关键驱动力。石油自生油层进入储层后发生顺层和穿层运移，在地层异常压力控制下石油的侧向运移和垂向运移是同时进行的。

# 5 多种输导组合形成了丰富的运移通道

油藏输导体系是指原油经初次运移之后，从输导层到储层运移途径的路径网络系统。目前的认识表明，输导体系包括了三类油气运移途径，即孔隙性砂体、不整合和裂缝或断裂。通过对岩心、物性、地球化学以及含油性关系的研究，认为，上三叠统延长组中叠合连片的孔隙型砂体是原油运移的最主要通道（金之钧等，2003），而成岩作用早期形成的滑塌变形裂缝是油气运移的优势通道，对油气运聚起着重要作用，构造裂缝在运移中也起一定的作用。

由于鄂尔多斯盆地延长组储层在成藏期成岩演化程度相对较低、原始孔渗条件较好，中、晚白垩世盆地长 7 优质烃源岩生成的油源在异常高压的作用下沿微裂缝、连通砂体开始往上大量运移，对长 4+5、长 6 进行连续式多点充注成藏。当压力较高时即使砂体连通情况较差也可发生石油运移；而随着石油运移流体压力逐渐降低，尤其在经过长 6—长 4+5砂体释压带后，地层压力迅速降低，多数石油只能沿着微裂缝和连通情况较好的砂体运移。

## 5.1 孔隙性砂体

由于原油沿连通砂体的运移方向具有"向源性"的特征，因此，连通砂体优势通道的展布与砂体发育带有一定的相关性（何自新，2003）。这种"向源性"在储集体大面积发育时候表现得更为突出，加上物性的控制作用，烃源岩排出的原油沿优势通道运移，在孔渗性好的地方聚集成藏，其盖层可以是泥、页岩或渗透率更低的储集体。

非均质性应是输导层的本质特征，低渗储层内部因这种非均匀性很可能造成输导体内部一些孔渗性相对较好的优势通道，即一些学者（李士祥等，2010）在描述运移优势通道时所划分的级差优势通道。对渗透性相对较好的输导层，运移的动力很容易克服输导层内运移通道上的毛细管阻力，因而，石油在这些可能的通道中选择最容易突破的路径运移。

但对于延长组渗透性很低的输导层，就需要对此进行细致的分析：①优势通道的形成机理－低渗的成因大都是成岩作用的结果，起作用的已非"沉积物颗粒的级差优势"，而是"最小通道的毛细管阻力的级差优势"。②若优势通道在运移过程中能起作用，其最小的和最大的通道半径及其对应的毛细管力是多少？③这些通道的三维连通性如何在石油运移的同时把排开的水释放出系统？④这些通道上是否存在非低渗的沉积空间？

通过研究分析认为，石油沿这种延长组储层优势运移通道发生运移的可能性很大。砂体低渗的成因主要是由于化学胶结成岩作用，外界流体源源不断地流过砂体带来胶结物质，使得孔隙空间被填满。在这种情况下，流动的流体最后总要留下一些使流体能够流过的通道，这些通道往往有可能就是输导层内石油运移的路线。从油田储层物性分析结果来看，虽然储层物性的平均值相对较低，但时常可以遇到孔隙度 12% ～ 15%，渗透率 3 ～ 6mD 的岩心样品（Yang Hua et al., 2005）。

沿低渗输导层内优势通道运移的石油在遇到孔渗性较好的储集空间就可以很自然的形成石油藏，这样，所发现的油藏就应该具有较高的孔渗性；而这些优势通道在运移过程中遇到的只是低渗储层，则石油就不可能成藏，因而，从优势通道进入低渗储层的石油仍然要克服巨大的毛细管阻力。

## 5.2  裂缝系统

鄂尔多斯盆地位于华北克拉通西部，基底断裂数量多、规模大，基底顶面表现为两个大型隆起：北部为伊盟隆起，中南部为中央古隆起。盆地基底结构对上覆沉积盖层中的岩性、岩相及其裂缝发育具明显的控制作用，从而间接影响到石油的运移与聚集。中新生代不同期次的幕式构造运动导致了基底断裂复活，并在上覆盖层中形成不同的裂缝，成为延长组石油运移的优势通道。

在岩心观察过程中发现研究区裂缝以垂直缝和高角度缝为主，利用岩心裂缝方位古地磁定向的分析方法，对 120 块裂缝样品进行了分析，延长组主要发育北北东向、北东向和东西向三个方向的裂缝（Zhang Wenzheng et al., 2006）。另外，大量的成像测井资料及野外剖面实测表明，盆地主要发育东西向和南北向两组裂缝，与古地磁定向结果一致。

不过，从盆地东部和北部出露地表的延长组地层内裂隙的发育状况来看，穿过储层裂隙的密度大约几十厘米一条，裂隙一般仅穿过单层的砂岩层而止于泥岩。这些裂隙在一个砂体内可以形成网络，因而，在一些砂体内可构成石油运移的主通道。

# 6  有利的成藏配置是形成大型复合油藏的重要因素

## 6.1  湖盆振荡升降构建了多套有利储盖组合

湖盆演化决定沉积相序组合及相带平面分布。鄂尔多斯湖盆经历了多次湖盆震荡，致使湖平面发生周期性升降，在此沉积背景下，随着湖盆的振荡运动，湖平面产生周期性湖进、湖退，沉积发育了多套砂—泥岩互层的有利储盖组合（图10），其中，砂岩是油气储集的良好场所，而泥岩则是很好的盖层，为多油层复合含油富集区的形成奠定了基础。

鄂尔多斯盆地长 8 末期延长期湖盆迅速沉降，长 7 湖盆迅速扩张，水深加大，湖盆中部地区沉积了一套有机质丰富的暗色泥岩，质纯，含藻类及介形虫化石，干酪根类型以腐泥型、腐殖腐泥型为主，有机质丰度高，为中生界提供了充足的油源。长 6 期持续湖退过程，发生了大规模的三角洲砂体进积，并且受湖盆底形、沉积相及火山活动等突发地质事件的控制，在鄂尔多斯湖盆中部地区形成了东西宽 15 ～ 80km，南北长约 150km，厚度分布稳定的、沿半深湖、深湖斜坡地区发育大型的复合浊积砂带，在华庆地区长 6 形成巨厚层的储集砂体。到了长 4+5 期，又是一次小范围的湖侵期，沉积岩以泥质岩类为主，形成了一套良好的区域性盖层，对长 6 油层组油气的保存及延长组油气的富集均具有十分重要的意义。纵向上良好的生储盖配置关系形成了华庆地区长 7—长 6 的下生上储式大型油藏。

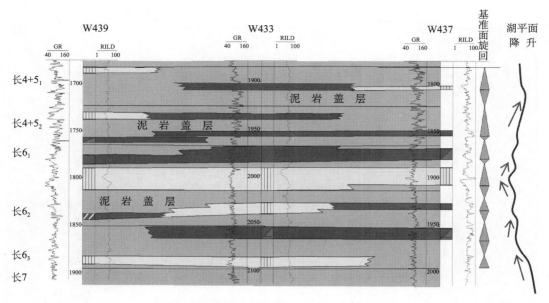

图 10　鄂尔多斯盆地长 4+5—长 6 储盖组合图

### 6.2　有利的成藏配置是形成大规模含油富集区的重要因素

　　成藏系统的有机配置是形成大规模含油富集区的重要因素。华庆地区位于中生界湖盆中心，延长组长 6 期主要为湖相和三角洲相沉积，区内砂体展布形态和方向受湖盆演化及底形控制，该区西南部因位于湖盆陡坡带，在火山活动、风暴等作用下发育大型浊积砂岩，平行于湖岸线展布，而东北部受东北沉积体系控制，主要发育三角洲前缘水下分流河道和河口坝砂体；而该区长 8 期主要受东北沉积体系的三角洲前缘亚相控制，发育退积型三角洲前缘水下分流河道和河口坝砂体，这两套不同成因类型的砂岩各自在纵向多期叠置、横向复合交错连片、厚度大、分布稳定的大型复合储集体（图 11）。而且这套大型复合储集体无论纵向、横向都紧邻长 7 优质烃源岩，具有优先捕获油气的优势，平面上形成了较好的配置。另外，长 7 优质烃源岩（TOC ＞ 5%）有机质丰度高，具有主动性排烃的能力，室内实验研究表明，其平均排烃率高达 82%，大量生烃增压为石油运移提供了强大的动力条件，使得长 7 源油通过垂向上、下运移，在长 6、长 8 有利储集砂体形成大规模含油富集区。

## 7　结论

　　（1）建立了地质事件驱动下的湖相优质烃源岩发育模式，揭示了淡水湖泊环境下无机营养盐触发生物勃发的机理，评价了烃源岩的生排烃能力，提出了盆地中生界具有"高强度生烃、大面积运聚"的认识，丰富了湖盆的生烃理论。

　　（2）利用储层成岩流体包裹体、自生伊利石测年和沥青期次等多种方法对成藏期次进行了分析，总结出延长组油藏成藏期次可分为早白垩世早、中和晚三期，储层包裹体均一温度为 50 ～ 80℃对应于早成藏期，90 ～ 110℃对应于中成藏期，120 ～ 140℃对应于晚成

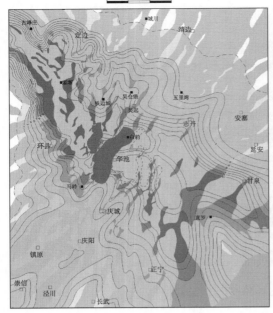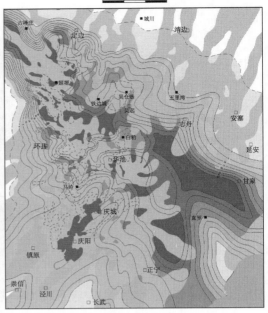

图 11  华庆地区长 6、长 8 砂体与长 7 烃源岩配置关系图

藏期。西峰、镇北长 8 具早期成藏特征，其他地区具中、晚期成藏特征，从层位分析，长 8 为早、中期成藏，早于长 4+5、长 6 中晚期成藏。

（3）结合地层埋藏史、地层古地温演化史和成岩史与储层孔隙度的关系，研究了不同地区延长组主力储层的致密史。长 8 储层具有先充注、持续成藏、同步致密的特征，主成藏期从早白垩世早期持续到早白垩世晚期，以中期成藏为主。长 6 和长 4+5 储层为边致密、边成藏的特征，主成藏期在早白垩世晚期，以中晚期成藏为主。

（4）异常高压为中生界低渗透储层油气大规模运移的主要动力，过剩压力的分布特征对油藏展布有明显的控制作用，湖盆振荡升降构建了多套有利生储盖组合，创建了宽缓构造背景下大面积低渗透连续性油藏成藏理论，建立了"生烃增压、大面积充注、多种输导、连续性聚集"的成藏模式，提出了优质烃源岩和储集砂体的区域性有效配置是大型低渗透油藏形成的重要地质条件。

（5）总结出鄂尔多斯盆地延长组多层系复合成藏的模式，在长 7 优质烃源岩生烃增压作用下，原油通过互相叠置的相对高渗砂体向上、向下运移，在长 4+5、长 6、长 8 形成大规模岩性油藏，并通过微裂缝和前侏罗纪古河流的输导体系，在长 2 及侏罗系形成了构造—岩性油藏。

## 参 考 文 献

查明，曲江秀，张卫海．2002．异常高压与油气成藏机理．石油勘探与开发，29（1）：19—23．

陈践发，孙省利，刘文汇等．2004．塔里木盆地下寒武统底部富有机质层段地球化学特征及成因探讨．中国科学（D辑：地球科学），34（增刊Ⅰ）：107—113．

邓秀芹，刘新社，李士祥．2009．鄂尔多斯盆地三叠系延长组超低渗透储层致密史与油藏成藏史.石油与天然气地质,30(2):156–161.

郭泽清,钟建华,刘卫红等.2004.柴达木盆地西部第三系异常高压与油气成藏.石油学报,25(4):13–18.

何自新.2003.鄂尔多斯盆地演化与油气.北京:石油工业出版社.

金之钧,张金川.2003.天然气成藏的二元机理模式.石油学报,24(4):13–16.

李士祥,邓秀芹,庞锦莲等.2010.鄂尔多斯盆地中生界油气成藏与构造运动的关系.沉积学报,28(4):798–807.

刘德良,谈迎,孙先如等.2002.鄂尔多斯古生界流体包裹体特征及其与油气演化关系.沉积学报,20(4):695–704.

刘建章,陈红汉,李剑等.2005.运用流体包裹体确定鄂尔多斯盆地上古生界油气成藏期次.地质科技情报,24(4):60–66.

孙少华,刘顺生,汪集阳.1996.鄂尔多斯盆地地温场与烃源岩演化特点.大地构造与成矿学,20(3):255–261.

孙省利,陈践发,刘文汇等.2003.海底热水活动与海相富有机质层形成的关系—以华北新元古界青白口系下马岭组为例.地质论评,49(6):588–595.

孙省利,陈践发,郑建京等.2004.塔里木下寒武统富有机质沉积层段地球化学特征及意义.沉积学报,22(3):547–552.

王传远,段毅,杜建国等.2009.鄂尔多斯盆地长9油层组流体包裹体特征与油气成藏期次分析.地质科技情报,28(4):47–50.

王震亮,张立宽,施立志等.2005.塔里木盆地克拉2气田异常高压的成因分析及其定量评价.地质论评,51(1):55–63.

席胜利,刘新社,王涛.2004.鄂尔多斯盆地中生界石油运移特征分析.石油实验地质,26(3):229–235.

席胜利,刘新社.2005.鄂尔多斯盆地中生界石油二次运移通道研究.西北大学学报(自然科学版),35(5):628–632.

肖贤明,刘祖发,刘德汉等.2002.应用储层流体包裹体信息研究天然气气藏的成藏时间.科学通报,47(12):957–960.

杨华,张文正.2005.论鄂尔多斯盆地长7段优质油源岩在低渗透油气成藏富集中的主导作用:地质地球化学特征.地球化学,34(02):147–154.

姚泾利,王克,宋江海等.2007.鄂尔多斯盆地姬塬地区延长组石油运聚规律研究.岩性油气藏,19(3):32–37.

张克银.2005.鄂尔多斯盆地南部中生界成藏动力学系统分析.地质力学学报,2(1):25–32.

张文淮,陈紫英.1993.流体包裹体地质学.武汉:中国地质大学出版社,199–202.

张文正,杨华,李剑锋等.2006.论鄂尔多斯盆地长7段优质油源岩在低渗透油气成藏富集中的主导作用—强生排烃特征及机理分析.石油勘探与开发,33(3):289–293.

张文正,杨华,杨奕华等.2008.鄂尔多斯盆地长7优质烃源岩的岩石学、元素地球化学特征及发育环境.地球化学,37(1):59–64.

赵孟为,汉斯·阿伦特,克劳斯·魏玛.1997.鄂尔多斯盆地伊利石K—Ar等时线图解与年龄.沉积学报，15（4）：148—151.

Chen Jianfa, Sun Xingli, Liu Wenhui, et al. 2004. Geochemical characteristics of organic matter−rich sedimentary strata in lower cambrian, Tarim Basin and its genesis. Science in China Ser. D Earth Sciences, 34 （supplement Ⅰ）：107—113.

Deng Xiuqin, Liu Xinshe, Li Shixiang. 2009. The relationship between campacting history and hydrocarbon accumulating history of the super−low permeability reservoirs in the Triassic Yanchang Formation in the Ordos Basin.Oil and Gas Geology, 30 （2）：156—161.

Dutkiewicz A, Rasmussen B, Buick R. 1997. Oil preserved in fluid inclusions in Archaean sandstones. Nature, 395 （6705）：885—888.

Guo Zeqing, Zhong Jianhua, Liu Weihong, et al. 2004. Relationship between abnormal overpressure and reservoir formation in the Tertiary of the Western Qaidam Basin.Acta Petrolei Sinica, 25 （4）：13—18.

He Zixin. 2003. Evolution and petroleum of Ordos Basin. Beijing：Publishing House of Oil Industry.

Jin Zhijun, Zhang Jinchuan. 2003. Two typical types of mechanisms and models for gas accumulations.Acta Petrolei Sinica, 24 （4）：13—16.

Li Shixiang, Deng Xiuqin, Pang Jinlian, et al. 2010. Relationship between petroleum accumulation of Mesozoic and tectonic movement in Ordos Basin.Acta Sedimentologica Sinica, 28 （4）：798—807.

Liu Deliang, Tan Ying, Sun Xianru, et al. 2002. Charccteristics of earth fluid inclusions and their relationship with oil−gas evolution in Ordos Basin. Acta Sedimentologica Sinica, 20 （4）：695—704.

Liu Jianzhang, Chen Honghan, Li Jian, et al. 2005. Using fluid inclusion of reservoir to determine hydrocarbon charging orders and times in the upper paleozoic of Ordos Basin. Geological Science and Technology Information, 24 （4）：60—66.

Rogers K M, Savard M M. 2002. Geochemistry of oil inclusions in sulfide related calcites fingerprinting the source of the sulfate reducing hydrocarbons of the Pb Zn carbonates hosted Jubilee deposit of Nova Scotia, Canada. Applied Geochemistry, 17 （2）：69—77.

Sun Shaohua, Liu Shunsheng, Wang Jiyang. 1996. Temperature field and evaluation of petroleum in the ordos basin.Geoteclonica et Metallogenia, 20 （3）：255—261.

Sun Xingli, Chen Jianfa, Liu Wenhui, et al. 2003. Hydrothermal venting on the seafloor and formation of organic−rich sediments ——Evidence from the Neoproterozoic Xiamaling Formation, North China.Geological review, 49 （6）：588—595.

Sun Xingli, Chen Jianfa, Zheng Jianjing, et al. 2004. Geochemical characteristics of organic matter−rich sedimentary strata in lower cambrian, Tarim Basin and its origins.Acta Sedimentologica Sinica, 22 （3）：547—552.

Wang Chuanyuan, Duan Yi, Che Guimei, et al. 2009. Geochemical characteristics and oil−source analysis of crude oils in the yanchang formation of upper Triassic from Ordos Basin. Geological Journal of China Universities, 15 （3）：380—386.

Xi Shengli, Liu Xinshe, Wang Tao. 2004. Analysis on the migration characteristics of the Mesozoic petroleum in the Ordos Basin. Petroleum Geology & Expeximent, 26 (3): 229-235.

Xi Shengli, Liu Xinshe. 2005. Petroleum secondary migration pathway in Mesozoic period, Ordos Basin. Journal of Northwest University (Natural Science Edition), 35 (5): 628-632.

Xiao Xianming, Liu Ziufa, Liu Dehan, et al. 2002. Applying fluid inclusion of reservoir to research reservoir forming time of gas reservoir. Chinese Science Bulletin, 47 (12): 957-960.

Yang Hua, Zhang Wenzheng. 2005. Leading effect of the seventh member high-quality source rock of Yanchang Formation in Ordos Basin during the enrichment of low-penetrating oil-gas accumulation: Geology and geochemistry.Geochimica, 34 (02): 147-154.

Yao Jingli, Wang Ke, Song Jianghai, et al. 2007. Petroleum migration and accumulation of Yanchang Formation in Jiyuan area, Ordos Basin.Lithologic Reservoirs, 19 (3): 32-37.

Zha Ming, Qu Jiangxiu, Zhang Weihai. 2002. The relationship between overpressure and reservoir forming mechanism. Petroleum Exploration and Development, 29 (1): 19-23.

Zhang Keyin. 2005. Analysis of the Mesozoic accumulation-forming dynamic system in the southern Ordos Basin.Journal of Geomechanics, 2 (1): 25-32.

Zhang Wenhuai, Chen Ziying. 1993. Geology of fluid idclusion.Wuhan Publishing House of Chinese Geological University, 199-202.

Zhang Wenzheng, Yang Hua, Li Jianfeng, et al. 2006. Leading effect of high class source rock of Chang 7 in Ordos Basin on enrichment of low permeability oil-gas accumulation—Hydrocarbon generation and expulsion mechanism.Petroleum Exploration and Development, 33 (3): 289-293.

Zhang Wenzheng, Yang Hua, Yang Yihua, et al. 2008. Petrology and element geochemistry and development environment of Yanchang Formation Chang-7 high quality source rocks in Ordos Basin. Geochimica, 37 (1): 59-64.

Zhao Mengwei, Hans Ahrendt, Klaus Wemmer. 1997. The K-Ar isochron diagram and ages of illites from the Ordos Basin. Acta Sedimentologica Sinica, 15 (4): 148-151.

# 鄂尔多斯盆地下石盒子组盒 8 段缓坡浅水辫状河三角洲沉积模拟实验研究

刘忠保[1,2]　罗顺社[1,2]　何幼斌[1,2]　尚　飞[1,2]
吕奇奇[2,3]　罗进雄[1,2]　文　沾[1,2]　苑伯超[1,2]

（1. 油气资源与勘探技术教育部重点实验室；2. 长江大学地球科学学院；
3. 中海油上海分公司）

**摘　要**　缓坡浅水辫状河三角洲砂体是重要的储集类型之一，且蕴含着丰富的油气资源，对该类砂体形成、分布及演变规律进行研究具有重要的实际意义。文中以鄂尔多斯盆地苏里格地区二叠系中统下石盒子组盒 8 段为模拟原型，应用沉积模拟实验技术，论述了辫状河三角洲的形成过程和沉积微相特征，探讨了影响辫状河三角洲形成及演变的控制因素，揭示了平缓构造背景下大面积砂岩形成机理。研究表明，基底沉降、相对湖平面升降、流量、物源供给等是影响辫状河三角洲形成及演变的主要控制因素，低坡度、充足物源供给、强水流、湖水位频繁进退、多水系的汇水是形成大面积砂岩分布的主要原因。综合原始地质模型和实验认识，建立了实验条件下苏里格地区盒 8 段辫状河三角洲沉积模式。

**关键词**　缓坡浅水辫状河三角洲　沉积模拟　控制因素　沉积模式　鄂尔多斯盆地

　　缓坡型浅水辫状河三角洲是三角洲沉积体系中一种特殊的沉积类型，在我国鄂尔多斯盆地（杨华，魏新善，2007）、焉耆盆地（谢辉，2004）等均有发育，其形成的砂体被勘探实践证明是岩性油气藏勘探的重要目标之一。鄂尔多斯盆地在晚古生代沉积演化过程中，从石炭系本溪组至二叠系石千峰组各组均发育了多套储集砂体，目前，在太原组，山西组，石盒子组均发现了大气田，在本溪组和石千峰组也发现了若干个气藏。其中，储集砂体最为发育的层段为二叠系下石盒子组盒 8 段，该段储集砂体在盆地内表现为"广覆式大面积分布"的特征（田景春等，2011）。本文在前人研究基础上（李浩等，2011；李元昊等，2009；白全明等，2005；陈安清等，2007；付锁堂等，2003；何顺利等，2005；胡光明，2004；沈玉林等，2006；肖建新等，2008），运用水槽实验模拟分析方法，针对鄂尔多斯盆地苏里格地区二叠系中统下石盒子组盒 8 段，就辫状河三角洲形成及演变的主控因素进行探讨，并进一步剖析大面积砂岩连片分布机理，建立实验条件下辫状河三角洲沉积模式。

# 1　实验设计

　　鄂尔多斯盆地苏里格地区中二叠统下石盒子组盒 8 段沉积期，盆地属南北向展布的内陆坳陷盆地，古地形为北高南低的单斜，地形坡度小于 1°，物源主要来源于盆地北部的阴山古陆，母岩成分东西部差异明显，其中西部为富石英物源，东部为富岩屑物源。发育缓坡型浅水辫状河三角洲沉积体系，砂岩粒度以粗砂为主，其次为中砂和细砾，分选与磨圆中等—好，多为次棱角—次圆状。根据研究区地质模型，结合实验室实际条件，建立物理模型，分阶段进行沉积模拟实验，并设计了详细的实验方案。

缓坡型浅水辫状河三角洲沉积模拟实验在水槽中进行（图1），该水槽长16m，宽6m，深0.8m，距地平面高2.2m，另有4块面积均为2.5m×2.5m=6.25m² 的活动底板组成活动底板系统，活动底板能向四周同步倾斜、异步倾斜、同步升降、异步升降（图2）。原始底形控制着其后沉积体系的展布（张春生，1997），本次实验以山西组沉积后的古地形为依据制作底形（图3），固定河道（Y=0～3m）坡降约0.6°，非固定河道（Y=3～6m）坡降约1.2°，活动底板区（Y=6～15m）坡降约0.3°。考虑到实验过程的可操作性、水流的搬运能力以及洪水期、中水期、枯水期含沙量的变化，设计加砂组成（表1）。按照自然界中的一般规律（张春生，1997），设计洪水、中水、枯水的流量比例为6：3：1，实验中选定洪水期流量为2.4L/s，平水期流量为1.2L/s，枯水期流量为0.4L/s。设计活动底板的运动状况如表2所示，以保证形成沉积坳陷。

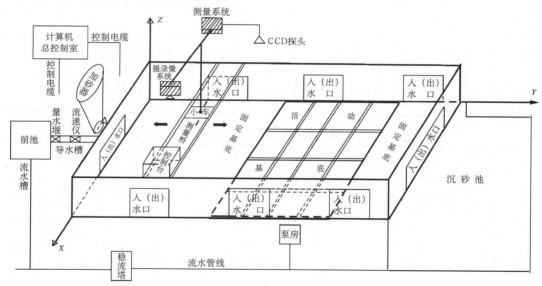

图1 沉积模拟实验装置示意图

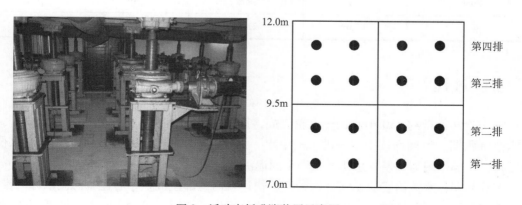

图2 活动底板升降装置示意图

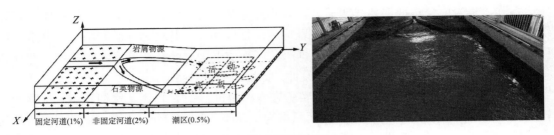

图 3  原始底形设计示意图

**表 1  缓坡浅水辫状河三角洲沉积模拟实验加砂组成**

| 时期 | 加砂组成（%） | | | | | | | | | | | |
|---|---|---|---|---|---|---|---|---|---|---|---|---|
| | 洪 水 期 | | | | 平 水 期 | | | | 枯 水 期 | | | |
| | 砾 | 中粗砂 | 细粉砂 | 泥 | 砾 | 中粗砂 | 细粉砂 | 泥 | 砾 | 中粗砂 | 细粉砂 | 泥 |
| 盒 $8_6$ | 15 | 40 | 40 | 5 | 10 | 45 | 35 | 10 | 5 | 45 | 45 | 5 |
| 盒 $8_5$ | 20 | 45 | 30 | 5 | 10 | 50 | 35 | 5 | 5 | 55 | 35 | 5 |
| 盒 $8_4$ | 20 | 50 | 25 | 5 | 10 | 55 | 30 | 5 | 5 | 55 | 35 | 5 |
| 盒 $8_3$ | 25 | 45 | 25 | 5 | 10 | 55 | 30 | 5 | 5 | 55 | 35 | 5 |
| 盒 $8_2$ | 30 | 45 | 20 | 5 | 10 | 55 | 30 | 5 | 5 | 50 | 35 | 5 |
| 盒 $8_1$ | 35 | 35 | 25 | 5 | 15 | 55 | 25 | 5 | 5 | 50 | 35 | 5 |

**表 2  实验活动底板运动状况**

| 调节轮次 | 第一排 | 第二排 | 第三排 | 第四排 |
|---|---|---|---|---|
| Run1 | 0 | 0 | 0 | 0 |
| Run2 | 2cm | 5cm | 5cm | 5cm |
| Run3 | 3cm | 4cm | 5cm | 5cm |
| Run4 | 3cm | 4cm | 5cm | 6cm |
| Run5 | 3cm | 4cm | 5cm | 5cm |
| Run6 | 3cm | 4cm | 5cm | 5cm |
| 累计 | 14cm | 21cm | 25cm | 26cm |

# 2  实验过程

本实验共进行约 250 小时，分六轮完成，即模拟盒 $8_6$、盒 $8_5$、盒 $8_4$、盒 $8_3$、盒 $8_2$、盒 $8_1$ 六个沉积期。每期均按中水—洪水—中水—枯水的顺序进行。每个实验沉积期湖水位不断变换，局部呈现为湖侵，总体上是一个湖退沉积过程。

实验初期，水流沿袭原始河道携带泥砂快速在河道部位沉积，后逐步向湖区方向推进，并于入湖处形成三角洲雏形。此时，由于砂体处于生长初期，发育空间大，伸展速率较快。

砂体形态初期规模较小，外形圆滑，呈钝舌状。随着主水流的频繁摆动，砂体发育的优势方向随之改变，砂体全方位发育，呈指状或鸟足状。洪水期由于流量增加，水流呈动平床状态，砂体发育快，粗颗粒可被搬运至湖区前端沉积。中水期流量相对降低，出现分支河道，沙坝出露，随着湖水位降低，水流下切明显。枯水期砂体进一步暴露，出露范围大，河流沿袭原切割较深的分流河道部位。湖水位上升后，砂体纵向发育受阻，前缘平直。湖水位较低后水流呈树枝状，水流下切作用明显，沙坝数量增多。

## 3 实验结果

### 3.1 砂体形态分布

通过网格点（X方向30cm间隔，Y方向50cm间隔）测量，分别绘制出了原始底形、每一沉积期砂体厚度等值线图和累计砂体厚度等值线图（图4）。从图中可以看出不同沉积期有以下变化趋势。

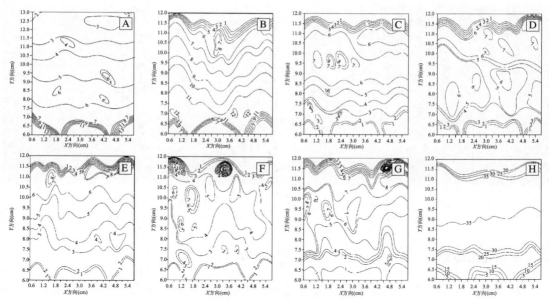

图 4　实验原始底形及辫状河三角洲砂体厚度等值线图

A—原始底形（等高线单位为cm）；B—第一沉积期；C—第二沉积期；D—第三沉积期；E—第四沉积期；
F—第五沉积期；G—第六沉积期；H—累计厚度（等厚线单位为cm）

（1）无论是单层砂体厚度还是砂体累计厚度，Y在7.5～11m附近沉积较厚，说明，该部位是三角洲沉积的主体，Y在7m之前的三角洲近端部位及Y=11.0m之后的前三角洲部位相对较薄；X在2.5～4.5m附近（即两个物源的交汇处）沉积较薄；由于每一期沉积物向湖区延伸的砂体边界不一样，在第四沉积期、第五沉积期和第六沉积期的Y=11.0m之后局部出现厚状砂体。

（2）由于原始地形，水动力条件以及加砂量等因素的影响，第一沉积期的沉积物厚度是从物源方向向湖区逐渐变薄，其他几个沉积期都是逐渐变厚再变薄的趋势。

（3）三角洲砂体沿着本身物源方向或辫状河道的方向呈条带状或舌状分布，三角洲砂体厚度分布的尖朵体展布或指状展布方向代表了分流河道的走向及主砂带的展布方向。

（4）第一沉积期，河道主要在两侧摆动，在 $X=3.0$ m 处，即两个物源的交汇处砂体沉积较薄；随着实验的深入，第二沉积期主河道向内侧移动，砂体横向分布较均匀；第三、四、五、六时期，砂体相互切割，侵蚀作用较强，沙坝非常发育，河道左右迁移、摆动、汇合频繁，最终形成面积大、范围广、沉积厚度较均匀的连片状砂体。

## 3.2 典型沉积构造

通过精细三维切片，发现辫状河三角洲层理类型较丰富，隔夹层明显，各沉积期纵向展布层次清晰易辨。常见层理类型有平行层理、交错层理。在纵剖面上可见湖成三角洲的三层结构，即底积层、前积层和顶积层（图 5）。而在横剖面上可见大量的侧积交错层理（图 6），层系规模为 3 ~ 10cm 不等，层系上下呈反 "S" 形，上下均收敛。交错层的迁移方向与水流方向垂直；层系厚度较大，规模也较大；沿冲刷面从底到顶粒度由粗变细，细层亦具有从下到上粒度由粗变细的特征。

图 5　辫状河三角洲 $X=2.5$ m，　　　　　　图 6　辫状河三角洲横剖面 $Y=9.5$ m，
$Y=10.0 \sim 10.5$ m 纵剖面图　　　　　　　　$X=3.0 \sim 2.5$ m 侧积交错层

## 3.3 沉积微相类型

通过对实验过程的监测，发现实验条件下，辫状河三角洲可划分为两个亚相、八个微相（表 3）。以辫状河三角洲平原为主，三角洲前缘不太发育（图 7），这是因为随着沉积过程的不断进行，坡度逐渐变缓，限制了辫状河三角洲前缘的发育空间，同时，湖水对沉积物的顶托作用使沉积物搬运不远。

表 3　实验条件下辫状河三角洲沉积微相类型

| 相 | 亚相 | 微相 |
|---|---|---|
| 缓坡型浅水辫状河三角洲 | 辫状河三角洲平原 | 分流河道、纵向沙坝、斜列沙坝、废弃河道、天然堤 |
| | 辫状河三角洲前缘 | 河口沙坝、水下分流河道、支流间湾 |

图 7　实验条件下辫状河三角洲微相类型图

# 4　实验分析

## 4.1　辫状河三角洲形成与演变的主控因素

实验表明，基底沉降、湖水位、流量、加砂量（物源供给）等是影响盒 8 期辫状河三角洲形成及演变的主控因素。

湖区活动基底的沉降，造成床面坡降变大，提供了砂体沉积的可容纳空间，导致三角洲砂体垂向发育加快，厚度变大。

高湖水位期，分流河道不甚发育，分流河道数量少，朵体不发育，横向连片但规模较小；湖水位保持不变时，分流河道左右摆动，砂体以横向展布为主；湖水位降低时，分流河道发育，砂体以顺流加积为主，长条状纵向沙坝明显增多。

洪水期水流强度大，搬运能力强，沙坝纵向伸展，延伸距离远；中水期对砂体以改造为主，沙坝类型多样，斜列沙坝发育；枯水期因水流较弱，砂体大范围暴露，主要沿袭原有河道发育细粒沉积，对砂体起细化作用（Schumm，1972）。

流量较稳定，加大输砂量，物源供给充足，辫状河三角洲发育速度加快，沉积过程加速。分流河道横向迁移频繁，斜列沙坝十分发育。流量较稳定，减少加砂量，物源供给不足时，辫状河三角洲以主河道发育为主，分流河道不发育，两侧断流或废弃。

## 4.2　大面积砂岩分布的主控因素

### 4.2.1　地形坡度

缓坡地质背景是大面积砂岩形成的重要基础。低坡度条件下水流速度缓慢，沉积物前积受阻，利于分流河道发育，河道以侧向迁移为主，沙坝与河道之间相互切割交替，横向连片，易形成内部结构复杂的大面积砂岩（图 8）。

### 4.2.2　物源

物源供给充足是形成大面积砂岩的物质基础。物源供给充足，砂泥比大，砂体纵横向迁移加速，砂质主要在河口区沉积，形成朵状沙坝，沙坝迁移叠置形成连片砂体（图9A）；物源供给不足，主河道发育，对沙坝以侵蚀改造为主（图9B）。

图 8　低坡度下砂体沉积特征

图 9　不同物源供给下砂体沉积特征

### 4.2.3　水流强度

强水流是形成大面积砂岩的重要水动力条件。主要表现为砂体纵向延伸长及粗颗粒广布。水量较大且持续时间较长时，河流分支增多，多股水流携带泥砂整体向湖区推进。河道频繁迁移，入湖形成多个小朵体，侧向迁移，垂向叠置，砂体连片（图10A）。此外，强水流造成粗颗粒分布范围广，搬运距离远（图9B），且以推移搬运为主。

图 10　强水流下砂体沉积特征

### 4.2.4　湖水位的进退

湖水位频繁进退是形成大面积砂岩的重要控制因素。湖水位频繁进退影响着大面积砂体平面上的多期次相互叠置。湖水位较高，水流分散时，砂体全方位推进，横向展宽，纵向伸展；水流集中时，主河道发育，进积较快，砂体横向连片，但规模较小；湖水位相对稳定，分流河道改道、迁移频繁，砂体以侧向加积为主，横向连片（图11A）；湖水位下降，可容纳空间变小，纵比降变大，顺流沉积加速，砂体前积，纵向伸展（图11B）。

图 11　湖水位频繁进退下砂体沉积特征

### 4.2.5　水系交汇

多水系的汇水是形成大面积砂岩的重要方式。多物源水系的交汇形成汇水水流，扩大了砂岩连片面积，形成大面积的砂岩分布（图12）。

图 12　多物源水系交汇下砂体沉积特征

## 4.3　沉积模式

实验研究表明，辫状河三角洲上游部位因物源区水流的惯性作用使水道顺直，以滞留沉积为主，是沉积物向湖区搬运的通道。辫状河三角洲中游部位河道宽且浅，分叉明显，主要发育纵向沙坝和斜列沙坝，辫状河三角洲下游，多股水道交织、分汊、汇合、再分汊，砂体横向连片，纵向伸展，主要发育河口沙坝、纵向沙坝和斜列沙坝。其中，辫状分流河道砂体纵向相互叠置，横向复合连片呈毯式大面积分布，垂向上对下伏沉积物具有明显的冲刷现象，显示了浅水辫状分流河道的沉积特征。在剖面和平面上基本呈透镜体分布，反映水浅流急，水动力强，砂体摆动频繁的特征；砂体旋回的顶部为保存不完整到相对完整的细粒沉积单元，反映出随着河流向着蓄水盆地的推进，水动力条件逐渐减弱。

结合原始地质模型，建立了实验条件下苏里格地区盒8段辫状河三角洲相模式图（图13）。

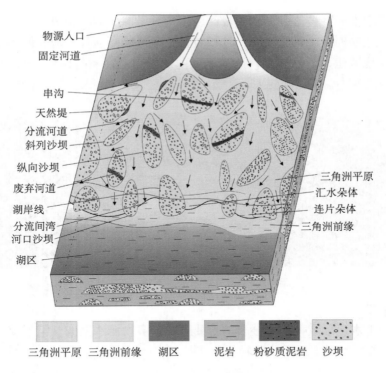

物源入口
固定河道

串沟
天然堤
分流河道
斜列沙坝
纵向沙坝
废弃河道
湖岸线
分流间湾
河口沙坝
湖区

三角洲平原
汇水朵体
连片朵体
三角洲前缘

三角洲平原　三角洲前缘　湖区　泥岩　粉砂质泥岩　沙坝

图 13　辫状河三角洲沉积模式图

# 5　结论

根据鄂尔多斯盆地苏里格地区盒 8 沉积期原型地质特征，结合现代沉积条件，设计详细实验方案，开展沉积模拟实验研究。实验发现，影响鄂尔多斯盆地苏里格地区盒 8 期辫状河三角洲形成及演变的主要控制因素包括基底沉降、相对湖平面升降、流量、加砂量（物源供给）等。缓坡地质背景、充足物源供给、强水流、湖水位频繁进退、多水系的汇水是形成大面积砂岩分布的主要原因。通过精细三维切片，发现盒 8 期辫状河三角洲主要发育平行层理、交错层理，隔夹层明显，纵剖面上可见湖成三角洲的三层结构，横剖面上可见大量侧积交错层理。在原始地质模型和实验成果基础上，建立了实验条件下苏里格地区盒 8 段辫状河三角洲沉积模式。

## 参 考 文 献

白全明，樊长栓，李晓茹，陈琰婵．2005．辫状河道砂体模拟——以苏里格苏 6 井区为例．石油天然气学报，27（5）：580-582．

陈安清，陈洪德，向芳，刘文均，侯中健，尚云志，叶黎明，李洁．2007．鄂尔多斯东北部山西组 - 上石盒子组砂岩特征及物源分析．成都理工大学学报（自然科学版），34（3）：305-311．

付锁堂，田景春，陈洪德，侯中健，张锦泉，刘文均，杨华，付金华，范正平，石晓英．2003．鄂尔多斯盆地晚古生代三角洲沉积体系平面展布特征．成都理工大学学报

（自然科学版），30（3）：236-241．

何顺利，兰朝利，门成全．2005．苏里格气田储层的新型辫状河沉积模式．石油学报，26（6）：25-29．

胡光明．2004．鄂尔多斯盆地苏里格地区二叠系河流相砂体展布规律．油气地质与采收率，11（4）：4-7．

李浩，陈洪德，林良彪等．2011．鄂尔多斯盆地西北部盒8段浅水三角洲砂体成因及分布模式．成都理工大学学报（自然科学版），38（2）：132-139．

李元昊，刘驰洋，独育国等．2009．鄂尔多斯盆地西北部上三叠统延长组长8油层组浅水三角洲沉积特征及湖岸线控砂．古地理学报，11（3）：265-274．

沈玉林，郭英海，李壮福．2006．鄂尔多斯盆地里格庙地区二叠系山西组及下石盒子组盒八段沉积相．古地理学报，8（1）：53-62．

田景春，吴琦，王峰等．2011．鄂尔多斯盆地下石盒子组盒8段储集砂体发育控制因素及沉积模式研究．岩石学报，27（8）：2403-2412．

肖建新，孙粉锦，河乃祥，刘锐娥，李靖，肖红平，张春林．2008．鄂尔多斯盆地二叠系山西组及下石盒子组8段南北物源沉积汇水区与古地理．古地理学报，10（4）：341-354．

谢辉．2004．浅水粗粒辫状河三角洲沉积微相特征与油气产能的关系．地球科学与环境学报，26（4）：37-40．

杨华，魏新善．2007．鄂尔多斯盆地苏里格地区天然气勘探新进展．天然气工业，27（12）：6-11．

张春生，刘忠保．1997．现代河湖沉积与模拟实验．北京：地质出版社，30-40．

张春生．1997．曲流河凹岸滩坝沉积模拟实验研究．江汉石油学院学报，20（3）：19-23．

Schumm S A，Khan H R. 1972. Experimental study of channel pattern. Bull Geol Soc Am，83（2）：1755-1770．

# 柴达木盆地北缘西段油气成藏动力学研究

罗晓容[1]　汪立群[2]　肖安成[3]　王兆明[1]

宋成鹏[1]　马立协[2]　张晓宝[1]

（1. 中国科学院油气资源研究重点实验室；2. 中国石油青海油田分公司
勘探开发研究院；3. 浙江大学地球科学系）

含油气系统的概念及其系统研究的思想和方法（Magoon & Dow，1994）极大地促进了石油地质学的发展（赵文智，何登发，2002；张厚福，方朝亮 2002），但其在指导我国叠合盆地复杂油气地质条件下的地质研究和勘探实践中也显露出不足（田世澄，1996；岳伏生等，2004）。我国含油气盆地多属叠合盆地，其中，多个含油气系统间相互叠置、交叉，决定了油气藏分布的复杂性和多样性，形成复杂的油气成藏、调整过程及油气分布特征（任纪舜，2002；金之钧和王清晨，2004；何登发等，2005）。因而，我国学者相继提出了油气成藏动力学的概念、动力学系统划分方法及研究内容（姚光庆和孙永传，1995；田世澄，1996；杨甲明等，2002）。这种现象一方面表明，在引入先进的研究思想和方法时必须根据我国实际盆地的特殊性进行必要的修正和拓延；另一方面，这也代表了石油地质学发展的必然趋势。

油气成藏动力学实际上是对油气运聚成藏地质条件、影响因素、动力条件及演化过程的动力学研究（罗晓容，2008）。油气成藏动力学研究采用定量的描述和分析方法，综合研究在某一成藏期内具有统一流体动力特征的成藏系统；通过量化的地质模型及流体动力学分析技术，实现运聚动力与通道的耦合，展现油气运移的路径特征、运移方向及运移量。罗晓容（2008）提出，油气成藏动力学研究是按照油气运聚成藏期和油气运移发生时的流体动力学特征将复杂的含油气系统划分为时间／空间均有限的成藏系统，化繁为简，条分缕析，重点关注油气成藏的时间、油气运聚的动力特征／背景及其演化、油气运聚的通道格架及其演化，因而有可能在叠合盆地油气成藏研究和勘探应用方面取得成效（罗晓容等，2007a；罗晓容等，2007b；雷裕红等，2010；罗晓容等，2010；赵健等，2011）。

经过半个多世纪的勘探，柴北缘西段曾在冷湖—南八仙构造带、马海构造带等地区发现重要的油气地质储量，但总体勘探成效不高（周建勋等，2003）。其主要原因之一是对该区油气成藏条件、成藏模式和成藏规律认识不足。作者在前人对柴达木北缘盆地演化和油气系统研究成果的基础上，选择典型区带，遵循油气成藏动力学研究的思路和方法，以动态成藏要素研究为主线，采用盆地分析和数值模拟方法，恢复盆地演化过程，从动力学角度研究烃源岩演化、油气运移动力学环境、运移通道空间分布、成藏动力学系统范围，综合考虑不同时期烃源岩特征、流体势场及主要输导层输导物性分布，对主要成藏期的油气运聚过程进行了模拟分析，对柴北缘油气成藏的主控因素以及成藏规律进行了总结。

# 1 成藏动力学研究的思想和方法

罗晓容（2008）认为，目前我们在油气成藏研究中所做的，或曰能够做的，应该是"油气成藏过程的动力学研究"，而不是建立"成藏动力学学科"。因而，油气成藏动力学研究应该是对油气成藏过程和机理进行定量研究的思想和方法，是含油气系统理论和方法在中国特殊的叠合盆地应用研究基础上的发展。成藏动力学研究应充分尊重和利用石油地质学已取得的研究成果和认识，紧紧抓住油气的流动性特征，从盆地流体动力学角度分析油气运移、聚集、保存、散失的地质动力学背景和条件，认识油气成藏的机理，提出合理实用的成藏模式和过程。

对于油气成藏过程的动力学研究应该以一期油气成藏过程中从油气源到油气藏的统一动力环境系统为单元，定量研究油气供源、运移、聚集的机理、控制因素和动力学过程（图1）。为能够在复杂多变的含油气盆地内实现定量的研究，须重建单一的成藏过程，即以油气成藏期次为依据，在时间和空间上划分出油气运聚成藏的单元，各单元具有统一的压力系统（康永尚和郭黔杰，1998）；对供源的考虑已大大突破由烃源岩生油、排烃的局限，包括了烃源岩生油/排烃、原先油气藏的溢出/破坏、再次生烃、他源供烃等种种可能（罗晓容，2008）。

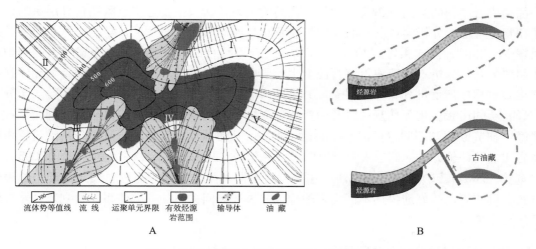

图1 油气成藏动力学系统的概念及系统划分

A—对于同一成藏期同一生储盖流体动力学系统，成藏系统的划分以流体势所确定的分隔槽为界限；B—对于不同成藏期的同一圈闭，成藏系统包括当时属于同一流体动力系统的供源单元—运移通道—目标圈闭的范围

成藏动力学研究的主体是与油气运聚散有关的动力学过程，而其他的部分则直接利用传统的石油地质条件分析和含油气系统研究的方法和成果，主要关注以下四个方面的研究。

## 1.1 油气成藏的动力学背景

盆地分析（Allen & Allen，1990；李思田等，1999）和盆地模拟技术（Ungerer et al.，1990；罗晓容，1998，1999；庞雄奇，2003）为定量分析和描述盆地的演化过程、再现各个时期不同层序的埋藏特征及层面起伏状态提供了可能（Lerche，1990；陈瑞银等，

2006)，同时，盆地模拟方法可以耦合地给出盆地内不同时代的地温场和压力场特征，进而展示出盆地内烃源岩的热演化和油气生成过程、不同地层面在不同时间的流体势等（任战利，1999；罗晓容等，2007a，2007b；邱楠生等，2004）。

## 1.2　成藏单元的划分

进行成藏单元划分的目的是要研究一个有限的时空单元内油气成藏时的流体动力学特征。为减少研究工作量，只对曾经发生过油气成藏的单元进行研究。因而，首先必须确定盆地内已发现的油气及其与可能的烃源岩之间的关系，确定不同区块的主要油气成藏期次和范围；然后，由获得的盆地压力场结果，根据输导层分布的情况划分出成藏单元，由温度场演化过程则可以确定大多数油气成藏单元内油源的位置和范围。利用盆地模拟分析所获得所主要输导层系的流体势特征，划分出主要运聚成藏期的油气成藏系统、分析各系统内部的源—藏关系，确定油气运聚单元的构成及范围（罗晓容等，2007）。

## 1.3　输导体系地质特征与分类解析

油气运移是在一个由输导层、断裂及不整合面相互交织构成的复杂的立体输导系统内，沿某些运移路径发生的地质过程（郝芳等，2000；罗晓容等，2007）。因而输导体系的建立需要：①分析主要砂体输导层系的空间分布及其沉积环境，重点研究输导砂体成岩特征和成岩序列的空间分布及与油气充注间的关系，认识主要运移成藏期输导层系的连通性和物性特征，分析输导层系的非均匀性及其与油气显示间的关系（陈占坤等，2006；武明辉等，2006；陈瑞银等，2007）。②研究主要不整合面的规模、与上下输导层间的截切和超覆关系，分析不同区块不整合面上下地层内的输导体及其组合方式，确定输导体在油气运聚过程中所起的作用（潘钟祥，1983；牟中海等，2005；吴孔友等，2007）。③分析控烃断层的产状、相互切割关系及两侧地层间的组合关系，确定断裂活动的时间、期次和强度；研究断层与不同输导层系间的截切关系，从流体动力学角度研究断裂活动过程中断裂启闭性的评价方法，确定主要影响因素（吕延防，马福建，2003；张善文等，2003；张立宽等，2007）。④最后，研究油气在研究区不同类型输导体内运移、聚集的动力学表达方式，确定可以较好地描述不同类型输导体并表述其间关系的参数体系，建立复合输导体系的数字模型。

## 1.4　油气成藏过程分析及勘探评价

利用合适的油气运聚模型，定量研究主要成藏时期油气运移的路径及油气运聚成藏的方向和部位；利用已发现的油气来检验模拟分析结果，尝试通过各种统计及数值模拟方法，定量估算运移途中油气的损失量；分析油气运移路径通过时以不同方式聚集的可能性，估算油气聚集过程中油气损失量；利用前人关于生排烃量的研究结果，依据物质平衡的原理，评价研究区各运聚系统的油气资源潜力。

# 2　柴北缘盆地北缘西段地质背景及石油地质条件

柴达木盆地位于青藏高原北部，是在前侏罗系地块基础上发育起来的一个中、新生代陆内沉积盆地，四周被祁连山脉、阿尔金山脉和昆仑山脉所包围，大致呈一不规则菱形。盆地东西长 850km。南北宽 150 ~ 300km，面积约 $12.1 \times 10^4 km^2$。

本次研究区为柴达木盆地北缘西段，位于大柴旦以西和赛什腾构造带以南，主要包括一里坪坳陷、赛昆断陷、冷湖—南八仙构造带和马海凸起带。冷湖构造带总体表现为一个 NW—SE 延伸的背斜构造带（图2），内部由多个独立的背斜构造组成。冷湖构造带的南侧为鄂博梁构造带，也是由多个背斜构造组成，并呈北西—南东方向延伸。赛昆断陷在赛什腾山、冷湖构造带和鄂博梁构造带之间又可分为赛什腾凹陷和昆特依凹陷（图2）。

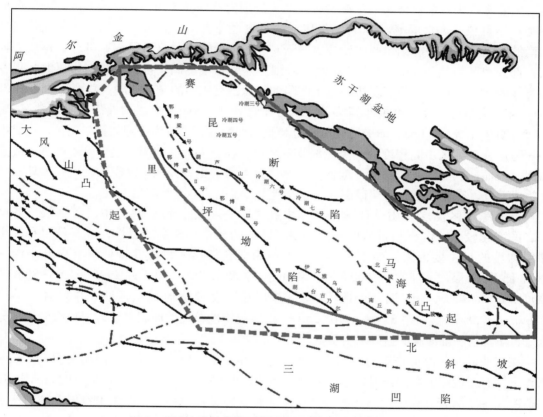

图2 柴达木盆地北缘西段研究区范围及一级构造单元
图中实线勾勒出研究区范围，虚线勾勒出盆地模型建模及模拟分析范围

对盆地构造特征及构造活动过程的新认识表明，柴北缘中—新生代的构造形成过程主要受控于两个构造活动期次，即晚白垩世的隆升剥蚀期和新生代晚期的冲断变形期。晚白垩世的隆升剥蚀使得研究区主要的烃源岩在中生代基本未达到成熟排烃的热演化程度；而在新生代晚期的强烈构造活动造成逆冲构造发育，不同构造带的活动时间具有明显的差异性（孟庆仁，2009），总体而言是西部强、东部弱，边缘相对早而强、内部晚而相对较弱。

柴北缘地区中新生界广泛发育，中生界主要发育侏罗系和白垩系（吴因业等，2005）。中、下侏罗统以发育河流和沼泽相地层为特征。上侏罗统为形成于干旱气候条件下的河流沉积体系，上侏罗统在许多地区缺失，但仍在一些地区（如红山地区）发育较好，与上覆白垩系犬牙沟组呈平行不整合关系。白垩系下部主要为一套砾岩沉积，反映冲积扇和辫状河沉积体系。砾石成分多为碳酸盐岩，磨圆度好，基质支撑或颗粒支撑。白垩系上部为泛滥平原沉积，其中，曲流河砂岩沉积构成主要的储层。

对赛什腾山内部新生代沉积地层剖面的岩相分析结果显示，始新统路乐河组的底部为冲积扇砾岩沉积，中上部为河流沉积（吴因业等，2005）。下干柴沟组主要由河流沉积物组成，夹少量冲积扇沉积组合（刘殿鹤等，2009），上干柴沟组由河流三角洲沉积组合构成（刘琪等，2011）。下油砂山组为湖相沉积，上油砂山组以及狮子沟组构成向上变粗层序，由湖泊三角洲沉积逐渐演变为辫状河和冲积扇沉积。

柴北缘西段目前已证实的烃源岩有两套，分别为下侏罗统和中侏罗统，两者的分布范围基本不重叠（王永卓等，2003）。下侏罗统有效烃源岩主要分布于冷湖—南八仙构造带以南的一里坪坳陷和冷湖以西的昆特伊凹陷，分布范围较广，总面积 21100km²，厚度亦较大，部分地区可达 700m；中侏罗统烃源岩则主要分布于冷湖—南八仙构造带以北、现今的赛什腾凹陷以及马海凸起北边的鱼卡凹陷和马海凸起东南的尕丘凹陷，总面积 4660km²，与下侏罗统相比，其厚度要小得多，大部分地区小于 100m。根据前人研究（包建平等，2005；黄捍东等，2006），研究区晚侏罗世和晚白垩世经历了较为强烈的抬升剥蚀，造成中生界地层在研究区不同程度的缺失，侏罗系烃源岩在新生代盆地形成之前基本未进入成熟门限。因而，从油气系统角度，饱含未成熟烃源岩的中生界完全可以视为新生代盆地的一个组成部分，在盆地形成初期存在，并随着新生代盆地的形成而演化。

柴北缘地区储层性质总体偏差，以中孔中渗—特低孔特低渗为主，各区块、各层位之间变化较大，沉积相带从宏观上控制了砂体的分布和储层的岩性，成岩作用是决定储层物性的最主要因素。如下干柴沟组下段为低孔低渗—特低孔特低渗夹中孔中渗—中孔低渗储层，深 86 井 1000.2 ~ 1240m 孔隙度 13.1%，仙 6 井 2995 ~ 3053.80m 孔隙度 2% ~ 13.3%。但下干柴沟组下段顶部存在一套较优质储层，仙 6 井砂岩孔隙度 20.6% ~ 22.9%，渗透率 334.4 ~ 703.2mD。该层段物性较优的原因在于砂岩粒级较粗，分选好，填隙物和陆源碳酸盐碎屑含量低。

在多期成盆—改造作用的控制下，柴北缘逆冲带圈闭极为发育，且圈闭面积大、幅度高，不仅有新近纪—第四纪时期形成的圈闭构造，也有早、中侏罗世时期形成的圈闭构造。构造圈闭主要为背斜、断背斜和断块，在柴北缘逆冲带普遍存在，如鱼卡背斜，冷湖—南八仙构造带发育的断背斜和断块。地层不整合控制的圈闭主要分布在冷湖三号西段、昆特依北斜坡带及马海凸起地区。岩性圈闭主要出现在昆特依北斜坡，主要为路乐河组河道砂岩和扇三角洲前缘形成的岩性变化带。

# 3　盆地演化过程中运移动力场特征

在研究区盆地演化过程的分析中采用了数值盆地模型方法。

盆地模拟（basin modeling）可以定量地描述地质对象的特征，综合考虑沉积盆地演变过程中不同的方面及其相互间的耦合关系，因而，可以实现对复杂地质现象和它们之间相互关系的定量描述。近十多年来数值盆地模型方法在油气勘探地质研究中得到了广泛的应用。盆地模型基于岩石力学、物理化学、流体力学、生烃动力学等基本原理，综合地模拟分析盆地内沉积埋藏过程中地温场、压力场及流体流动、压实作用、油气生成和烃类运移等的时空变化（罗晓容，1998；石广仁，2004）。

在实际应用中，模拟结果的好坏在很大程度上取决于研究者对地质现象的认识深度、地质模型设计的正确与否以及边界条件和重要参数的选取。因此，我们在工作中以深入、细致的地质研究为基础，在盆地模型建立、参数选取、初始和边界条件限定、计算结果的检验等方面投入了大量的工作，以确保在目前资料认识程度下，合理再现盆地演化过程与流体动力的演化历史。

盆地模拟工作主要采用了法国石油研究院开发研制的商业盆地模拟软件 Temis3D。该软件系统可动态模拟一个地质单元中各种要素的演化特征、相互作用及油气生、排、运、聚成藏规律。

在三维地质建模过程中，地层格架采用徐凤银等的工作（2004）❶，地层残余厚度、新生界不同地层剥蚀量等均采用肖安成等（2006）❷的研究成果，侏罗系有效源岩厚度分布图采用沈亚等（2006）❸的最新研究成果，烃源岩的地球化学参数主要根据柴达木盆地第三次资源评价结果（党玉琪等，2005；包建平等，2006）❹，❺设定，其中，下侏罗统烃源岩（$J_1$）干酪根类型采用Ⅲ型，中侏罗统烃源岩（$J_2$）干酪根类型定义为Ⅱ型。地表温度与古地温梯度参照前人研究成果获得（邱楠生等，2002）；压实参数是根据研究区内44口单井正常压实段的孔—深关系回归拟合后获得。泥岩的孔渗关系采用模型软件给定的文献值，而砂岩孔渗关系由柴北缘地区共28口井中648个实测数据拟合获得。

柴达木盆地北缘构造大部分构造圈闭形成时间非常晚，主要定型期在$N_2^3$末期；$N_2^3$末以后构造变形非常剧烈，导致在构造斜坡部位地层陡倾，部分地区倾角大于30°，当地层倾角大于30°时，地层的视厚度和真厚度存在较大差异。这样在应用回剥法进行古构造重建过程中，计算出的骨架厚度为视厚度，导致出现许多构造假象。为了避免这种情况，结合该区构造形成时间的厘定，采用分阶段建模方法。在全新世之前采用厚度图来建立地层格架，以后则采用现今构造图来建立地层格架，这样既能体现现今的构造起伏，也能反演出各构造层在不同时刻的构造形态。

经过标定的盆地模拟结果在一定的可信度水平上反映了盆地结构、地层组合、成岩过程特征及对应的温度场和压力场，展现了相互关系及随盆地演化过程而发生的变化。图3为模拟获得的研究区路乐河组底界在盆地不同演化时刻的埋深变化。

图3A 到图3F 共6幅图，反映了路乐河组顶界在下干柴沟组（32Ma）、上干柴沟组（29.8Ma）、下油砂山组（23.5Ma）、上油砂山组（14.5Ma）、狮子沟子（7.2Ma）、七个泉组（3Ma）沉积末期的构造起伏变化。

❶徐凤银等。2004。柴达木盆地油气富集规律和目标综合评价。青海油田分公司勘探开发研究院，内部报告。

❷肖安成等。2006。柴北缘古构造确定及特征研究。青海油田分公司勘探开发研究院，内部报告。

❸沈亚等。2006。柴达木盆地柴北缘中生界中、下侏罗统的分布及控制因素。青海油田分公司勘探开发研究院，内部报告。

❹党玉琪等。2005。柴达木盆地油气富集规律和目标综合评价。青海油田勘探开发研究院，内部报告。

❺包建平等。2006。柴达木盆地北缘侏罗系烃源岩成烃演化特征研究。中国石油青海油田分公司勘探开发研究院，内部报告。

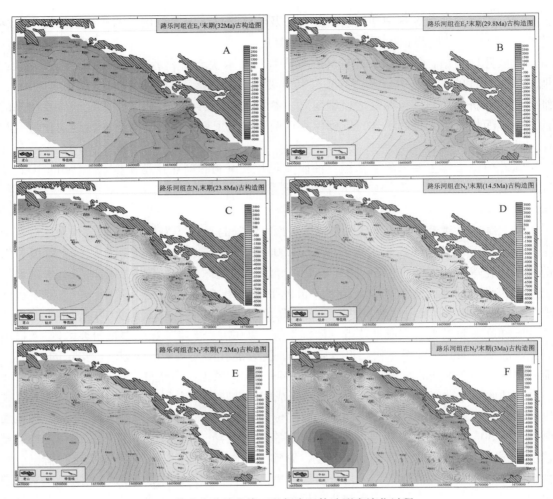

图 3  柴达木盆地北缘西段新生界构造形变演化过程

这些不同时期的构造图反映出地层形变随时间增加，构造面貌越来越复杂。由图 3 可以看到，柴北缘地区新生界构造圈闭的形成可以划分为四期：第一期为形成于始新世末期之前（＞29.8Ma）：主要构造包括赛昆地区西段的鄂博梁Ⅰ号、平台隆起、南八仙—马海—大红沟隆起等三个继承性的古隆起；第二期形成于中新世期间（23.5—7.2Ma），主要形成了冷湖四号、五号构造；第三期为上新世期间（7.2—3Ma），主要形成了冷湖六号、七号、鄂博梁Ⅱ号、Ⅲ号及葫芦山等构造；第四期发生在第四纪（3Ma 至今），主要形成鸭湖、伊克雅乌汝等构造。这些构造的形成对于流体势场特征及油气运移方向影响极大。对比图 3 中各个时代的断层构造起伏，最为重要的形变发生在 3Ma 前后（图 3F）。

在对研究区温度场及相应的有机质热演化过程模拟分析的基础上，利用 Temi3D 软件模拟获得了排油强度演化（图 4A，B，C，D，E）和排气强度演化（图 4F，G，H，I，J）。由图 4 可见，一里坪坳陷中侏罗统烃源岩是研究区的主力生烃灶源，其生油的关键时期为中新世（23.8—7.2Ma）期间（图 4B），生气的关键时期为上新世（7.2Ma）至现今（0Ma）（图 4H，I）。这与通过油气藏成藏年代学分析所获得的柴北缘地区油气成藏时期（包建平等，2006）吻合，反映出烃源岩大规模排烃与圈闭形成时间的匹配是控制油、气成藏的重要条件。

# 4  成藏单元划分

通过对研究区主要烃源岩生排烃过程的分析，结合前人成藏年代测试、构造活动特征进行综合分析，柴北缘西段具有二期成藏的特点，分别对应于上下油砂山组沉积末期（23.8Ma）（图4B）和七个泉组沉积末期（3Ma）（图4I）。以前面建立起来的盆地模型所恢复的古构造起伏为基础，考虑烃类密度特征，可以获得研究区排油高峰期和排气高峰期新生界主要输导层——路乐河组输导层顶界的流体势场特征（图5）。

图5A，B，C三幅图分别为路乐河组输导层顶界面上在23.8Ma、3.0Ma和现今（0.0Ma）的流体势图。图中色标所给定的颜色表示流体势的大小，蓝色的线条展示了输导层宏观均匀条件下的油气运移路径（流线）；图中粉红色曲折线则给出了运聚单元的范围，亦即在该阶段油气在浮力作用下可以运移和聚集的范围。

由图5可见，在中侏罗统烃源岩主要的排油期（中新世23.8—7.2Ma），路乐河组输导层顶面的流体势场围绕研究区主要供油区一里坪坳陷形成了三个运聚单元（图5A），一是自坳陷中心向北部鄂博梁Ⅰ号—冷湖构造带的运聚系统，二是由一里坪坳陷东部向东朝着南八仙的运聚系统，三是由一里坪坳陷中心向南的运聚单元。其中，一里坪坳陷中心向南的运聚单元在图4的范围内不完整，其应该与盆地西南部大风山凸起带的北部构成一个完整的油气运聚成藏系统（图2）。在盆地的北部边缘带，由于鄂博梁Ⅰ号、平台隆起、南八仙—马海—大红沟隆起等继承性的古隆起的存在以及冷湖一号、二号、三号构造的形成，油气运移的方向被复杂化，但从盆地的尺度考虑，总体的油运移方向是向着盆地边缘（图5A）。

因而，研究区侏罗系—古新系生储盖组合在中新世油气运聚期可划分为两个油气成藏系统：一个是一里坪东部—南八仙—马海油气成藏系统；另一个是一里坪—昆特伊—冷湖—赛什腾油气成藏系统。这时，整个研究区内侏罗系烃源岩均已进入成熟门限，但以生油为主（图5B、C），主要排油范围在一里坪坳陷和昆特伊凹陷之内。现冷湖构造带以北的中侏罗统烃源岩也进入生油门限，但这套烃源岩有机质丰度不高，以Ⅲ型干酪根为主，排油强度远逊于其南的下侏罗统烃源岩，只在鱼卡凹陷小范围内的排油强度较高（图5B、C）。

在上新世末期到更新统期间（5—1Ma）时，除一里坪坳陷东部的构造外，其余范围内构造均已成形，运聚单元相对复杂，汇聚区基本以各构造为单位，自成体系（图5B）。从流线上看，由于冷湖六号、七号构造的隆起，赛什腾与一里坪坳陷主体分开，自成一个生烃凹陷，以中侏罗统烃源岩为主。冷湖六号、七号构造流线主要来自一里坪坳陷，少量来自赛什腾凹陷；南八仙地区流线主要来自一里坪坳陷，少量来自赛什腾凹陷；马海地区流线主要来自赛什腾，少量来自一里坪坳陷、鱼卡凹陷和尕丘凹陷。到现今，各构造均已形成，汇聚区以构造为单位，运聚单元也基本独立（图5C）。

这时，对于研究区侏罗系—古新系生储盖组合，在上新世末期到更新统油气运聚期若细分可以划分出十多个油气成藏系统，但从盆地程度考虑，可以划分为为两个大油气成藏系统：一个是以一里坪坳陷—昆特伊凹陷内下侏罗系烃源岩排烃为供源，进入输导层的

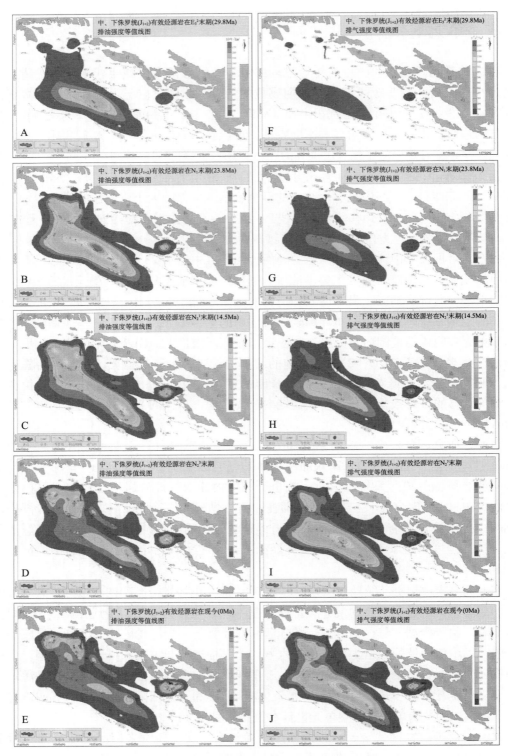

图4  柴达木盆地北缘西段地区侏罗系烃源岩排烃强度演化过程

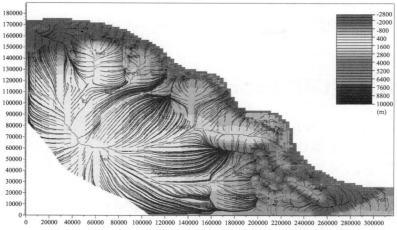

A.E₃¹顶面在N₁沉积末期(23.8Ma)时流线及运聚单元分布

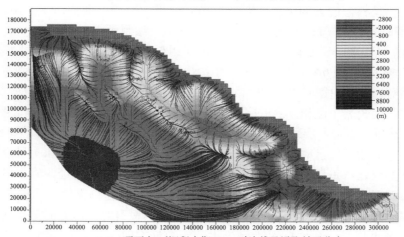

B.E₁₊₂顶面在N₂³沉积末期(3Ma)时流线及运聚单元分布

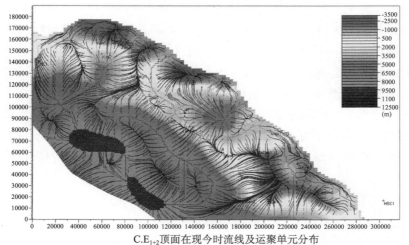

C.E₁₊₂顶面在现今时流线及运聚单元分布

图 5　柴达木盆地北缘西段地区路乐河组输导层顶界主要成藏期流体势场特征

油气在流体势场的作用下向其周围的构造运移、聚集、成藏；另一个是一里坪—昆特伊—冷湖—赛什腾油气成藏系统。这时，这个盆地的烃源岩埋藏深度均较大，以生气为主（图4D、E、I、J），但在昆特伊凹陷和鱼卡凹陷等局部地区由于烃源岩埋藏深度相对较浅，仍以生油为主。

# 5  主要成藏期油气运移模拟分析

在上述工作基础上，采用作者研制的 MigMOD 油气运移模型（罗晓容等，2007a；Luo，2011），综合考虑烃源特征、流体势以及输导层三方面的作用，对研究区主要成藏期的油气运聚过程进行了模拟分析（图6）。

在图6中，对于输导体系的建立我们采用了输导层的概念，即区域盖层之下具有一定厚度的地层单元，为其中各输导体的总和，这些输导体在宏观上几何连接、油气运移发生时相互之间具有流体动力学连通性（罗晓容等，2011）。在图6中绿色系列表示了输导层的输导性能，是根据前人的沉积相❶及储层物性分析结果❷（姜福杰等，2010；陈吉等，2011），按照罗晓容等（2011）❶输导层建立的方法流程编制而成。

图6A，图6C，图6E 三幅图分别为路乐河组输导层顶界面上在23.8Ma、3.0Ma和0.0Ma的油运移路径。图6A 中右下方图标中给出的颜色系列，由黑到红再到黄，表示路径中油运移的相对通量。由图6 中可以看到，只有从烃源岩排入输导层内的油气量较多，油气运移形成的路径较远才能相互合并，路径中的运移通量才能增加。图6B，图6D，图6F三幅图分别为路乐河组输导层顶界面上在23.8Ma、3.0Ma和0.0Ma 的气运移路径。

图6 中展示的油、气运移模拟结果表明，在上新世末期冷湖六号和七号隆起之前，赛什腾凹陷实际上只是一里坪坳陷的北部斜坡，研究区进入成熟期的烃源岩主要分布在一里坪坳陷，运移路径主要向北延伸（图6A、B），以油运移为主，天然气运移量极少；这期间，盆地内部大型的构造圈闭没有形成，生排油量虽然很可观，但大都运移到山前粗粒相带而散失。上新世以后，研究区以生气为主，生油量有限；油的运移主要发生在冷湖五号——一号；这时，冷湖六号、七号构造已经隆起，赛什腾坳陷相对下沉，其中，下侏罗统烃源岩成熟排烃（图4D、I），但量相对于一里坪坳陷并不多；冷湖六号、七号构造成为一里坪坳陷及赛什腾凹陷天然气运移的共同指向区。在一里坪坳陷内部，葫芦山、鄂博梁Ⅱ号、鄂博梁Ⅲ号等构造圈闭相继形成，具有洼中隆的运聚成藏优势，但这时一里坪坳陷内烃源岩以生气为主（图4I），在这些构造上主要发生天然气的运聚（图6D）。在第四纪期间，一里坪坳陷东部的鸭湖和伊克雅乌汝等构造圈闭形成，也成为天然气运移的指向区（图6F），但这两个构造都不在排烃强度中心，能够汇集的天然气量相对较少，其天然气成藏的潜力仍较逊于鄂博梁Ⅲ号和冷湖七号构造（图6F）。赛什腾凹陷内因构造起伏而形成

<hr>

❶寿建峰，王少依。2006.柴北缘逆冲带沉积与储层特征研究。青海油田分公司勘探开发研究院与杭州地质研究所，内部报告。

❷罗晓容等。2006.柴达木盆地北缘西段油气成藏模式及成藏规律研究。中国石油青海油田勘探开发研究院，内部报告。

A.路乐河组(E$_{1+2}$)在N$_2^1$末期(14.5Ma)油运移路径图　　　　　B.路乐河组(E$_{1+2}$)在N$_1$末期(23.8Ma)气运移路径图

C.下干柴沟组下段(E$_3^1$)在N$_2^3$末期(3Ma)油运移路径图　　　D.路乐河组(E$_{1+2}$)在N$_2^3$末期(3Ma)气运移路径图

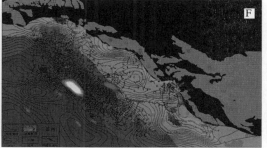

E.下干柴沟组下段(E$_{1+2}$)在现今油运移路径图　　　　　　F.路乐河组(E$_{1+2}$)在现今气运移路径图

图6　柴达木盆地北缘地区油气主要排烃期油气运移路径及聚集方向的模拟结果

一系列潜伏构造圈闭,但这时冷湖六号、七号的隆起阻挡了一里坪坳陷生成的天然气向北的运移,而赛什腾凹陷的生烃能力非常弱,直接影响了赛什腾凹陷内的油气潜力。

　　昆特伊凹陷和鱼卡凹陷等地区的烃源岩埋藏深度一直保持在石油的成熟度范围,在两个重要的油气运聚成藏其均以生油为主,因而,昆特伊凹陷周围的冷湖一号到五号以及鄂博梁Ⅰ号构造上以油运聚为主(图4D、F,图6C、E)。而南八仙—马海凸起带长期接受来自一里坪坳陷的油气,早期主要接受来自一里坪坳陷的油,而晚期则接受来自一里坪坳陷的气和来自鱼卡凹陷的油(图4D、F、I、J,图6),造成该凸起带油气共存的结果。

# 6　结论与认识

　　按照油气成藏动力学研究的思想和方法是实现油气成藏机理和过程定量研究的可行方法。在叠合盆地中关注油气成藏的时间、油气运聚的动力特征/背景及其演化、根据主要油气运聚成藏期的流体动力学特征将复杂的含油气系统划分为时间/空间均有限的成藏系统；在每个成藏系统内研究单一的成藏过程，易于把握油气成藏的特征、认识成藏机理。

定量的油气成藏动力学研究结果表明，柴达木盆地北缘西段资源较为丰富、油气勘探潜力仍然十分可观。总体上的油气生排运聚特点是：中新世是研究区主要的生油期，油的生排运量均足够丰富，但这时赛什腾凹陷只是一里坪坳陷的北部斜坡，构造圈闭主要在盆地边缘，相当部分的油都运移到盆地边部，没能保存下来。上新世以来的晚期成藏期，研究区烃源岩以生气为主，这时构造圈闭发育，天然气成藏较为容易；但这时烃源岩及主要储层的埋藏较深，储层多具有低渗—特低渗特征。

油气成藏动力学的研究结果表明，柴达木盆地北缘西段在冷湖一号—五号、鄂博梁 I 号及南八仙—马海—红山等地区的勘探应以油为主，兼勘探天然气，而研究区其他地区的勘探目标应以深层天然气为主。综合评价，冷湖七号、鄂博梁 III 号、冷湖六号等区带是柴北缘西段下一步最为有利的勘探目标，其次为葫芦山、鄂博梁 II 号、赛什腾潜伏带等区带。

# 参 考 文 献

陈吉，谢梅，史基安，张永庶，孙国强，吴志雄，王国仓．2011．柴北缘马北地区下干柴沟组储层特征．天然气地球科学，22（5）．

陈瑞银，罗晓容，陈占坤，喻健，杨飏．2006．鄂尔多斯盆地埋藏演化史恢复．石油学报 27（2）：43—47

陈瑞银，罗晓容，吴亚生．2007．利用成岩序列建立油气输导格架．石油学报，28（6）：43—46.

陈占坤，吴亚生，罗晓容，陈瑞银．2006．鄂尔多斯盆地陇东地区长 8 段古输导格架恢复，地质学报，80（5）：718—723

郝芳，邹华耀，姜建群．2000．油气成藏动力学及其研究进展．地学前缘，7（3）：11—21.

黄捍东，罗群，王春英，姜晓健，朱之锦．2006．柴北缘西部中生界剥蚀厚度恢复及其地质意义．石油勘探与开发，33（1）：44—49.

姜福杰，武丽，李霞，马中振．2010．柴北缘南八仙油田储层特征与综合评价．石油实验地质，32（1）．

金之钧，王清晨．2004．中国典型叠合盆地与油气成藏研究新进展——以塔里木盆地为例．中国科学 D 辑：地球科学；34（S1）：1—12.

康永尚，郭黔杰．1998．论油气成藏流体动力系统．地球科学—中国地质大学学报，23（3）：281 — 284.

雷裕红，罗晓容，潘坚，赵建军，王鸿军．2010．大庆油田西部地区姚一段油气成藏动力学过程模拟．石油学报，31（2）：204—210.

李思田，王华，路凤香．1999．盆地动力学—基本思路与若干研究方法．武汉：中国地质大学出版社．

刘殿鹤，李凤杰，郑荣才，刘琪，蒋斌．2009．柴北缘西段古近系下干柴沟组沉积相特征分析．天然气地球科学，20（6）：12—16.

刘琪，潘晓东，李凤杰．2011．柴北缘西段新近系上干柴沟组沉积相特征分析．沉积与特提斯地质，21（2）．

吕延防，马福建．2003．断层封闭性影响因素及类型划分．吉林大学学报（地球科学版），33（2）：163-166.

罗晓容，喻健，张刘平，杨飐，陈瑞银，陈占坤，周波．2007．二次运移数学模型及其在鄂尔多斯盆地陇东地区长8段石油运移研究中的应用．中国科学，37（增I）：73-82.

罗晓容，张立宽，廖前进，苏俊青，袁淑琴，宋海明，周波，侯平，于长华．2007．埕北断阶带沙河街组油气运移动力学过程模拟分析．石油与天然气地质，28（2）：191-197.

罗晓容，张刘平，杨华，付金华，喻建，杨飐，武明辉，许建华．2010．鄂尔多斯盆地陇东地区长81段低渗油藏成藏过程研究．石油与天然气地质，卷31（6），770-778.

罗晓容．沉积盆地数值模型的概念、设计及检验，石油与天然气地质，1998，卷19（3），196-204.

孟庆任．2009．柴达木盆地成因分析．地质科学，44（4），1213-1226.

牟中海，何琰，唐勇，陈世加，浦世照，赵卫军．2005．准噶尔盆地陆西地区不整合与油气成藏的关系．石油学报，26（3）：16-20.

潘钟祥．1983．不整合对于油气运聚的重要性．石油学报，4（4）：1-10.

庞雄奇．2003．地质过程定量模拟．北京：石油工业出版社，1-487.

邱楠生，胡圣标，何丽娟．2004．沉积盆地热体制研究的理论与应用．北京：石油工业出版社．

邱楠生．2002．中国西北部盆地岩石热导率和生热率特征．地质科学，37（2）：46-53.

任纪舜．2002．中国及邻区大地构造图．北京：地质出版社．

任战利．1999．中国北方沉积盆地热演化史研究．北京：石油工业出版社．

石广仁．2004．油气盆地数值模拟方法．北京：石油工业出版社．

田世澄．1996．论成藏动力学系统．勘探家，1（2）：25-31.

王永卓，孙德君，徐景祯．2003．柴达木盆地北缘地区含油气系统划分与成藏历史分析．石油学报，24（5）：21-25.

吴孔友，查明，王绪龙，吴时国，张立刚，聂政荣．2007．准噶尔盆地成藏动力学系统划分．地质论评，53（1）：75-82.

吴因业，宋岩，贾承造，郭彬程，张启全，季汉成，李军，张建平．2005．柴北缘地区层序格架下的沉积特征．地学前缘，13（3）：195-203.

武明辉，张刘平，罗晓容，毛明陆，杨飐．2006．西峰油田延长组长8段储层流体作用期次分析。石油与天然气地质，27（1）：33-36.

杨甲明，龚再升，吴景富，何大伟，仝志刚，吴冲龙，毛小平，王燮培．2002．油气成藏动力学研究系统概要（上）．中国海上油气（地质），16（2）：92-97.

杨永泰，张宝民，李伟，瞿辉．2000．柴达木盆地北缘侏罗系层序地层与沉积相研究．地学前缘，7（3）：145-151.

姚光庆，孙永传．1995．成藏动力学模型研究的思路、内容和方法．地学前缘，22（3-4）：200-204.

岳伏生，郭彦如 ，李天顺 ，马龙．2003．成藏动力学系统的研究现状及发展趋向．地球科学进展，18（1）：122−126．

张厚福，方朝亮．2002．盆地油气成藏动力学初探—21世纪油气地质勘探新理论探索．石油学报，23（4）：7−12．

张立宽，罗晓容，廖前进，袁淑琴，苏俊青，肖敦清，王兆明，于长华．2007．断层连通概率法定量评价断层的启闭性．石油与天然气地质，28（2）：181−190．

张善文，王永诗，石砥石，徐怀民．2003．网毯式油气成藏体系—以济阳坳陷新近系为例．石油勘探与开发，30（1）：1−10．

赵 健，罗晓容，张宝收，赵风云，雷裕红．塔中地区志留系柯坪塔格组砂岩输导层量化表征及有效性评价．石油学报，2011，32（6）：949−958．

赵文智，何登发．2002．中国含油气系统的基本特征与勘探对策．石油学报，23（4）：1−11．

周建勋，徐凤银，胡勇．2003．柴达木盆地北缘中、新生代构造变形及其对油气成藏的控制．石油学报，24（1）：19−24．

Allen A，Allen J R. 1990. Basin Analysis：Principles and Applications. London：Blackwell Scientific Publishing.

Lerche I. 1990. Basin Analysis，Quantative methods，v.1，Academic Press，San Diego，Calif.，562 pp.

Luo Xiaorong. 2011. Simulation and characterization of pathway heterogeneity of secondary hydrocarbon migration. AAPG Bulletin，v. 95，no. 6，pp. 881−898.

Magoon L B，Dow W G. 1994. The petroleum system. In：Magoon L B，Dow W G.，The petroleum system−from source to trap. AAPG Memoir，60. 3−24.

Ungerer P.，Burrus J.，Doligez B.，et al. 1990，Basin evaluation by integrated two−dimensional modeling of heat transfer，fluid flow，hydrocarbon generation，and migration. Am. Assoc. Pet. Geol. Bulletin，74，309−335.

# 深县—束鹿凹陷运聚单元评价与油气资源分布

马学峰　卢学军　崔周旗　罗　强　师玉雷　董雄英

（中国石油华北油田公司勘探开发研究院）

**摘　要**　通过应用 Trinity 成藏模拟系统开展资源潜力和成藏模拟研究，量化表征深县和束鹿凹陷油气从烃源岩到圈闭的动态运聚成藏过程，定量预测油气资源的空间分布。模拟结果表明，两个凹陷都有规模发现的资源潜力。深县凹陷石油汇聚总量为 $12068 \times 10^4 t$，剩余油资源量 $8960 \times 10^4 t$；束鹿凹陷石油汇聚总量为 $11396 \times 10^4 t$，剩余油资源量 $8461 \times 10^4 t$。成藏控因研究结果指出，断层的开启和封闭、油柱高度和油气源相态是油气成藏的重要控制因素。通过模拟各层序、各区带、各领域油气成藏过程，指出，潜山及潜山内幕、古近系深层岩性以及 $Ed-Es_1$ 中浅层是规模发现的重要领域，深西—刘村潜山及潜山内幕、束鹿西斜坡古近系深层、深县凹陷深南—榆科背斜带为油气预探的 3 个重点区带。

**关键词**　成藏模拟　资源分布　资源潜力　主控因素　深县和束鹿凹陷

近年来，通过创新地质认识，加大三维地震勘探力度，在富油凹陷取得良好的勘探成效。但深县和束鹿凹陷近 10 年来发现的三级油、气地质储量仅油 $1869.22 \times 10^4 t$，无气，只相当于同期饶阳—霸县凹陷油、气发现总量的 4.2%，勘探成效偏低。

在烃源岩精细评价基础上，针对传统成因法只能测算生排量不能直接预测油气聚集量，常规统计法和类比法不能动态描述油气成藏过程，难以预测油气成藏位置等不足，应用 Trinity 成藏模拟系统，以三维地震资料构造解释结果确定模拟分析地质格架，以成藏条件解剖结果确定模拟分析的地质模型参数，以已发现油气藏分布和储量结构检验模拟结果，确定最佳成藏模拟组合，量化表征深县和束鹿凹陷油气从烃源岩到圈闭的动态运聚成藏过程，定量预测了油气资源在空间的分布状况。

由于深县和束鹿凹陷资源潜力和资源结构不明，制约了资源评价的精度以及油气成藏研究的深度、可靠性，资源量聚集区域及规模不能落实，成藏主控因素不清，制约了有利预探区带的选择。新近系浅层、$Ed—Es_1$ 中浅层复杂断块、古近系深层岩性、潜山及潜山内幕四大勘探领域资源量如何分配，哪个区域是有利的勘探目标？这些问题不明确，制约了我们过去的油气勘探与资源评价。2009 年，充分利用新的资料和新的地质认识，应用 Trinity 成藏模拟系统，开展油气勘探领域研究，为有利目标优选提供重要依据。

## 1　研究区地质概况

深县和束鹿凹陷是冀中坳陷南部的主要含油气区，该区北以深泽—刘村低凸起为界，南以新河凸起—小刘村陆梁为界，西以宁晋凸起和晋县凹陷相隔，东以孙虎断裂与饶阳凹陷相接。深县凹陷可划分为榆科、何庄、深南、深西、衡水 5 个二级构造带；束鹿凹陷可划分为南小陈、台家庄、荆丘、车城、束鹿西斜坡 4 个二级构造带，勘探面积 1380km²，其中，深县凹陷 680 km²，束鹿凹陷 700 km²。

经过 30 多年的勘探，全区已经完成重、磁、电法精查细测；地震满覆盖率大于 90%；已完成各类探井 319 口，工业油流井 89 口。共发现了 O、P、Es、Ed、Ng、Nm 组 5 套含油气层系，探明了何庄、何庄西、深西、荆丘等 7 个中小型潜山油藏以及榆科、深南、深西、荆丘、车城等 7 个古近—新近系砂岩油气藏，探明石油地质储量 $8420 \times 10^4$t，探明天然气地质储量 $3.7 \times 10^8$m³。

## 2    成藏模拟方法和原理

Trinity 是国际流行的油气成藏模拟软件之一，与国际上多数油气成藏模拟软件类似，是以现代计算机技术为依托，以油气藏动力学理论为指导，综合区域地质、地球物理、测试和地质化验资料，采用静态描述和动态模拟相结合的方法，对研究区地下流体动力场变迁、油气生成运移和聚集描述。

Trinity 的主要功能包括用温度史和烃源岩性质确定生排烃量；应用图形确定烃源岩埋深，厚度和汇聚区面积；运用化学动力学和流体动力学法计算每个网格的生排烃量、流体运移流线和可能聚集量；从地质参数的概率分布属性，采用蒙特卡洛法计算和预测目标、区带和盆地供油量概率分布。

Trinity 油气成藏模拟的步骤是：首先，以地震数据体为主建立 3D 地质格架（包括层面埋深、岩相和断层）；第二，建立盆地热模型，恢复埋藏史和热史；第三，建立生烃体模型，包括不同类型、不同有机质丰度级别，实现烃源岩在空间上的展布，建立合理的生烃模式，绘制生排烃图和成熟度图。第四，运用烃类生成化学动力学和烃类运移和聚集流体动力学参数建立运移模型，从油气运移和聚集的直接证据限定油气运移途径和聚集位置，按程序算法，将有限的地球化学数据外推到更大尺度，实现石油生成和运聚体系分析，计算排烃量及油气聚集量。

## 3    深县—束鹿凹陷成藏模拟结果分析

对控制油气运聚的主要参数（油源、圈闭、储层、通道、盖层），通过概率统计法分析，对深县和束鹿凹陷展开成藏模拟（图 1），其结果是否反映地下客观实际，还需要与已发现油气藏（位置、规模、相态等）对比，如不符合，则需要不断校正控制参数，优化出最佳成藏模拟组合，最终得出模拟结果，保证了计算结果的精度和准确性。

### 3.1    油气成藏过程分析

根据油气成藏动态模拟结果，可见深县和束鹿凹陷的油气成藏过程。新近纪开始，$Es_3$ 烃源岩的油大量生成，油气通过断层沟通 $Es_3$ 深层油源富集而成，油源断层在运移中起到通道作用（图 2）。深县凹陷油气运聚呈现南、北分区，以北为主的特点；束鹿凹陷油气运聚呈现东、西分带，以中西部为主的特点。运聚顺序为：何庄—何庄西、刘村低凸起、深

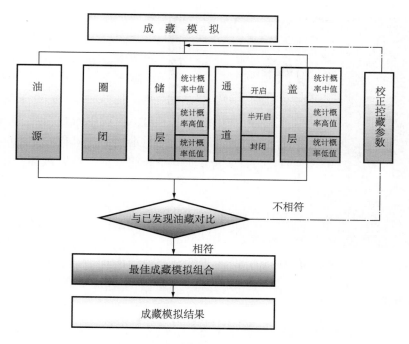

图1　成藏模拟组合分析

西潜山、新河凸起、荆丘潜山、宁晋凸起。东营晚期，当 $Es_3$ 油源条件充足、$Es_{2+3}$ 发育的岩性体以及良好的圈闭条件，油气通过油源沿好的砂体侧向运移以及通过油源断层作垂向运移从而聚集成藏。运聚顺序为：车城、束鹿西斜坡、台家庄、深西、深南、榆科构造带，最终形成车城油田、深南油田以及榆科油田。油气的主要运聚区是车城构造带、束鹿斜坡、深南、榆科构造带。

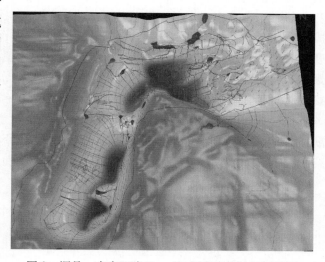

图2　深县—束鹿凹陷 $Es_1$—Ed 沉积末期油气运聚图

潜山油藏油气两次充注，最早是在东营晚期，成藏高峰期在馆陶期以后发生二次充注，潜山成藏领域油气运聚时间早，多期充注。东营晚期油气发生二次充注，$Es_1$ 和 $Es_3$ 油源生成，油气再次充注潜山圈闭。主要的运聚区是深县和束鹿凹陷的潜山圈闭，因此，油气成藏的主要控制因素是潜山良好的圈闭以及盖层封盖能力的大小，油气通过断层沟通 $Es_3$ 深层油源富集而成，油源断层在运移中起到通道作用。

馆陶期沉积晚期，古近系深层的油气自白宋庄洼槽和束鹿北、中、南洼槽分别供油。通过深南断层、榆科断层、深西断层以及车城断层向中浅层圈闭充注。深县凹陷油气运聚的方向是油气从白宋庄洼槽向各个区带运聚，充注顺序是：深南—榆科—深西—何庄；

图 3 深县—束鹿凹陷明化镇晚期至今油气运聚图

束鹿凹陷油气运聚的方向是通过北、中、南三个洼槽向各个区带运聚，运聚成藏顺序是：荆丘—台家庄—南小陈—车城，运聚成藏量相对小，因此，形成了现今的深南、榆科、深西、车城以及台家庄油田。成藏主控因素是 $Es_1$ 和 $Es_3$ 充足的油源，Ed 良好的背斜、断背斜圈闭，以及好的砂体分布，油气一方面从油源直接运聚到 Ed—$Es_1$，另一方面通过断层沟通古近系深层油源富集而成，逐渐形成现今优质烃源岩发育区满洼含油的格局（图 3）。

## 3.2 油气聚集量分析

### 3.2.1 深县和束鹿凹陷仍有丰富的剩余资源潜力

利用 Trinity 成藏模拟系统对深县和束鹿凹陷油气形成和分布进行模拟。结果表明，从资源总量上看，深县—束鹿凹陷具有较大的未发现资源潜力。深县—束鹿石油聚集总量为 $27496 \times 10^4t$，其中，深县凹陷成藏量 $12068 \times 10^4t$，探明油气资源量 $3108 \times 10^4t$；束鹿凹陷成藏量 $11396 \times 10^4t$，探明油气资源量 $2935 \times 10^4t$；深县凹陷剩余油资源量 $8960 \times 10^4t$，束鹿凹陷剩余油资源量 $8461 \times 10^4t$。天然气聚集成藏量 $136.50 \times 10^8m^3$，其中，深县凹陷成藏量为 $65.71 \times 10^8m^3$，束鹿凹陷成藏量为 $56.35 \times 10^8m^3$，探明天然气资源量 $3.7 \times 10^8m^3$；深县剩余天然气资源量 $65.71 \times 10^8m^3$；束鹿剩余天然气资源 $52.65 \times 10^8m^3$。

由图 4 可知，扣除探明储量，深县—束鹿剩余油资源量 $17421 \times 10^4t$，其中，深县凹陷剩余油资源量 $8960 \times 10^4t$，束鹿凹陷剩余油资源量 $8461 \times 10^4t$，剩余天然气资源量 $132.8 \times 10^8m^3$；各区带剩余资源量大，仍有发展空间。

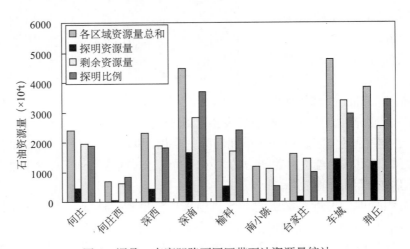

图 4 深县—束鹿凹陷不同区带石油资源量统计

### 3.2.2 优质烃源岩控制石油资源形成的规模

将深县和束鹿凹陷不同丰度、不同烃源岩的体积，排油量以及排气量统计整理，结果表明（图5），优质烃源岩厚度体积小，但石油运聚成藏量大；中、低质量的烃源岩以生气为主。Es$_3$ 段烃源岩，TOC 大于 2% 的烃源岩，体积占 19.12%，但排油量占 70.63%，排气量占 52.42%；TOC 在 1% ~ 2%，烃源岩体积占 31.23%，排油量占 29.37%，排气量占 39.96%；TOC 在 0.5% ~ 1%，烃源岩体积占 49.64%，不排油，排气量仅占 7.62%。Es$_1$ 段烃源岩，TOC 大于 2% 的烃源岩，体积占 3.39%，但排油量占 35.08%，排气量占 31.91%；TOC 在 1% ~ 2%，烃源岩体积占 21.92%，排油量占 64.92%，不排气；TOC 在 0.5% ~ 1%，烃源岩体积占 74.68%，不排油，也不排气。Es$_4$ 段烃源岩，TOC 在 0.5% ~ 1% 的烃源岩体积 15.26km$^3$，不排油，但排气量为 171.9024 × 10$^8$m$^3$。

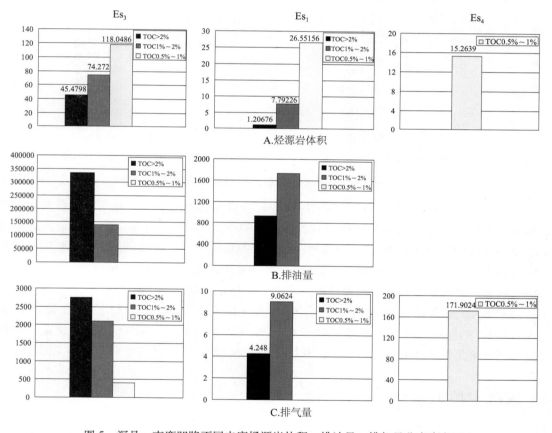

图 5 深县—束鹿凹陷不同丰度烃源岩体积、排油量、排气量分布直方图

研究认为，优质烃源岩控制石油资源规模，Ⅱ类凹陷优质烃源岩一般层薄体积小，但向各类圈闭供油量总体大于 70%；中、低质量的烃源岩一般层厚体积小，但以成气为主。

### 3.2.3 潜山、深层岩性以及 Ed—Es$_1$ 中浅层是重要的勘探领域

通过对深县—束鹿凹陷分层系、分区带、分领域模拟油气成藏过程，明确了该凹陷的资源结构，并对资源量统计整理，如图6所示。

统计结果可知，T$_2$ 油气运聚成藏量占总资源量的 2.85%；T$_3$ 油气运聚成藏量占总资源量的 13.13%；T$_4$ 油气运聚量成藏量占总资源量的 13.44%；T$_5$ 油气运聚成藏量占总资源量

的 17.82%；$T_6$ 油气运聚量成藏量占总资源量的 18.64%；$T_g$ 油气运聚量成藏占总资源量的 34.11%。

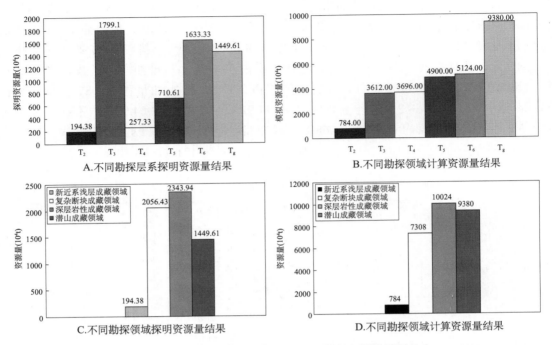

图 6　深县—束鹿凹陷不同层系、不同勘探领域资源量分布

分析认为，潜山和深层岩性勘探领域资源量占资源总量的 50%，是规模储量发现的重要领域。潜山领域主要是深县凹陷，资源量为 $9380 \times 10^4$t，占总资源量的 34%；古近系深层主要为束鹿凹陷资源量为 $10024 \times 10^4$t，占总资源量的 36%，深县凹陷 Ed—$Es_1$ 中浅层油气资源量为 $4900 \times 10^4$t，占深县—束鹿凹陷 Ed—$Es_1$ 中浅层总资源量的 67%。

### 3.2.4　深西—刘村低凸起、束鹿西斜坡、深南—榆科背斜带为有利勘探区带

区带资源分布及目前勘探程度分析认为（图 4）：深西—刘村低凸起聚集量为 $3696 \times 10^4$t，勘探程度较低；束鹿斜坡带 $Es_{2+3}$ 油气运聚成藏量为 $4200 \times 10^4$t；深南—榆科背斜带油气聚集量为 $4480 \times 10^4$t，剩余资源量 $2492 \times 10^4$t，三个区带是有利的勘探区带。

## 4　成藏主控因素分析

通过储层、盖层、圈闭等多种因素的综合分析，模拟了四大勘探领域油气运移方向及有利聚集位置，分析不同勘探领域的油气成藏条件。

潜山油气成藏条件。潜山良好的圈闭以及盖层封盖能力大，油气通过断层沟通 $Es_3$ 深层油源富集而成，油源断层在运移中起到通道作用。

$Es_{2+3}$ 深层油气成藏条件。$Es_3$ 好的油源条件，$Es_{2+3}$ 发育岩性体以及良好的圈闭条件，油气直接侧向运移或通过油源断层垂向运移进入圈闭。

Ed—$Es_1$ 中浅层油气成藏条件。$Es_1$ 和 $Es_3$ 充足的油源、Ed 良好的背斜、断背斜圈闭，以及好的砂体分布，油气一方面从生烃中心运聚到 Ed—$Es_1$，另一方面通过断层沟通古近系

深层油源富集而成。

新近系浅层油气成藏条件。浅层的背斜、断背斜圈闭，油气通过断层沟通油源富集而成。

综上所述提出：断层的开启和封闭性、油柱高度、油气源相态是油气成藏重要的控制因素，走向断裂多为油气运移的通道，斜交断裂及三级断裂多封堵油气；在圈闭条件、储集性能相当条件下，油柱高度控制油气藏规模；油气源相态控制资源结构。

# 5 结论

油气成藏模拟研究认为，两个凹陷都有规模发现的资源潜力。深县凹陷油气汇聚成藏呈现南、北分区，以北为主的特点，石油汇聚总量为 $12068 \times 10^4 t$，剩余油资源量 $8960 \times 10^4 t$；天然气汇聚总量为 $66 \times 10^8 m^3$，剩余天然气资源量 $55 \times 10^8 m^3$；束鹿凹陷油气充注呈现东西分带、以中西部为主的特点，石油汇聚总量为 $11396 \times 10^4 t$，剩余油资源量 $8461 \times 10^4 t$，天然气汇聚总量为 $56.35 \times 10^8 m^3$，剩余天然气资源 $40 \times 10^8 m^3$。

成藏控因研究结果指出，断层的开启和封闭、油柱高度和油气源相态是油气成藏的重要控制因素，走向断裂多为油气运移的通道，斜交断裂及三级断裂多封堵油气；圈闭条件、储集性能相当条件下，油柱高度控制油气藏规模；油气源相态控制资源结构。

根据成藏模拟研究结果对深县和束鹿凹陷进行了整体评价，指出潜山和古近系深层岩性领域、Ed—Es$_1$ 中浅层是两个凹陷规模发现的主要方向，优选出深西—刘村潜山及潜山内幕、束鹿西坡古近系深层、深县凹陷深南—榆科背斜带为油气预探 3 个重点区带。

## 参 考 文 献

郭秋麟，米石云，石广仁等．1998．盆地模拟原理方法．北京：石油工业出版社．

金之均，张金川等．1999．油气资源评价技术．北京：石油工业出版社．

康永尚，张一伟．1999．油气成藏流体动力学．北京：地质出版社．

李明诚．1994．石油与天然气运移．北京：石油工业出版社．

王飞宇，金之钧，吕修祥．2002．含油气盆地成藏期分析理论和新方法．地球科学进展，17（5）：754—761．

张厚福．1993．石油地质学．北京：石油工业出版社．

Andrew D Hindle. 1997. Petroleum Migration Pathways and Charge Concentration：A

B Tissot，D. H. 1984. Welte. Petroleum Formation and Occurrence，2nd. edn. Berlin：Springer—Verlag.

Magoon L B. 1989. The Petroleum system—from source to trap. AAPG Memoir.

Three—Dimensional Model：AAPG Bulletin，V. 81，No. 9（September 1997），1451—1481.

# 廊固凹陷成藏模拟技术及应用

师玉雷　卢学军　罗　强　崔周旗　董雄英　钟雪梅

（中国石油华北油田公司勘探开发研究院）

**摘　要**　廊固凹陷是一个晚期构造运动强烈，具有残留盆地性质的新生代沉积盆地。经过30余年的大规模勘探，已进入"成熟"盆地勘探阶段，但由于地质条件复杂，油气发现量不及饶阳凹陷的1/6。由于凹陷本身油气富集程度不高，还没有发现大量油气资源，是制约油气勘探决策的一项主要难题。

本次研究利用 Trinity 软件，更改了常规油气藏勘探只是从生烃条件、储集条件、盖层条件、圈闭条件、运移路径、保存条件进行单因素和静态分析的研究方法，在三维地震地质格架搭建上，以已探明油藏解剖结果确定模拟分析的地质参数，以已发现油气藏分布和储量结构为参照对模拟结果进行检验，动态量化研究油气生成、运移、聚集的成藏过程。

**关键词**　廊固凹陷　构造运动　沉积盆地　油气勘探　模拟分析

常规油气藏评价，只是从生烃条件、储集条件、盖层条件、圈闭条件、运移路径、保存条件进行单因素和静态分析，彼此之间的相互关系研究较少。事实上，成藏要素间的相互匹配关系对能否成藏影响较大。本文在烃源岩精细评价基础上（Passey，1990；张志伟等，2000；Creaney，1993；王贵文等，2002；朱光有等，2003；王建等，2009；朱光有等，2002），量化从生成、运移、聚集、成藏过程进行整体分析，直接计算出了从烃源层到圈闭中的运聚量，根据各勘探领域油气汇聚区、汇聚量，为领域优选提供了科学依据（金之钧等，1999；郭秋麟等，1998；张厚福，1993）。更加接近于地质事实，反映油气从生成、运移到成藏过程，预测油气运移路径及聚集量，有利于勘探目标的优选。

## 1　地质概况

廊固凹陷是冀中坳陷北部主要的含油气区。北与大厂凹陷相接，南为牛驼镇凸起，东邻武清凹陷，西靠大兴凸起，南北长约90km，东西宽20～40km，勘探面积2600km²（图1）。截至2008年底，全区已完成1km×0.5km～0.5km×0.5km测网的二维地震超过 $1×10^4$ km；完成三维满覆盖面积超过 $2000×10^4$ m²。累计完成各类探井近600口，获工业油气流井近200口。在 Nm、$Es_1$、$Es_2$、$Es_3$、$Es_4$—Ek、C—P、O 等7个层系获工业油气流，在凤河营、河西务、别古庄、永清、中岔口、柳泉探明潜山和古近—新近系油藏。累计获石油探明储量近 $1×10^8$ t；天然气探明储量近 $100×10^8$ m³。廊固凹陷历经30余年的大规模勘探，已进入"成熟"盆地勘探阶段，但由于地质条件复杂，油气发现量不及饶阳凹陷的1/6；是凹陷本身油气富集程度不高？还是大量的油气没有被发现？目前，困扰廊固凹陷勘探的主要问题有两个：一是资源潜力和资源结构不清。过去的烃源岩评价和资源预测大多为粗放型的评价，在廊固凹陷只有 7 口相对系统的有机地化分析井，平面分布也不均匀；分析样品多为岩屑样品，代表性较差；垂向上取样间距最密为 50 ~ 100m，因而，难以客观评估其资源潜力。二是规模发现的方向不明，主攻区带和目标不明朗！是主攻潜山还是古近—新近系？突破区带是凹陷陡带？还是斜坡？抑或中央构造带？各家众说纷纭。

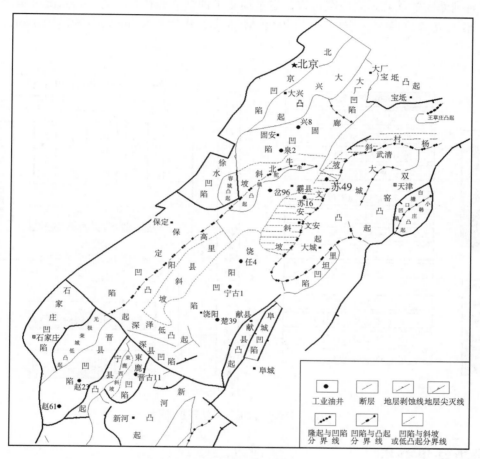

图 1　廊固凹陷构造位置图

## 2　成藏模拟方法及流程

　　Trinity 是国际流行的油气成藏模拟软件之一，与国际上多数油气成藏模拟软件类似，是以现代计算机技术为依托，以油气藏动力学理论为指导，综合区域地质、地球物理、测试和地质化验资料，采用静态描述和动态模拟相结合的方法，对研究区地下流体动力场变迁、油气生成运移和聚集进行描述（王飞宇等，2002）。

　　本次成藏模拟研究，首先以三维地震构造精细解释成果数据体为主建立 3D 地质格架，其中，主要包括各层面构造解释数据，岩相古地理数据，断层及断面信息，区域盖层分布，剥蚀厚度研究等资料；之后建立生烃体模型，包括不同类型、不同有机质丰度级别，实现烃源岩在空间上的展布，建立合理的生烃模式，绘制生排烃图和成熟度图；随后建立盆地热模型，恢复埋藏史和热史。以已发现油气藏成藏条件解剖为基础，确定模拟分析的地质模型参数，运用烃类生成化学动力学和烃类运移和聚集流体动力学参数建立运移模型，从油气运移和聚集的直接证据限定油气运移途径和聚集位置。以已发现油气藏分布和储量结构为参照对模拟结果进行检验，确定最佳成藏模拟组合，量化表征了廊固富油气凹陷油气从烃源岩到圈闭的动态运聚成藏过程，定量预测了油气资源在空间的分布状况（康永尚等，1998；康永尚等，1999；李明诚，1994；Magoon，1988；Andrew，1997；Tissot，1984）（图2）。

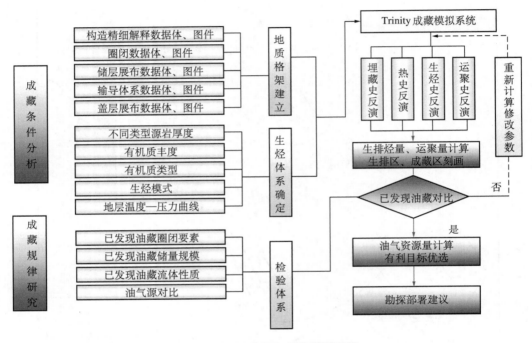

图 2　Trinity 含油气系统模拟流程

# 3　模拟结果分析

## 3.1　廊固凹陷油气运移过程再现

廊固凹陷 Es$_4$ 优质烃源岩发育中心在曹家务—永清凹陷中部，而 Es$_3$ 优质烃源岩发育中心紧邻大兴主断层根部的旧州—固安地区。根据油气成藏动力模拟结果，在 Es$_3$ 沉积末—Es$_1$、Es$_2$ 沉积期（图3），Es$_4$ 烃源岩进入成熟阶段，区域流体势分布西高东低，生成的油气主要沿不整合面自西向东运移，在凹陷南北两侧的潜山古凸起也有油气充注，主要聚集区是，河西务构造带、牛北斜坡带、柳泉、中岔口、凤河营采育构造带。

从新近纪开始，Es$_3$ 烃源岩液态油气大量生成运移，Es$_4$ 优质烃源岩进入主要生气阶段，区域油气主要向东西两侧运移，运移的主要方向仍是以东部为主，其次为凹陷南北两侧的古潜山及古凸起。西部的固安潜山、大兴砾岩体开始接受油气充注，同时，东部的河西务构造带及北部的凤河营—侯尚村构造带再次接受充注，充注相态以气为主（图4）。

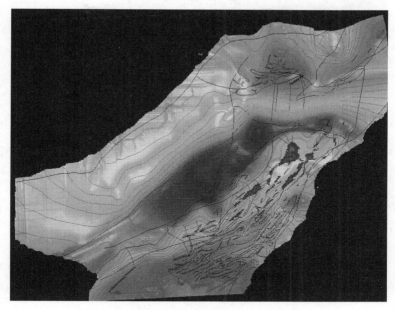

图3　廊固凹陷 $Es_3$—$Es_1$ 沉积期油气运聚图

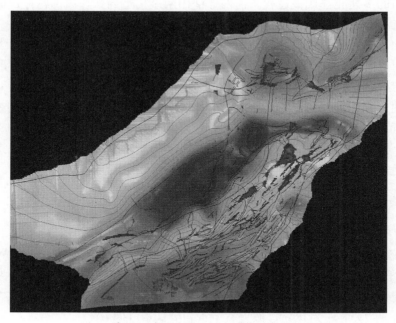

图4　廊固凹陷 $Es_3$—$Es_1$ 沉积末期油气运聚图

　　明化镇组沉积晚期，$Es_3$、$Es_4$ 优质烃源岩演化已进入主要生气阶段，凹陷中央柳泉—曹家务古背斜反转、解体，断裂发育（查明，2009）。古近系深层的油气运移主要有两个方向，一是通过柳泉—曹家务等断裂向中浅层圈闭充注，二是向凹陷西部的固安潜山、大兴砾岩体充注，最终形成现今的环状分布格局（图5）。

图 5　廊固凹陷明化镇晚期油气运聚图

　　总体来说，廊固凹陷油气充注成藏经历了自东向西，由深层向中浅层，由凹陷东部为主向环状分布的多期充注成藏过程。河西务潜山断裂构造内带，凤河营潜山断裂构造带始终处于油气充注最活跃的地带，应是油气勘探的主要方向。

　　固安潜山、大兴砾岩体等西部成藏单元虽然油气充注时间相对较晚，但距 $Es_3$ 主油气源区近，圈闭规模大，模拟预测有较大的聚集成藏量。目前油气勘探已发现了良好的苗头，是油气勘探的重要方向。

　　在整个油气充注过程中，不整合面，砂体输导层无疑是油气运移充注的主要通道，但对古近—新近系中浅层下生上储油气藏的形成，断裂通道发挥了至关重要的作用。模拟研究结果表明，渐新世以来发育的 NE 向分布的晚期深大断裂多为油气运移通道，而此前发育的 NEE、近 EW 向断裂则为封堵作用为主。

## 3.2　油气聚集量分析

### 3.2.1　廊固凹陷油气资源潜力分析

　　本次研究重新计算的廊固凹陷油气资源量，石油资源量近 $3 \times 10^8 t$，剩余资源量约 $2 \times 10^8 t$；天然气资源量 $1000 \times 10^8 m^3$，剩余资源较大，廊固凹陷还有较大未发现油气资源量。与三次资评对比，石油资源量增加了近 49%，天然气资源量增加了近 47%，资源量大幅增加的原因，主要在于对优质烃源岩有了重新的认识（图 6）。

### 3.2.2　优质烃源岩控油、中低丰度烃源岩成气

　　$Es_3$ 优质烃源岩对油的生成贡献大，中等烃源岩对油、气的生成贡献大，差烃源岩厚度大对气的生成贡献大，对廊固凹陷油、气的生成占主导地位；$Es_4$ 优质烃源岩对油的生成贡献大，中等烃源岩对油的生成贡献大，差烃源岩厚度大对气的生成贡献大。

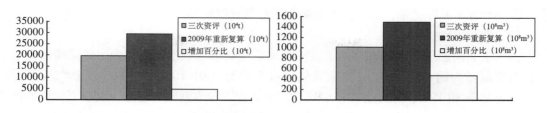

图 6  石油及天然气资源对比图（左为石油，右为天然气）

廊固凹陷 Es₃ 优质烃源岩体积占 0.67%，但排油量达到 43.73%，排气量为 4.23%，Es₄ 烃源岩 TOC 含量大于 2% 的优质烃源岩占总体积 3.08%，但排油量达到了 61.14%，排气量达 8.71%；Es₃ 烃源岩 TOC 含量 1% ～ 2% 的中等烃源岩占总体积 32.88%，排油量占 56.27%，排气量占 46.1%，Es₄ 烃源岩 TOC 含量 1% ～ 2% 的中等烃源岩占总体积 26.08%，排油量是 38.86%，排气量是 26.08%；Es₃ 烃源岩 TOC 含量 0.5% ～ 1% 的差烃源岩占了 66.45% 总体积，排油量为 0，排气量占 49.67%，Es₄ 烃源岩 TOC 含量 0.5% ～ 1% 的差烃源岩占了 70.84% 总体积，排油量为 0，排气量占 86.23%。

### 3.2.3  不同区带资源潜力分析

廊固凹陷剩余天然气资源超过 $100 \times 10^8 m^3$ 的区带为 4 个，主要分布在河西务、旧州—固安、采育—凤河营、柳泉—曹家务等区带。而廊固凹陷剩余石油资源没有大于 $5000 \times 10^4 t$ 的区带，大于 $3000 \times 10^4 t$ 的区带仅有 2 个，分别为河西务、柳泉—曹家务构造带。

总体来说，廊固凹陷油气主要分布在旧州—固安、柳泉—曹家务、河西务三个区带，占区带油资源总和的 87.18%，探明油资源量的 94.64%，剩余油资源量的 83.89%；占区带气资源总和的 84%，探明气资源量的 100%，剩余气资源量的 81.63%。其中，石油资源主要集中在中深层勘探领域，天然气资源主要集中在潜山勘探领域，明确潜山和深层勘探领域是下一步主战场。

### 3.2.4  不同勘探领域油气成藏分析

根据成藏条件分析，针对目的层对廊固凹陷潜山成藏领域、深层岩性成藏领域、中浅层成藏领域、新近系浅层成藏领域展开成藏模拟，并分析油气运聚方向、油气运聚期次、油气聚集量。

（1）潜山勘探领域。

油气主要沿不整合面由生烃中心向东西两侧进行持续充注，油源基础比较充足。潜山勘探层系剩余石油资源量约 $6 \times 10^8 t$，剩余天然气资源量约 $700 \times 10^8 m^3$，天然气探明率低，剩余油气资源量较大，还有较大勘探潜力。剩余石油资源主要分布在旧州—固安、河西务、采育—凤河营等区带；剩余天然气主要分布在旧州—固安、河西务、采育—凤河营等区带。

（2）中深层勘探领域。

油气沿不整合面或断层由生烃中心向东、西、北三个方向进行持续充注，凹陷中部地区油气运移受断层开启程度影响较大，油源主要沿断层向上覆地层进行充注，该领域是目前勘探发现资源较多区域。中深层勘探层系剩余油资源量为约 $1 \times 10^8 t$，剩余天然气资源量约 $600 \times 10^8 m^3$，石油天然气探明比例分别为 30% 和 13%，资源探明率相对较低，剩余油气资源量较大，还有较大勘探潜力。剩余石油资源主要分布在柳泉—曹家务、旧州—固安、河西务等区带，其中，柳泉—曹家务剩余石油资源较多；剩余天然气主要分布在旧州—固安、柳泉—曹家务等区带，旧州—固安剩余天然气资源较多。

（3）中浅层勘探领域。

油气主要沿断层向上运移，油源及输导体系控制油气藏形成规模。中浅层勘探层系剩余石油资源量为约 $4000 \times 10^4 t$，剩余天然气资源量为 $100 \times 10^8 m^3$，石油、天然气资源探明率分别为 20% 和 19%，并且层位相对较浅，也具有下一步勘探的潜力。剩余石油资源主要分布在柳泉—曹家务、河西务等区带；剩余天然气主要分布在柳泉—曹家务等区带。

（4）新近系浅层勘探领域。

油气主要沿不整合面及断层自东向西运移，油源及输导体系控制油气藏形成规模。预测石油资源量为 $200 \times 10^4 t$，预测天然气资源量为 $6 \times 10^8 m^3$。剩余石油资源主要分布在旧州—固安、采育—凤河营等区带；剩余天然气主要分布在旧州—固安等区带。

通过统计廊固凹陷不同层系、不同区带探明与模拟的石油与天然气资源量，认为 $T_6$ 和 $T_g$ 层系资源潜力最大。

通过各个层位资源量统计，$T_2$ 油气聚集量占总资源量的 0.57%；$T_3$ 油气聚集量占总资源量的 1.23%；$T_4$ 油气聚集量占总资源量的 2.04%；$T_5$ 油气聚集量占总资源量的 3.84%；$T_6$ 油气聚集量占总资源量的 43.61%；$T_7$ 油气聚集量占总资源量的 19.65%；$T_g$ 油气聚集量占总资源量的 29.06%。

统计结果认为，廊固凹陷潜山及古近—新近系深层剩余石油资源分别为占石油总剩余资源的 52% 和 28%，而潜山及古近—新近系深层天然气剩余资源分别为占天然气总剩余资源的 40% 和 51%。廊固凹陷潜山及古近—新近系深层岩相领域剩余资源量所占比例大，剩余资源丰富，是下一步勘探的主要方向。

# 4 结论

本次研究利用 Trinity 成藏系统软件，实现了对油气从生成、运移、聚集成藏全过程动态量化模拟，模拟结果揭示了廊固凹陷经历了自东向西、由深层向中浅层，由凹陷东部为主向环状分布的多期充注成藏过程。总体来说，本次成藏模拟具有以下三个特点。

（1）依据生烃动力学方法及统计学原理预测油气资源量更加可靠。

以往的盆地模拟资源量预测受制于聚集系数，人为影响较大，而本次模拟采用成因法并结合统计法对廊固凹陷资源量进行复算，使得模拟结果更加可靠。

（2）在综合分析输导体系性能、盖层封闭性的基础上模拟油气运移的方向和主要路径，量化分析油气运聚效率。

研究过程中也涉及对诸多成藏地质要素的假设，并简化盖层及输导体系模拟参数，寻找对油气运移聚集影响较大的关键条件，采用实际油藏解剖资料来验证模拟参数，最终得出合理、可信的模拟结果。

（3）三维立体显示油气运移方向、聚集区域。

通过三维地质平台建立，不仅实现了让地质家的想象在计算机中客观展示出来，还能较为真实的反应油气在空间中的运移聚集特征，克服了二维模拟中油气在区域穿层运移时产生的误差。

# 参 考 文 献

郭秋麟，米石云，石广仁等．1998. 盆地模拟原理方法，北京：石油工业出版社．

金之均，张金川等．1999. 油气资源评价技术，北京：石油工业出版社．

康永尚，郭黔杰．1998. 论油气成藏流体动力系统．地球科学，23（3）：281−284

康永尚，张一伟．1999. 油气成藏流体动力学．北京：地质出版社．

李明诚．1994. 石油与天然气运移，北京：石油工业出版社．

王飞宇，金之钧，吕修祥．2002. 含油气盆地成藏期分析理论和新方法．地球科学进展，17（5）：754−761.

王贵文，朱振宇，朱广宇．2002. 烃源岩测井识别与评价方法研究．石油勘探与开发，29（4）：50−52.

王建，马顺平，罗强等．2009. 渤海湾盆地饶阳凹陷烃源岩再认识与资源潜力分析．石油学报，30（1）：51−55.

张厚福．1993. 石油地质学．北京：石油工业出版社．

张志伟，张龙海．2000. 测井评价烃源岩的方法及其应用效果．石油勘探与开发，27（3）：84−87.

朱光有，金强，张林晔．2003. 用测井信息获取烃源岩的地球化学参数研究．测井技术，27（2）：104−109.

朱光有，金强．2002. 烃源岩的非均质性及其研究——以东营凹陷牛 38 井为例．石油学报，23（5）：34−39.

Andrew D Hindle. 1997. Petroleum Migration Pathways and Charge Concentration：A Three−Dimensional Model：AAPG Bulletin，V. 81，No. 9，P. 1451−1481.

B Tissot，D H Welte. 1984. Petroleum Formation and Occurrence，2nd. edn. Berlin：Springer−Verlag. 1984.

Creaney S，Passey Q R. 1993. Recurring patterns of total organic carbon and source rock quality within a sequence stratigraphic framework.AAPG Bulletin，77（3）：386−401.

Magoon，L. B. 1989. The Petroleum system−from source to trap. AAPG Memoir，60.

Passey Q R，Creaney S. A 1990. Pratical model for organic richness from porosity and resistivity log. AAPG Bulletin，74（12）：1777−1794.

# 鄂尔多斯盆地准连续型致密砂岩
# 大油田成藏模式与分布规律[❶]

赵靖舟　白玉彬　曹　青　王乃军

（西安石油大学地球科学与工程学院）

**摘　要**　以往普遍认为，鄂尔多斯盆地三叠系延长组主要为岩性油藏，油藏的形成和分布主要受沉积相和储层条件控制。在大量地质研究的基础上，本文认为，鄂尔多斯盆地陕北斜坡延长组中下组合为准连续型致密砂岩油藏，并提出了致密砂岩油藏与准连续型油气聚集的定义。认为，鄂尔多斯盆地准连续型致密砂岩油藏具有以下成藏特征：①源储近邻，大范围分布；②大面积生烃，高强度充注；③大面积准连续分布，油藏无明确边界；④圈闭由众多岩性圈闭或甜点叠合复合而成；⑤储层物性差，非均质性强；⑥油水分异差，无明显边底水；⑦油藏压力系统复杂，且多具负压异常；⑧油气运移聚集主要为非浮力驱动，近距离运移成藏为主；⑨源储主控、构造影响小。区域构造背景、烃源岩条件、储层条件以及盖层条件，是控制鄂尔多斯盆地准连续型致密砂岩油气聚集的4大控制因素。大型平缓斜坡和凹陷是致密砂岩大油田形成最有利的构造条件；烃源条件控制了致密油藏的分布范围；储层条件控制了致密油藏富集高产区的分布；区域盖层的分布控制了致密砂岩油藏的富集层位。准连续型致密砂岩油藏成藏模式的提出，预示着鄂尔多斯盆地中生界石油勘探仍具有较大潜力。

**关键词**　鄂尔多斯盆地　准连续型油藏　致密砂岩　成藏模式　分布规律

## 1　概况

鄂尔多斯盆地是在古生代华北稳定克拉通盆地基础上发育起来的多旋回叠合盆地（杨华，2006），盆内构造简单，主体为一西倾大单斜。该盆地油藏分布于中生界三叠系延长组和侏罗系延安组，以上三叠统延长组为主。延长组沉积充填记录了大型淡水湖盆形成、发展、消亡的完整演化历史（何自新，2003），该组沉积大约以北纬38°为界，以北沉积物粗、厚度小（100～600m），以南沉积物细、厚度大（1000～1400m）（杨俊杰，1992）。根据沉积储层特征及含油性特征将延长组自上而下分为长1—长10共计10油层组3个成藏组合，即上组合（长1—长3）、中组合（长4+5—长7）、下组合（长8—长10）（图1）。

以往普遍认为，鄂尔多斯盆地三叠系延长组主要为岩性油藏，油藏的形成和分布主要受沉积相和储层条件控制。特别是分布最广、发现储量最多、勘探潜力最大的长6油层组，为典型的岩性油藏。20世纪90年代，美国地质调查局（Gautier等，1995；Schmoker，1995，1996；Schmoker等，1996）提出了"连续型油气藏"或"连续型油气聚集"

---

❶基金项目：国家科技重大专项（2008ZX05007）。

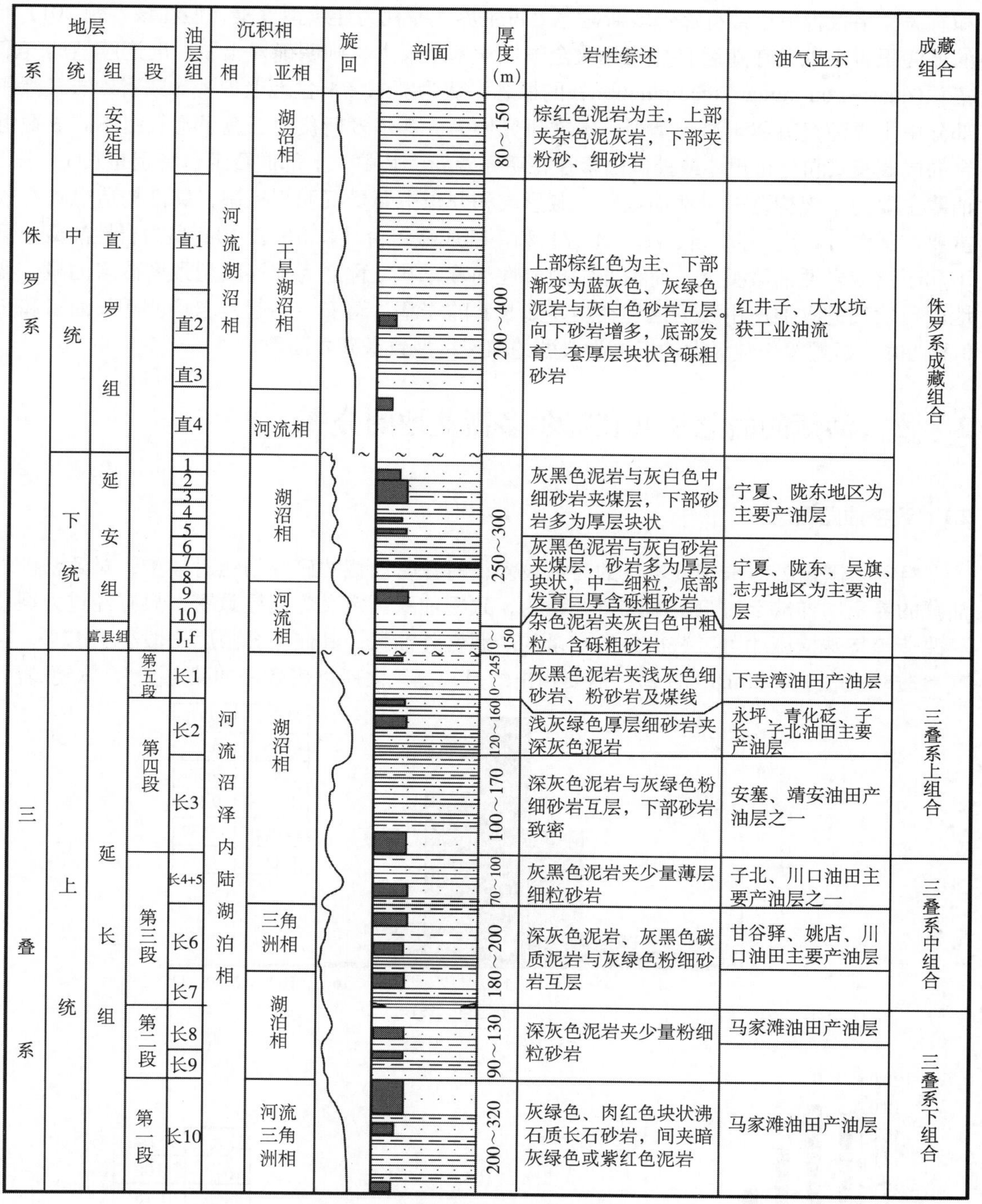

| 地层 | | | | 油层组 | 沉积相 | | 旋回 | 剖面 | 厚度(m) | 岩性综述 | 油气显示 | 成藏组合 |
|---|---|---|---|---|---|---|---|---|---|---|---|---|
| 系 | 统 | 组 | 段 | | 相 | 亚相 | | | | | | |
| 侏罗系 | 中统 | 安定组 | | | 河流湖沼相 | 湖沼相 | | | 80~150 | 棕红色泥岩为主,上部夹杂色泥灰岩,下部夹粉砂、细砂岩 | | 侏罗系成藏组合 |
| | | 直罗组 | | 直1 | | 干旱湖沼相 | | | 200~400 | 上部棕红色为主,下部渐变为蓝灰色、灰绿色泥岩与灰白色砂岩互层,向下砂岩增多,底部发育一套厚层块状含砾粗砂岩 | 红井子、大水坑获工业油流 | |
| | | | | 直2 | | | | | | | | |
| | | | | 直3 | | | | | | | | |
| | | | | 直4 | | 河流相 | | | | | | |
| | 下统 | 延安组 | | 1 2 3 4 5 6 7 8 9 10 | | 湖沼相 | | | 250~300 | 灰黑色泥岩与灰白色中细砂岩夹煤层,下部砂岩多为厚层块状 | 宁夏、陇东地区为主要产油层 | |
| | | | | | | 河流相 | | | | 灰黑色泥岩与灰白砂岩夹煤层,砂岩多为厚层块状,中—细粒,底部发育巨厚含砾粗砂岩 | 宁夏、陇东、吴旗、志丹地区为主要油层 | |
| | | 富县组 | J₁f | | | | | | 0~150 | 杂色泥岩夹灰白色中粗粒、含砾粗砂岩 | | |
| 三叠系 | 上统 | 延长组 | 第五段 | 长1 | 河流沼泽内陆湖泊相 | 湖沼相 | | | 0~245 | 灰黑色泥岩夹浅灰色细砂岩、粉砂岩及煤线 | 下寺湾油田产油层 | 三叠系上组合 |
| | | | 第四段 | 长2 | | | | | 120~160 | 浅灰绿色厚层细砂岩夹深灰色泥岩 | 永坪、青化砭、子长、子北油田主要产油层 | |
| | | | | 长3 | | | | | 100~170 | 深灰色泥岩与灰绿色粉细砂岩互层,下部砂岩致密 | 安塞、靖安油田产油层之一 | |
| | | | 第三段 | 长4+5 | | 三角洲相 | | | 70~100 | 灰黑色泥岩夹少量薄层细粒砂岩 | 子北、川口油田主要产油层之一 | 三叠系中组合 |
| | | | | 长6 | | | | | 180~200 | 深灰色泥岩、灰黑色碳质泥岩与灰绿色粉细砂岩互层 | 甘谷驿、姚店、川口油田主要产油层 | |
| | | | | 长7 | | 湖泊相 | | | | | | |
| | | | 第二段 | 长8 长9 | | | | | 90~130 | 深灰色泥岩夹少量粉细粒砂岩 | 马家滩油田产油层 | 三叠系下组合 |
| | | | 第一段 | 长10 | | 河流三角洲相 | | | 200~320 | 灰绿色、肉红色块状沸石质长石砂岩,间夹暗灰绿色或紫红色泥岩 | 马家滩油田产油层 | |

图 1 鄂尔多斯盆地含油组合分布柱状图

(continuous accumulation)的概念,并将致密砂岩油气藏与页岩气、煤层气等一起归入连续型油气聚集之列。近年来,国内学者邹才能等(2009a,2009b)率先注意到了连续型油气聚集的概念,并认为鄂尔多斯、四川盆地即存在这种类型的油气聚集。赵靖舟等(2010)在国家科技重大专项"中国大型气田形成条件、富集规律及目标评价"项目下设"鄂尔多斯盆地上古生界低渗透储层气、水分布规律"专题(编号:2008ZX05007-05)的几次汇报和有关文字报告中也曾将鄂尔多斯盆地上古生界气藏视为连续型聚集。但在该专题 2011 年的最终报告中以及在随后召开的几次全国性学术会议上，则明确提出了"准连续型油气聚集"（quasi-continuous accumulation）的概念，认为鄂尔多斯盆地上古生界致密砂岩气藏和部分中生界油藏就属于这种类型。本文研究认为，鄂尔多斯盆地三叠系延长组不同成藏组合的成藏模式和分布规律或控制因素存在明显差异。其中，上部成藏组合特别是长 1—长 3 油藏主要为常规构造—岩性油藏，油藏形成和分布主要受沉积相控制，局部构造也具有较重要控制作用；而中部（长 4+5—长 7）和下部成藏组合（长 8—长 10）虽为岩性油藏，但不属于常规岩性油藏类型，而为非常规岩性油藏，本文称之为准连续型致密砂岩油藏。盆地内已发现的大油田主要为这种类型，如长 6 的安塞、靖安、吴起、志丹、延长油田和长 8 的西峰、姬塬等亿吨级大油田，为典型的准连续型致密砂岩油藏。

## 2 致密油藏的概念及其在鄂尔多斯盆地的分布

### 2.1 致密油藏概念

目前，国内外对致密砂岩气的讨论较多，对致密油藏的研究则相对较少，对致密砂岩油藏的界定同样缺乏讨论。本文研究认为，致密油藏可定义为储层致密、只有经过大型压裂改造等特殊措施才可以获得经济产量的烃源岩外油藏，其储层孔隙度一般小于 12%，空气渗透率一般小于 2mD（图 2）。需要指出的是，这里之所以将致密油藏定义为"烃源岩外

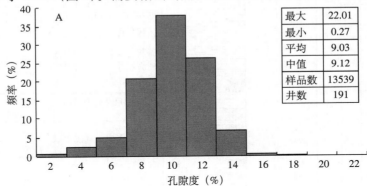

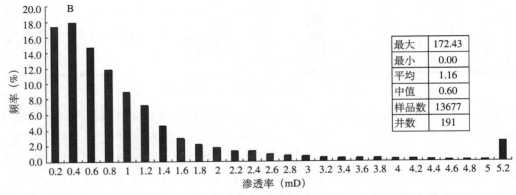

图 2　鄂尔多斯盆地长 6 砂岩孔隙度、渗透率分布直方图

油藏"是为了区别于烃源岩内形成的页岩油藏。另外，这里所给出的致密油藏储层的孔隙度和渗透率上限主要是基于对国内外大量有关油气藏储层调研的一个统计性结果，且只是一个大致的界限，并不具有绝对的意义。

可以看出，致密砂岩油藏就是以往所称的超低渗透或特低渗透油藏（赵靖舟等，2007）。同致密气藏一样，致密油藏也是非常规油气藏中的一类。

## 2.2 致密砂岩油藏在鄂尔多斯盆地的分布

按照致密砂岩油藏的定义，此类油藏在鄂尔多斯盆地主要分布于三叠系延长组中部和下部成藏组合，即长 4+5—长 10 油层组（表 1）。而上组合长 1—长 3 储层平均孔隙度一般大于 10%，平均渗透率一般大于 2mD，总体属常规油藏。

**表 1 陕北斜坡东部三叠系延长组主要含油层段孔隙度、渗透率统计表**

| 地区 | 层位 | 孔隙度（%） | | | | 渗透率（mD） | | | | 样品数 |
|---|---|---|---|---|---|---|---|---|---|---|
| | | 最大值 | 最小值 | 平均值 | 中值 | 最大值 | 最小值 | 平均值 | 中值 | |
| 子长 | 长 1 | 17.8 | 2.2 | 9.6 | 9.4 | 234.51 | 0.04 | 15.74 | 0.82 | 118 |
| 蟠龙 | 长 1 | 20.3 | 2.1 | 9.3 | 9.7 | 84.88 | 0.10 | 3.48 | 1.03 | 354 |
| 子北 | 长 2 | 19.5 | 2.0 | 13.3 | 14.4 | 504.00 | 0.03 | 31.06 | 4.96 | 387 |
| 子长 | 长 2 | 22.9 | 2.0 | 13.0 | 13.0 | 865.28 | 0.004 | 35.20 | 4.86 | 2733 |
| 蟠龙 | 长 2 | 22.4 | 2.1 | 12.5 | 13.3 | 769.89 | 0.01 | 10.24 | 1.91 | 2272 |
| 青化砭 | 长 2 | 19.4 | 2.0 | 13.1 | 14.0 | 761.49 | 0.03 | 10.59 | 2.93 | 1348 |
| 子北 | 长 3 | 18.4 | 2.0 | 12.3 | 13.1 | 83.14 | 0.46 | 9.63 | 5.72 | 127 |
| 蟠龙 | 长 3 | 17.8 | 5.7 | 11.3 | 11.6 | 11.96 | 1.07 | 1.67 | 1.20 | 26 |
| 子北 | 长 4+5 | 18.2 | 1.0 | 10.3 | 10.5 | 40.40 | 0.01 | 1.73 | 0.81 | 944 |
| 甘谷驿 | 长 4+5 | 15.6 | 1.7 | 8.2 | 8.3 | 20.64 | 0.003 | 1.10 | 0.72 | 227 |
| 延长 | 长 4+5 | 16.0 | 1.3 | 8.4 | 9.0 | 101.01 | 0.01 | 1.59 | 0.24 | 161 |
| 川口 | 长 4+5 | 18.1 | 2.4 | 9.5 | 9.9 | 14.10 | 0.01 | 0.90 | 0.68 | 299 |
| 子北 | 长 6 | 20.6 | 1.0 | 9.9 | 10.2 | 14.08 | 0.01 | 1.18 | 0.88 | 1694 |
| 子长 | 长 6 | 19.2 | 1.5 | 9.1 | 9.3 | 52.05 | 0.01 | 1.80 | 0.57 | 883 |
| 蟠龙 | 长 6 | 16.5 | 2.2 | 8.2 | 8.1 | 414.53 | 0.16 | 2.55 | 0.92 | 349 |
| 甘谷驿 | 长 6 | 16.2 | 1.1 | 8.1 | 8.2 | 14.96 | 0.01 | 0.91 | 0.77 | 2719 |
| 延长 | 长 6 | 22.0 | 1.2 | 8.4 | 8.4 | 28.11 | 0.01 | 0.56 | 0.37 | 3295 |
| 川口 | 长 6 | 22.7 | 1.2 | 9.3 | 9.3 | 79.89 | 0.01 | 0.91 | 0.6 | 4713 |
| 劳山 | 长 6 | 16.8 | 2.1 | 9.6 | 10.1 | 67.29 | 0.22 | 2.90 | 1.21 | 211 |
| 志丹 | 长 7 | 17.7 | 2.0 | 8.8 | 8.6 | 17.68 | 0.02 | 1.0 | 0.85 | 152 |
| 西峰 | 长 8 | 18.8 | 2.3 | 10.7 | 10.4 | 6.50 | 0.01 | 0.48 | 0.52 | 256 |
| 安塞 | 长 10 | 18.2 | 2.1 | 12.1 | 10.6 | 21.36 | 0.02 | 6.33 | 0.89 | 309 |

其中，长 6 油层是最典型的致密砂岩油藏，探明储量也最大，是鄂尔多斯盆地的主力油层。根据对盆地东部 13000 多个岩心样品的测试分析结果，长 6 储层孔隙度为

0.27% ~ 22.01%，平均值为 9.03%，中值为 9.12%；渗透率为 0.001 ~ 172.43mD，平均值为 1.16 mD，中值为 0.60mD（图 2）。

长 4+5、长 7、长 8 油层也是较典型的致密砂岩油藏。如盆地东部已发现的川口、延长、甘谷驿、子北长 4+5 油藏，其孔隙度平均值在 8.2% ~ 10.3% 之间，渗透率平均值在 0.9 ~ 1.73mD 之间，渗透率中值在 0.24 ~ 0.81mD 之间。长 7 油层以志丹油田为例，根据 152 个样品的分析结果，其平均孔隙度为 8.8%，平均渗透率为 1.0mD。长 8 油层是近年来新发现的一个重要含油层系，其中，西峰油田长 8 砂岩储层孔隙度一般为 5.4% ~ 16.6%，平均 9.9%；渗透率主要集中在 0.6 ~ 3.0mD（付金华等，2004）；姬塬油田长 8 油层组储层据 209 个样品的物性实测结果，其平均孔隙度为 9.92%，平均渗透率为 1.22mD（王昌勇等，2010）；宜川英旺油田长 8 段储层根据 9 口井 394 块物性分析结果，孔隙度主要分布区间为 2.0% ~ 17.0%，平均值 10.7%；渗透率主要分布区间为 0.15 ~ 2.00mD，平均值 0.40mD（王桂成，王羽君，2010）；富县地区长 8 油藏的孔隙度分布于 3.4% ~ 17.7%，平均 9.3%，渗透率分布在 0.013 ~ 5.25mD，平均 0.4954mD（郭德运等，2010）。

另外，近年来新发现的长 9 油层可能也以致密砂岩储层为主。其在古峰庄—元城地区的孔隙度分布在 14.2% ~ 9.76%，渗透率为 1.22 ~ 3.5mD；庆阳—长武地区孔隙度为 3.20% ~ 10.47%，渗透率为 0.09 ~ 0.15mD；高桥—洛川地区孔隙度分布在 8.95% ~ 10.15%，渗透率为 0.4 ~ 2.5mD（段毅等，2009）。

# 3 鄂尔多斯盆地致密砂岩油藏成藏模式

研究表明，鄂尔多斯盆地三叠系延长组中下组合的致密砂岩油藏并非以往普遍认为的常规意义上的岩性油藏，也非典型的连续型非常规油藏，而是介于常规油藏与非常规油藏或不连续与连续型聚集之间的一种过渡类型，本文称为准连续型油藏。

所谓准连续型油气藏是指油气聚集受许多在横向上彼此相邻、纵向上相互叠置的中小型岩性圈闭或甜点控制、油气藏大面积准连续分布、无明确油气藏边界的致密油气聚集。与典型的连续型非常规油气藏（如煤层气、页岩气）不同的是，准连续型油气藏在平面上呈准连续分布、源外成藏、近源聚集。

研究表明，鄂尔多斯盆地三叠系延长组中下组合致密砂岩油藏主要具有以下特征：源储近邻，大范围分布；大面积生烃，高强度充注；非浮力驱动，近距离运移；储层致密，岩性式聚集；大面积成藏，准连续分布；源储主控，构造影响小。具体特征如下。

## 3.1 源储近邻，大范围分布

鄂尔多斯盆地三叠系延长组富有机质页岩主要分布在延长组长 4+5—长 9 段，为半深湖—深湖相沉积。其中，长 7 段是盆地中生界油藏的主力源岩，其上紧邻的是长 6 段三角洲分流河道砂体沉积，其下邻接的是长 8 段三角洲砂体。这两套紧邻烃源岩的储层与长 7 段烃源岩在盆地内均表现为大范围分布的特点，并且均主要为致密砂岩储层，从而为大面积准连续分布的油藏的形成创造了重要条件。其中，长 6 段是盆地三角洲建设的高峰时期，储层分布十分广泛，是盆地内延长组分布最广的储层之一，因而，成为鄂尔多斯盆地的主力油层。另外，与长 7 烃源岩在垂向上距离较近的长 4+5 致密储层也较发育，分布也较广，因而其油藏分布也较丰富。相反，长 2 段储层虽然也十分发育，其分布范围并不亚于长 6 储层的分布，且物性明显好于长 6 储层，但油气富集程度远低于长 6 储层，其中，一个重要原因就是其与主力烃源岩相距较远，且缺乏良好的运移通道。

## 3.2　大面积生烃，高强度充注

鄂尔多斯盆地中生界油藏的主力烃源岩长 7 段"张家滩黑页岩"为一套以黑色页岩、油页岩为主的优质生油岩，其深湖区沉积面积达 $3.0 \times 10^4 km^2$，加上外围浅湖区面积 $5.5 \times 10^4 km^2$，长 7 烃源岩的总面积约达 $8.5 \times 10^4 km^2$。其厚度在东部清涧河一带为 5 ~ 10m，至志丹地区一般厚达 30m 以上，最厚在富县湖盆中心可达 120m 以上，单层厚度可达 60m 以上。地球化学分析表明，长 7 段有机碳含量、氯仿沥青"A"和总烃含量居延长组各层段之最，其次，为长 6 段和长 9 段暗色泥岩（表 2）。由于分布面积大、有机质丰度高、类型好、成熟度适中，使得长 7 段主力烃源岩在盆地内表现为大面积生烃的特点，加之，其大量生烃在长 7 烃源岩内产生了广泛分布的超压现象，为油气向外排出和向邻近致密储层充注提供了较充足的动力，从而形成了长 6、长 8 等致密储层含油普遍的特征。

**表 2　陕北地区三叠系延长组暗色泥岩有机质丰度（据长庆油田公司勘探开发研究院）**

| 段 | 油层组 | 有机碳（%） | 氯仿"A"（%） | 总烃含量（μg/g） | 转化率烃（C%） |
|---|---|---|---|---|---|
| $T_3y_5$ | 长 1 | 0.75 (23) | 0.0962 (14) | 59.9 (2) | 0.8 |
| $T_3y_4$ | 长 2 | 1.09 (31) | 0.0788 (23) | 152.9 (2) | 1.4 |
| | 长 3 | 1.24 (25) | 0.0931 (32) | 171.1 (2) | 1.4 |
| $T_3y_3$ | 长 4+5 | 1.72 (26) | 0.1075 (26) | 427.1 (2) | 2.5 |
| | 长 6 | 2.19 (34) | 0.2790 (20) | 4594.4 (3) | 21 |
| | 长 7 | 3.43 (27) | 0.5150 (20) | 5688.5 (6) | 16.6 |
| $T_3y_2$ | 长 8 | 2.53 (21) | 0.4632 (27) | 3540.1 (7) | 14 |
| | 长 9 | 1.63 (26) | 0.1718 (25) | 911.9 (5) | 5.6 |
| $T_3y_1$ | 长 10 | 1.65 (10) | 0.0253 (9) | 142.0 (1) | 0.9 |

注：（　）内为样品数。

## 3.3　油藏大面积准连续分布，无明确边界

常规的油气藏一般分布不连续，分布面积较小，大多在几至几十平方千米，大者一般不过数百平方千米。而鄂尔多斯盆地三叠系延长组致密砂岩油藏分布广泛。早在 20 世纪 60—70 年代，我国老一辈石油地质家们就已发现了鄂尔多斯盆地延长组"井井见油，井井不流"的现象。经过几十年的探索，现已发现，三叠系延长组致密砂岩油藏具有"一大三低"特征，即分布面积大，丰度低、渗透率低、产量低。油藏面积一般在几十—上千平方千米，大多在上百平方千米（图 3）。而且，致密砂岩油藏多无明确的边界，目前划定的边界多属于人为边界，包括勘探开发工作程度边界或经济边界。随着勘探开发工作的拓展，含油面积大多都会进一步扩大；或者随着油层改造技术的进步或油价的上升，一些原来认为低产的甚至仅见显示的井将会变为有经济价值的生产井。

事实上，鄂尔多斯盆地三叠系延长组"井井见油"的现象正是准连续型油藏成藏特征的反映，而"井井不流"则主要由于过去普遍将这类油藏作为常规油藏，从而采用常规试

油技术进行勘探的原因。20世纪80年代以来，由于采用先进的非常规的油层改造技术等措施，鄂尔多斯盆地才走出了"井井见油，井井不流"的勘探开发困境，石油勘探开发不断取得重要突破。

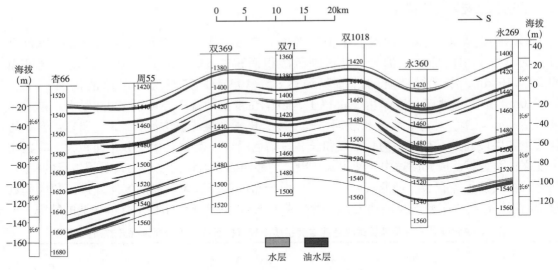

图3　志丹油田长6油藏剖面图

## 3.4　圈闭由众多岩性圈闭或甜点叠加复合而成

鄂尔多斯盆地延长组为一套河流—三角洲相沉积，经历了多个沉积旋回的更替演化，其结果造成了延长组各层段河道沉积在纵向上往往多期叠加，在平面上常常多期复合，从而形成了大面积连片分布的叠加复合砂体构型，其突出特征就表现为储层非均质性较强，岩性和物性在横向上变化大。加之，盆地内断裂和褶皱构造不发育。因此，延长组长6、长8等致密储层的圈闭并不像常规构造油气藏或岩性油气藏那样其圈闭是呈孤立分散分布的，而是由众多中小型岩性圈闭或甜点在纵向上相互叠置、在横向上复合连片，从而形成大面积分布的彼此相邻相接的岩性圈闭群或甜点群（图3、图4）。因此，所谓"准连续型

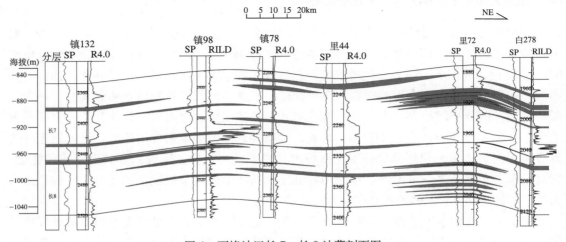

图4　西峰油田长7—长8油藏剖面图

油气藏"，严格地讲应称为"准连续型油气田"，它是由众多个在空间上彼此相邻的中小型岩性油气藏组成。应当说明的是，像延长组致密砂岩油藏这种类型的圈闭，实际上已不完全等同于传统的或者典型的常规油气藏的圈闭概念，其圈闭既不呈孤立分散分布，又无明确边界，而呈现出数量众多、空间上彼此相邻相接、又往往或多或少都含油的特点，其中达到工业产量的更类似于物性上的"甜点"。因此，鄂尔多斯盆地三叠系延长组致密砂岩油藏的圈闭实际上是一种非典型或非常规的岩性圈闭，属于介于常规的岩性圈闭与无圈闭之间的一种过渡类型，其有些可能表现为岩性圈闭形式，但也有许多则可能表现为甜点形式。

### 3.5 储层物性差，非均质性强

鄂尔多斯盆地中生界延长组中下组合储层物性差，主体为致密砂岩储层，平均孔隙度一般小于10%，平均渗透率一般小于2mD。而且，由于其储层主要为叠加复合成因，因而储层非均质性较强，岩性和物性在横向上变化大，单个砂体在横向上连续性差，从而造成长6、长8等致密储层中的油气在横向难以集中，呈现出岩性油藏的面貌。而在远离烃源岩的长2储层，由于其砂岩物性好，接近常规储层，油气相对较容易在其中进行侧向运移集中，加之供烃条件较差，从而形成了相对孤立分散、规模相对较小且圈闭条件较好的构造—岩性复合油藏甚至构造油藏（赵靖舟等，2007）。

### 3.6 油水分异差，无明显边底水

鄂尔多斯盆地三叠系延长组已发现的长6等致密砂岩油藏基本上均无边、底水，油水同储同出，分异差（图3、图4）。大量试油试采结果表明，长6等致密油藏没有纯油层，纯水层也较少，而以油水层为主。这与典型的常规岩性油气藏明显有别，后者往往存在一定的边水或底水。造成长6等致密油藏油水同储同出、缺乏边底水的原因主要是由于其储层致密，孔隙喉道细小，横向上岩性物性变化大，加之地层平缓，油水难以在其中形成良好分异，从而形成油水同储、自由水缺乏的现象。而成藏时期储层已经比较致密，可能是造成油藏中自由水较少的一个重要原因。另外，由于油水分异差，自由水缺乏，长6等致密砂岩油藏不仅边底水缺乏，而且也不存在上倾地层水或油水倒置的现象。

### 3.7 油藏压力系统复杂，多具负压异常

鄂尔多斯盆地三叠系延长组致密砂岩油藏现今地层压力分布复杂，缺乏统一的压力系统，反映油藏内部连通性差，这与储层致密、非均质性强密切相关。而且，现今地层压力普遍表现为负压特征。以杏子川油田为例，其现今延长组储层实测地层压力均在静水压力之下，压力系数小于0.8，主要分布在0.4～0.8之间，表现为以异常低压为特征（图5）。研究表明，鄂尔多斯盆地三叠系延长组之所以普遍存在负压现象，主要是由于后

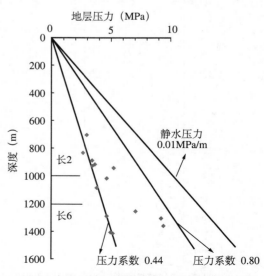

图5 杏子川油田实测地层压力与深度关系图

— 91 —

期构造抬升剥蚀所致，同时也与储层非均质性强、连通性差有关。由于储层连通性差，造成流体难以在储层内部进行交流和平衡，从而很难形成正常压力系统。

### 3.8　油气运移聚集浮力作用弱，近距离运移成藏为主

研究表明，鄂尔多斯盆地三叠系延长组致密砂岩油藏由于在成藏时期地层也比较平缓，储层已比较致密，加之自由水很少，因而浮力和水动力很弱，几乎难以成为油气在储层中运移的有效动力，对油气运移贡献不大。而且，由于成藏时的储层比较致密，且非均质性较强，横向上岩性物性变化较大，因而不具备油气长距离侧向运移的输导条件。换言之，油气在三叠系延长组致密砂岩中的二次运移既缺乏有效的运移动力，又缺乏良好的运移通道，因而油气在致密储层中很难发生大规模长距离侧向运移而产生集中聚集，而只能是近源成藏，短距离运移，低丰度广布。

另一方面，研究表明，鄂尔多斯盆地三叠系延长组在长 4+5 以下普遍存在着古超压现象，且过剩压力在长 7 主力烃源岩段达到最大，自此向上向下过剩压力减小（图6）。分析认为，长 7 等烃源岩层段的超压与生烃作用存在着密切的因果关系，其与上下致密储层间

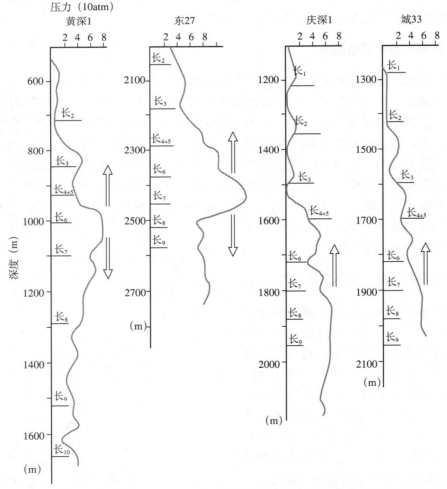

图6　鄂尔多斯盆地三叠系延长组地层流体压力与深度关系图（据陈荷立等，1990）

产生的源储压差正是油气自烃源岩向致密储层运移充注的主要动力。在源储压差的作用下，油气的初次运移必然表现为垂向运移为主。由于缺乏长距离二次运移，油气运移主要为垂向运移形式，因而造成储层中油水关系复杂、油水同储同出。

### 3.9 油藏形成和分布基本不受构造控制，而主要受烃源和储层控制

鄂尔多斯盆地三叠系延长组上组合油藏以及侏罗系延安组油藏的形成和分布与构造因素有着密切关系，油藏类型主要为岩性—构造复合油藏甚至构造油藏。而延长组中下组合目前已发现的致密砂岩油藏与鼻状隆起构造没有明显的关系，油藏平面上大面积准连续分布（图7、图8）。研究表明，鄂尔多斯盆地三叠系延长组中下组合致密砂岩油藏的形成和分布主要受烃源、储层条件控制，其次为盖层因素（下文将详细讨论）。

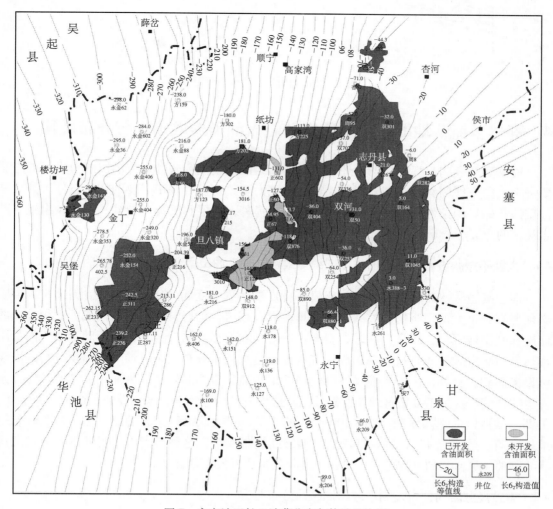

图 7 永宁油田长 6 油藏分布与构造叠合图

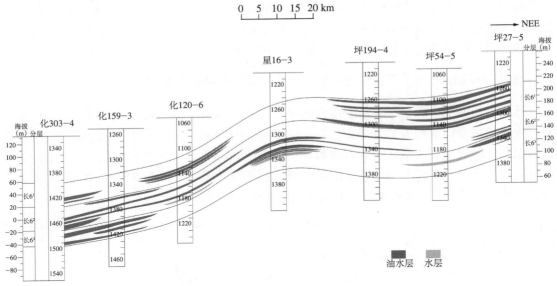

图 8　安塞油田长 6 油藏剖面图

# 4　鄂尔多斯盆地准连续型致密砂岩大油田形成条件与分布规律

成藏研究表明，鄂尔多斯盆地三叠系延长组准连续型致密砂岩大油田的形成，首先需要一个大型平缓的斜坡或凹陷背景，这是形成大型致密砂岩油田必要的构造条件。其次是优质广布的烃源条件和致密广布的储层条件。另外，盖层和断裂（裂缝）对延长组致密砂岩油藏的形成和分布也具有一定控制作用。

## 4.1　大型平缓斜坡和凹陷是形成准连续型致密砂岩大油田所必要的构造条件

准连续型致密砂岩大油田的一个显著特点是油藏丰度低、分布面积大。因此，其形成必须要有一个大型平缓的斜坡或凹陷背景，只有在这种构造背景上才能形成大面积分布的储层和烃源岩沉积。而且，平缓的斜坡构造既不利于油气水的分异，也不利于油气的长距离运移与集中式聚集，从而易形成油气水分异差、油水分布复杂、油气大面积分布的准连续聚集面貌。另外，由于大型平缓斜坡和凹陷构造作用相对较弱，因而其油气藏的保存条件也往往较好。鄂尔多斯盆地陕北斜坡正是这样一种构造背景。该斜坡面积达 $11 \times 10^4 \mathrm{km}^2$，占鄂尔多斯盆地本部面积（$25 \times 10^4 \mathrm{km}^2$）的 44%，是我国面积最大的斜坡之一，其延长组地层倾角一般不足 1°，且构造简单、褶皱断裂不发育。这种特点决定了鄂尔多斯盆地成为我国油气最富集的盆地之一，这已为多年的勘探开发不断证实。

## 4.2　有效烃源岩的分布控制了致密油藏的分布范围

由于鄂尔多斯盆地陕北斜坡三叠系延长组地层平缓，长 6、长 8 等烃源岩上下的储层致密、非均质性强、横向上岩性物性变化较大，其致密砂岩油藏主要为油气自烃源岩向储层垂向运移充注、就近聚集而成，因此，油藏的分布除了受储层分布控制外，有效烃源岩特别是优质烃源岩的分布也是一个十分重要的控制因素。可以说，有效烃源岩分布在哪里，致密砂岩油藏就可能延伸到哪里。表现在：平面上，盆地中生界油藏主要分布于三叠系延长组有效烃源岩展布区及其附近，即主要限于横山—盐池以南，特别是定边—靖边以南的盆地南部广大地区（图9）；纵向上，延长组油藏主要分布于主力烃源岩上下相邻层位。正是由于鄂尔多斯盆地发育了广泛分布的长7段优质烃源岩，才形成了长6等致密砂岩油藏大面积分布的面貌。可以说，有效烃源岩特别是优质烃源岩的广泛分布，是形成大面积分布的准连续型致密砂岩油藏的一个不可或缺的条件。这与常规油气藏的形成截然不同，后者由于可形成于烃源区以外较远的地区，因而其源岩可以仅局部分布。

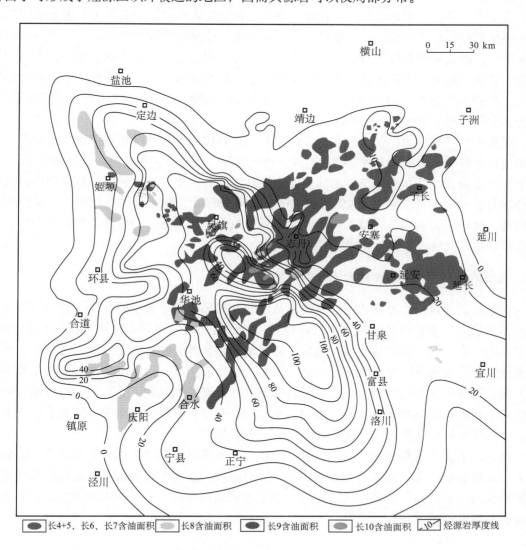

图9　鄂尔多斯盆地致密油分布特征

## 4.3　储层条件控制了致密油藏富集高产区的分布

储层条件是控制鄂尔多斯盆地三叠系延长组致密砂岩油藏形成和分布的另一个十分重要的因素。可以说，储层致密且大面积分布是形成延长组大油田的一个重要条件。原因是，大面积分布的致密储层一方面对于来自烃源岩生成的油气具有一定的封盖或遮挡截留作用，从而使得进入致密储层的油气难以向上覆或下伏的常规储层中大量运移；另一方面，致密储层不利于油气在其中进行长距离侧向运移，从而形成集中分布。鄂尔多斯盆地三叠系延长组长 6、长 8 等致密砂岩油藏的大面积分布，除了与长 7 烃源岩广泛分布并与长 6、长 8 层段相邻近有重要关系外，储层致密、大面积连片分布可以说是其油气富集的一个极其重要的原因。相反，同样大面积分布的长 2 储层，油藏分布却比较局限，除了与其距离主力烃源岩远、供烃条件较差有关外，储层条件好、油气容易在其中发生侧向运移是另一重要影响因素。

事实上，由于烃源岩沉积往往代表了最大海侵或湖侵时期，由其向上一般形成了海退或湖退序列的反旋回沉积，砂岩颗粒向上不断变粗、储层物性逐渐变好；而向下则形成正旋回沉积，造成砂岩颗粒上细下粗、物性上差下好。换言之，无论是向上还是向下，一般而言，垂向上距离烃源岩越近，沉积颗粒就越细，物性就越差；反之，垂向上距离烃源岩越远，沉积颗粒越粗，物性越好。因此，致密砂岩一般均分布于与烃源岩相邻近的层位，这为其成藏创造了十分有利的条件。

就油气在致密砂岩中的分布而言，研究表明，砂体分布和储层物性对油气分布和富集一般具有重要控制作用，表现在砂体越厚、物性越好，含油性往往越好。但大量分析表明，对于鄂尔多斯盆地延长组致密砂岩储层而言，其油藏的分布并不总是遵循砂体越厚、孔渗条件越好就越富集的规律（图 10），而是受控于多种因素。除了烃源等因素外，就储层条件而言，储层分布的均质程度对油藏富集也具有重要控制作用，一般储层均质性越好、且物性和砂体厚度也较好时，油藏就越富集。

### 4.4 盖层的分布控制了致密砂岩油藏的富集层位

鄂尔多斯盆地中生界延长组致密砂岩油藏的形成和分布尽管主要受控于烃源和储层条件，但盖层对其富集也具较重要的控制作用。特别是长 6 致密砂岩储层上覆的长 4+5 段，为盆地内一套广泛分布的优质区域盖层。该套地层除在部分地区由于甘陕古河下切、顶部遭受侵蚀外，盆地内广大地区分布稳定，厚度一般分布在 80 ~ 100m 之间，岩性主要为泥岩、粉砂质泥岩及粉细砂岩。这套区域盖层的存在，有效地阻止了长 6 致密砂岩储层中油气的向上运移，使得本来就具有一定封盖作用的长 6 致密砂岩的封盖条件得到了进一步强化，为油气在长 6 致密储层中的富集起了不可忽视的作用。

总之，上述各控藏要素的共同作用，使得长 6 等致密储层成为鄂尔多斯盆地含油面积最大、发现储量最多、资源潜力最大的层段。可以说，准连续型致密砂岩油藏的发现及其成藏特征的揭示，预示着鄂尔多斯盆地三叠系延长组仍有较大的石油勘探潜力，其拥有的石油资源量可能更大。

## 5 结论

（1）本文将致密油藏定义为储层致密、只有经过大型压裂改造等特殊措施才可以获得经济产量的烃源岩外油藏，其储层地面孔隙度一般小于 12%，地面空气渗透率一般小于

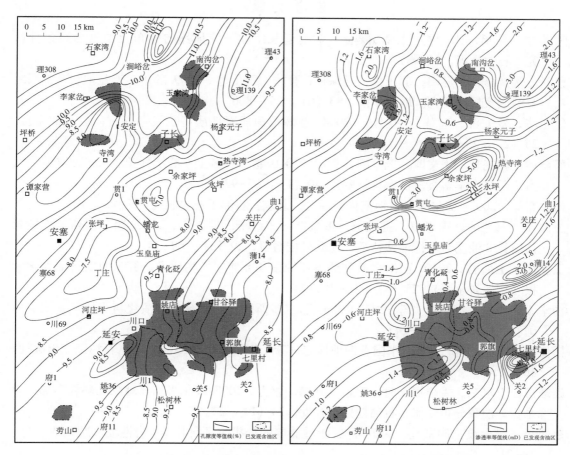

图 10　鄂尔多斯盆地陕北斜坡东部长 6 油藏分布与孔隙度、渗透率叠合图

2mD。主要包括致密砂岩油藏和致密碳酸盐岩油藏两大类型。

（2）鄂尔多斯盆地三叠系延长组中下组合的致密砂岩油藏并非以往普遍认为的常规意义上的岩性油藏，也非典型的连续型非常规油藏，而是介于常规油藏与非常规油藏之间的一种过渡类型，本文称为准连续型油藏。所谓准连续型油气藏，是指油气聚集受许多在横向上彼此相邻、纵向上相互叠置的中小型岩性圈闭或甜点控制、油气藏大面积准连续分布、无明确油气藏边界的致密油气聚集。与典型的连续型非常规油气藏（如煤层气、页岩气）不同的是，准连续型油气藏在平面上呈准连续分布、源外成藏、近源聚集。

（3）鄂尔多斯盆地三叠系致密砂岩油藏主要分布在延长组中下组合，其地质特征主要为：源储近邻，大范围分布；大面积生烃，高强度充注，非浮力驱动，近距离运移；储层致密，岩性式聚集；大面积成藏，准连续型分布；源储主控，构造影响小。

（4）研究认为，鄂尔多斯盆地致密砂岩油藏分布主要受控于 4 大因素，其中：大型平缓斜坡和凹陷是致密砂岩大油田形成的构造条件；烃源条件控制了致密油藏的分布范围；储层条件控制了致密油藏的富集高产区分布；盖层分布控制了致密砂岩油藏的富集层位。

（5）准连续型致密砂岩油藏成藏模式的提出，预示着鄂尔多斯盆地中生界石油勘探仍具有较大潜力。

# 参 考 文 献

陈荷立，刘勇，宋国初．1990.陕甘宁盆地延长组地下流体压力分布及油气运聚条件研究．石油学报，11（4）：8—16.

段毅，于文修，刘显阳，郭正权，吴保祥，孙涛，王传远．2009.鄂尔多斯盆地长9油层组石油运聚规律研究．地质学报，83（6）：855—860.

付金华，罗安湘，喻建，毛明陆．2004.西峰油田成藏地质特征及勘探方向．石油学报，25（2）：25—29.

郭德运，郭艳琴，李文厚，庞军刚，袁珍．2010.富县探区上三叠统延长组长8油藏富集因素．西北大学学报（自然科学版），40（1）：93—97.

何自新等．2003.鄂尔多斯盆地演化与油气．北京：石油工业出版社，3—4.

王昌勇，郑荣才，李忠权，王成玉，王海红，辛红刚，梁晓伟．2010.鄂尔多斯盆地姬塬油田长8油层组岩性油藏特征．地质科技情报，29（3）：69—74.

王桂成，王羽君．2010.鄂尔多斯盆地英旺油田长8储层非均质性研究．西安石油大学学报（自然科学版），25（5）：16—19，24.

杨华，席胜利，魏新善，李振宏．2006.鄂尔多斯多旋回叠合盆地演化与天然气富集．中国石油勘探，1：17—24.

杨俊杰，李克勤等．1992.中国石油地质志（卷十二）长庆油田．北京：石油工业出版社，48—51.

赵靖舟，王永东，孟祥振，时保宏，王晓梅，曹青．2007.鄂尔多斯盆地陕北斜坡东部三叠系长2油藏分布规律．石油勘探与开发，34（1）：23—27.

赵靖舟，吴少波，武富礼．2007.论低渗透储层的分类与评价标准．岩性油气藏，19（3）：28—31.

赵靖舟，武富礼，闫世可等．2006.陕北斜坡东部三叠系油气富集规律研究．石油学报，27（5）：24—27.

邹才能，陶士振，袁选俊等．2009a.连续型油气藏形成条件与分布特征．石油学报，30（3）：324—331.

邹才能，陶士振，袁选俊等．2009b."连续型"油气藏及其在全球的重要性：成藏、分布与评价．石油勘探与开发，36（6）：669—682.

Gautier D L, G L Dolton, K I Takahashi, and K L Varnes, eds. 1995. 1995 national assessment of United States oil and gas resources—results, methodology, and supporting data：U.S. Geological Survey Digital Data Series DDS—30, 1 CD—ROM.

Schmoker J W, Fouch, T D, and Charpentier R R. 1996. Gas in the Uinta Basin, Utah— Resources in continuous accumulations：The Mountain Geologist, v. 33, no. 4, p. 95—104.

Schmoker J W. 1995. Method for assessing continuous—type（unconventional）hydrocarbon accumulations, in D L Gautier, G L Dolton, K I Takahashi, and K L Varnes, eds. 1995 National Assessment of United States Oil and Gas Resources— Results, methodology, and supporting data：U.S.Geological Survey Digital Data Series DDS—30（CD—ROM）.

Schmoker J W. 1996. A resource evaluation of the Bakken Formation (Upper Devonian and Lower Mississippian) continuous oil accumulation, Williston Basin, North Dakota and Montana: The Mountain Geologist, v. 33, no. 1, p. 1–10.

# 鄂尔多斯盆地天环坳陷南段长3、侏罗系油藏原油含氮化合物分布特征与油气运移规律研究[❶]

赵彦德[1,2]　姚泾利[1,2]　邓秀芹[1,2]　张忠义[1,2]　李程善[1,2]

(1. 中国石油长庆油田公司勘探开发研究院；

2. 低渗透油气田勘探开发国家工程实验室)

**摘　要**　咔唑类化合物是原油中极性较大的化合物，是研究油气运移的有效指标。利用原油中含氮化合物组成和绝对浓度的变化，并结合烃源岩和油源对比研究的结果，本文探讨了鄂尔多斯盆地天环坳陷南段长3和侏罗系原油的运移特征和方向。结果表明，原油中含氮化合物的分布与组成在纵向和横向上均存在明显的运移分馏效应，较好地指示了该区石油的运移。晚侏罗世至早白垩世，鄂尔多斯盆地延长组长7优质烃源岩和长6有效烃源岩进入生烃门限，并开始大量生烃且以垂向、侧向、垂向—侧向交替式混合运移的方式，从盆地中心和生烃中心向西部、西南和西北侧向运移的趋势。

**关键词**　原油　含氮化合物　油气运移　天环坳陷　鄂尔多斯盆地

## 1　区域石油地质概况

天环坳陷南段地处鄂尔多斯盆地西南部，西邻西缘冲断带，南接秦祁褶皱带，东抵伊陕斜坡，成为盆地西南缘多期构造应力承接释放区，位置十分独特（图1）。天环坳陷南段东西两翼发育低幅度鼻隆构造与侏罗系和延长组分流河道砂体相匹配，具备形成较好构造岩性圈闭和高渗高产油藏的地质条件。2006年以来为了寻找新的有利勘探目标区，石油勘探利用地震新老资料精细处理和地质综合研究成果，针对该区低幅度构造油藏勘探取得了重大发现，在侏罗系和延长组长3油层组获高产工业油流。目前，该区地质研究的重点主要集中在盆地西缘构造演化、低幅度鼻隆构造形成机理、沉积储层的微观结构和特征、沉积体系和沉积相等方面，而对于油气聚集成藏缺乏系统的研究或者认识不清，制约了勘探的进一步深入。本文利用原油和含油砂岩抽提物中含氮化合物组成和分布的变化，探讨了鄂尔多斯盆地西南部天环坳陷南段的油气运移特征和注入方向。

---

❶国家科技重大专项"鄂尔多斯盆地岩性油藏富集规律与目标评价"（编号：2011ZX05001-004）。

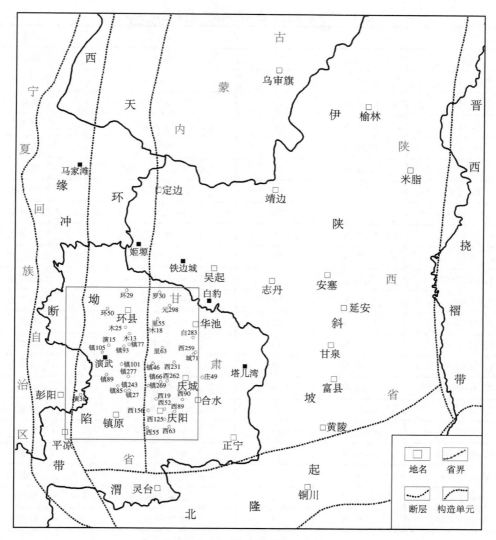

图1　研究区区域地质图

## 2　样品与分析实验

本次研究所采集样品均来自鄂尔多斯盆地西南部天环坳陷南段中生界侏罗系和三叠系延长组长3、长7和长2油藏，共计35个。样品的分析测试是在中国石油大学重质油国家重点实验室分析测试中心完成。所用使用仪器：Agilent7890-5975C气相色谱质谱联用仪，色谱柱为HP-5MS弹性石英毛细柱（30m×0.25mm×0.25m）。升温程序：初温80℃/min；15℃/min升温至150℃，再以3℃/min升至270℃，保持恒温10min。采用99.999%氦气作为载气、质谱仪采用多离子方式检测（167，181，195，209，217，243），EI电离源，电子能量为70eV。咔唑类化合物的质量色谱图及定性结果见（图1和表1）。

表 1  中性含氮化合物（吡咯类）的定性结果表

| 代号 | 分子式 | 分子量 | 化合物名称 | 结构类型 |
|---|---|---|---|---|
| Ca | $C_{12}H_9N$ | 167 | 咔唑 | 咔唑全裸露 |
| 1M–Ca | $C_{13}H_{11}N$ | 181 | 1—甲基咔唑 | 部分屏蔽 |
| 3M–Ca | $C_{13}H_{11}N$ | 181 | 3—甲基咔唑 | 裸露 |
| 2M–Ca | $C_{13}H_{11}N$ | 181 | 2—甲基咔唑 | 裸露 |
| 4M–Ca | $C_{13}H_{11}N$ | 181 | 4—甲基咔唑 | 裸露 |
| 1，8DM–Ca | $C_{14}H_{13}N$ | 195 | 1，8—二甲基咔唑 | 屏蔽 |
| 1E–Ca | $C_{14}H_{13}N$ | 195 | 1—乙基咔唑 | 部分屏蔽 |
| 1，3DM–Ca | $C_{14}H_{13}N$ | 195 | 1，3—二甲基咔唑 | 部分屏蔽 |
| 1，6DM–Ca | $C_{14}H_{13}N$ | 195 | 1，6—二甲基咔唑 | 部分屏蔽 |
| 1，7DM–Ca | $C_{14}H_{13}N$ | 195 | 1，7—二甲基咔唑 | 部分屏蔽 |
| 1，4DM–Ca | $C_{14}H_{13}N$ | 195 | 1，4—二甲基咔唑 | 部分屏蔽 |
| 1，5DM–Ca | $C_{14}H_{13}N$ | 195 | 1，5—二甲基咔唑 | 部分屏蔽 |
| 2，6DM–Ca | $C_{14}H_{13}N$ | 195 | 2，6—二甲基咔唑 | 裸露 |
| 2，7DM–Ca | $C_{14}H_{13}N$ | 195 | 2，7—二甲基咔唑 | 裸露 |
| 1，2DM–Ca | $C_{14}H_{13}N$ | 195 | 1，2—二甲基咔唑 | 部分屏蔽 |
| 2，4DM–Ca | $C_{14}H_{13}N$ | 195 | 2，4—二甲基咔唑 | 裸露 |
| 2，5DM–Ca | $C_{14}H_{13}N$ | 195 | 2，5—二甲基咔唑 | 裸露 |
| 2，3DM–Ca | $C_{14}H_{13}N$ | 195 | 2，3—二甲基咔唑 | 裸露 |
| 3，4DM–Ca | $C_{14}H_{13}N$ | 195 | 3，4—二甲基咔唑 | 裸露 |
| Ben[a]–Ca | $C_{16}H_{11}N$ | 217 | 苯并咔唑 [a] | 裸露 |
| Ben[b]–Ca | $C_{16}H_{11}N$ | 217 | 苯并咔唑 [b] | 裸露 |
| Ben[c]–Ca | $C_{16}H_{11}N$ | 217 | 苯并咔唑 [c] | 裸露 |

# 3  侏罗系和长 3 烃类特征及油源分析

天环坳陷南段主要发育侏罗系、延长组长 3、长 8 等含油层系，各含油气层系的流体性质存在一定差异，但总体上有一定的规律性，侏罗系和长 3 原油密度小于 $0.88g/cm^3$，原油黏度小于 $100mPa \cdot s$，呈现出低密度、低黏度、低凝固点的特征。长 3 和侏罗系原油样品均具相近似分子地球化学特征。侏罗系原油样品姥鲛烷、植烷含量均较低，姥鲛烷不具明显优势，Pr/Ph 为 0.57 ～ 0.87，平均为 0.74，表明原油生油母质形成于相对还原的淡水—半咸水沉积环境中，其中，以淡水—微咸水湖沉积环境形成为主。母质类型应以腐泥型有机质为主。孕甾烷、升孕甾烷含量相对较高，规则甾烷 $C_{27}$、$C_{28}$、$C_{29}$ 呈 "V" 形分布，表明侏罗系原油生源母质主要为水生低等生物，混入大量的陆源高等植物；伽马蜡烷含量较低，伽马蜡烷指数介于 0.05 ～ 0.07，均值为 0.06，表明侏罗系原油母源岩形成于弱还原偏氧化的环境；$\alpha\alpha\alpha C_{29}$ 甾烷 20S/（20S+20R）介于 0.43 ～ 0.48，均值为 0.46；$C_{29}$ 甾

烷 ββ/（αα+ββ）介于 0.53 ～ 0.60，均值为 0.57；$C_{31}$ 升藿烷 22S/（22S+22R）介于 0.51 ～ 0.58，均值为 0.55，原油的成熟度较高，为成熟的原油。

长 3 原油样品生标参数 Pr/Ph 介于 0.60 ～ 1.17，平均为 0.80，表明原油生油母质形成于相对还原的淡水—半咸水沉积环境中，其中以淡水—微咸水湖沉积环境形成为主。母质类型应以腐泥型有机质为主。长 3 原油样品规则甾烷 $C_{27}$、$C_{28}$、$C_{29}$ 呈 "L" 形分布，表明长 3 原油生源母质主要为水生低等生物，混入大量的陆源高等植物；甲基甾烷含量较低—中等；伽马蜡烷指数介于 0.05 ～ 0.13，均值为 0.11，表明长 3 原油母源岩形成于弱还原偏氧化的环境；三环萜烷含量很低；成熟度参数 ααα$C_{29}$ 甾烷 20S/（20S+20R）介于 0.41 ～ 0.48，均值为 0.41；$C_{29}$ 甾烷 ββ/（αα+ββ）介于 0.43 ～ 0.59，均值为 0.54；$C_{31}$ 升藿烷 22S/（22S+22R）介于 0.52 ～ 0.57，均值为 0.55，原油的成熟度较高，为成熟的原油。

油源对比的结果表明，侏罗系和长 3 段原油均来自盆地生烃中心的长 7 优质烃源岩和长 6 有效烃源岩[1]（赵彦德等，2011）。

# 4 结果与讨论

## 4.1 含氮化合物运移分馏效应和组成

原油中的氮主要以芳香性杂环化合物和胺的形式存在，分为碱性含氮化合物和非碱性含氮化合物。芳香性杂环化合物具有极性特征：非碱性含氮化合物通过其上的氮原子形成氢键，碱性含氮化合物通过离子键或氢键与周围媒介发生吸附作用。石油运移过程中，极性含氮化合物与围岩（孔隙、裂缝等）表面相互作用，随着运移距离的增大，原油中这类极性化合物的含量不断减小，通过分馏作用形成了运移后的原油极性杂环化合物的特殊分布型式。咔唑类化合物中氮原子若被烷基部分或全部遮蔽住，那么含氮化合物的反应性能将会被减弱（刘洛夫，1996；李贤庆等，2004）。

咔唑类的 1 ～ 8 号碳位都可被烷基取代，可根据 1，8 碳位的烷基取代情况，将烷基咔唑分为屏蔽型、部分屏蔽型和暴露型 3 种结构类型。第一类（G1），1，8 位氢原子原子全部被烷基取代，氮原子和氢原子全部屏蔽；第二类（G2），1，8 位上任一氢原子被烷基取代，氢原子和氮原子部分屏蔽；第三类（G3），1，8 位氢原子均未被取代，氢原子和氮原子全部暴露。G1 极性小，与周围媒介作用小，运移相对较快，而 G3 由于氢原子—氮原子全部暴露，与周围媒介特别是围岩表面作用强，因此其运移速度最慢，G2 则居中。咔唑类化合物的运移是一个与围岩表面、石油中其他成分、地层水等相互作用的复杂过程，它涉及咔唑类化合物与围岩表面、其他流体之间的沉淀与溶解、吸附与解吸附作用。当咔唑类与围岩的吸附作用大于与原油中其他组分或水的相互作用时，就会在围岩表面沉淀下来，反之，则会发生溶解，随石油或水一起发生运移。在运移过程中通过不断的沉淀和溶解，吸附与解吸附作用，咔唑类得到不断的调整与再分布，最终（运移聚集后）形成与烃源岩

---

[1] 刘显阳，张海峰，赵彦德等。《鄂尔多斯盆地天环坳陷南段中生界长 3、侏罗系油气富集规律及勘探目标评价》。2009。内部资料。

中（运移前）不同的分布特征。

　　鄂尔多斯盆地天环坳陷南段长 7 段油源岩以上各含油层系原油咔唑类化合物总含量为 6.67 ～ 145.88 μg/g，它们主要由咔唑、$C_1$—$C_3$—咔唑、烷基咔唑和苯并咔唑组成。并且含量以二甲基咔唑系列化合物为主，其次为三甲基咔唑系列化合物，咔唑和苯并咔唑系列化合物相对含量较低（图 2）。依据保留时间、质谱图和文献资料，中性含氮化合物（吡咯类）的定性结果见表 1。随着原油运移作用的加强，咔唑类化合物异构体之间尤其是二甲基咔唑屏蔽型、部分屏蔽型和暴露型化合物的相对丰度发生变化。随 1，8–/2，7—二甲基

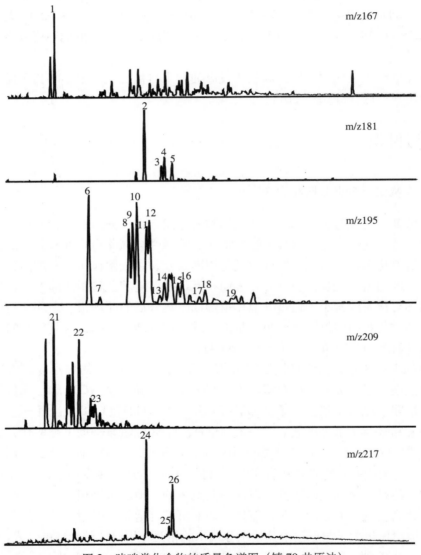

图 2　咔唑类化合物的质量色谱图（镇 79 井原油）

（图中峰号对应的化合物：1—咔唑；2—5—1–、3–、2–、4– 甲基咔唑；
6—19—$C_2$ 咔唑，分别为 1，8–、1et、1，3–、1，6–、1，7–、1，4–、1，5–、
2，6–、2，7–、1，2–、2，4–、2，5–、2，3–、3，4–；
21—23—$C_3$– 咔唑，分别为三甲基咔唑 –A、三甲基咔唑 –B、三甲基咔唑 –C；
24—26—苯并咔唑，分别为苯并咔唑 [a]、苯并咔唑 [b]、苯并咔唑 [c]）

咔唑的增加，表征屏蔽型／暴露型、屏蔽型／部分屏蔽型的 $C_2$—、$C_3$—咔唑各化合物比值参数均相应地增加，而苯并 [a] 咔唑／苯并 [c] 咔唑值降低。分析还表明，原油中含氮化合物的绝对浓度与屏蔽型和暴露型化合物比值具有较好的协同变化关系，即随 1，8—二甲基咔唑 /2，7—二甲基咔唑值的增加，含氮化合物绝对浓度明显下降。

## 4.2 含氮化合物组成和分布在垂向上变化特征

为了揭示鄂尔多斯盆地天环坳陷南段中生界原油在纵向上的运移情况，本次研究选取油层发育多、含油显示好的镇 79 井作为研究对象井，并根据其含油显示级别，从不同层位和深度各选取 5 块样品。这些原油样品的咔唑类含量从深到浅、自下而上呈现出有规律的变化。天环坳陷南段发育长 6 有效烃源岩和长 7 优质烃源岩，同时，毗邻沉积中心和生烃中心，埋深较大，早白垩世早期，长 6 有效烃源岩和长 7 优质烃源岩相继进入生烃高峰期，生成大量烃类，沿裂缝、渗透性砂体和不整合面自下而上进入长 3 和侏罗系圈闭聚集成藏。图 3 和图 4 为鄂尔多斯盆地天环坳陷南段镇 79 井和环 27 井延长组原油和含油砂岩中咔唑类化合物在纵向上的变化。$G_1$ 咔唑化合物为屏蔽型化合物，极性小，分子的运移速度较快，镇 79 井长 7—长 3 段样品随深度由深变浅，$G_1$ 咔唑相对含量逐渐变大，呈现增大的趋势（图 3）。$G_3$ 咔唑化合物为暴露型化合物，极性大，运移速度较慢，镇 79 井长 7—长 3 段样品随深度由深变浅，$G_3$ 咔唑相对含量逐渐变小（图 4）。

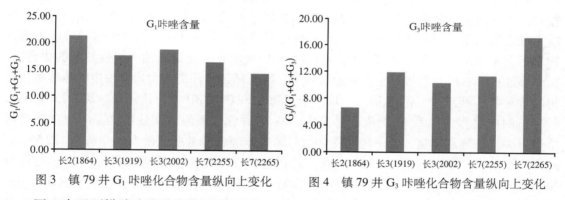

图 3　镇 79 井 $G_1$ 咔唑化合物含量纵向上变化　　图 4　镇 79 井 $G_3$ 咔唑化合物含量纵向上变化

图 5 为天环坳陷南段侏罗系和延长组自下而上各含油层系中原油和含油砂岩抽提物咔唑类化合物总量和 $C_2$—咔唑 /$C_3$—咔唑比值随深度的变化。自下而上，随着样品深度由浅变深，原油中总咔唑类化合物的绝对丰度降低（图 5a），同一油源中原油含氮化合物绝对丰度的这种变化与运移分馏作用有关。同时，研究区内 $C_2$—咔唑 /$C_3$—咔唑比值参数也呈现出相近似的特征，从图 5b 中可以看出自下而上该比值有变小的趋势，因为 $C_3$—咔唑的 N—H 原子基团的屏蔽性较好，极性相对于 $C_2$—咔唑的较小而运移较快（刘洛夫，1997；Liu Luofu，1999）。含氮化合物在垂向上的变化说明天环坳陷南段长 3 和侏罗系原油的运移方向是自下向上，来源于下部长 6 有效烃源岩和长 7 优质烃源岩。长 3 油层组的原油较侏罗系原油更接近油源层，从运移动力和输导体系分析油气聚集，天环坳陷存在烃类向上穿层远距离运移聚集成藏的地质背景和条件。受长 7 烃源岩生烃增压产生异常压力与浮力双重驱动，烃类沿区域发育的构造裂缝（段毅等，2004；赵文智等，2003）、岩性纵横变化、古河道切蚀带向上运移，在过剩压力逐渐消耗至全部消失后，油气还能在浮力作用下继续向

上运移一段距离（段毅等，2004）。

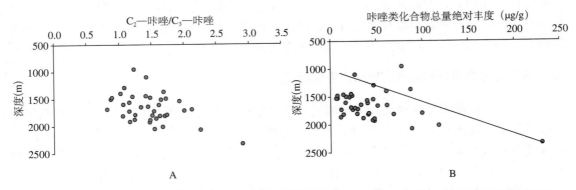

图 5　天环坳陷南段原油和含油砂岩抽得物中咔唑类化合物总量 C₂—咔唑 /C₃—咔唑比值随深度变化

### 4.3　含氮化合物组成和分布在侧向上变化特征

　　油藏的充注过程是一个复杂的地质过程。在这一过程中始终伴随有液体成分的运移分馏过程。由于原油的运移方向和油藏的充注方向总是一致的，对于同油源的原油而言，运移参数所表征的流体运移方向即是油藏的充注方向。

　　分析表明，鄂尔多斯盆地西南地区天环坳陷南段油藏原油含氮化合物运移参数的总体指向为由北向南、西北向西南、由东向西。侏罗系原油，从生烃中心向西、西南方向，咔唑类化合物总量、烷基咔唑总含量、C₂—咔唑总含量、C₃—咔唑总含量和苯并咔唑总含量等暴露和半屏蔽化合物，呈现出减小和趋势。咔唑类化合物是原油中极性较大的化合物，在运移过程中它们与围岩发生作用而被吸附，因而随运移距离增大，原油中的咔唑类化合物的含量将不断减少（邵志兵，2005；李素梅，2000，2001；王铁冠等，2000）。在本次所分析的中生界侏罗系 11 块原油样品中，城 71 井侏罗系原油和油砂样品咔唑类化合物总量、烷基咔唑总含量、C₂—咔唑总含量和苯并咔唑总含量的值最大，分别为 122.55μg/g、117.67μg/g、59.10μg/g、4.88μg/g，其次是镇 277 井侏罗系原油样品，咔唑类化合物总量、烷基咔唑总含量、C₂—咔唑总含量和苯并咔唑总含量的值分别为 68.67μg/g、64.89μg/g、28.83μg/g、3.87μg/g，位于盆地西缘的演 38 井侏罗系原油样品含氮化合物参数咔唑类化合物总量、烷基咔唑总含量、C₂—咔唑总含量和苯并咔唑总含量的值最小，分别为 18.48μg/g、17.58μg/g、5.98μg/g、0.90μg/g。很明显，含氮化合物参数是按生烃中心的远近而变化的，离生烃中心越近，说明运移距离越近，其含氮化合物参数咔唑类化合物总量、烷基咔唑总含量、C₂—咔唑总含量、C₃—咔唑总含量和苯并咔唑总含量就越大；运移距离越远，由于咔唑类的极性等原因，化合物与围岩作用而不断损失，含氮化合物各项参数含量就越低，演 38 井侏罗系咔唑类含氮化合物暴露型各项参数均小于盆地中心和生烃中心的城 71 井侏罗系样品。反映出油气运移在平面上的趋势是以烃源灶为中心向四周呈辐射状运移的。西 262 井、镇 269 井和镇 27 井、西 19 井、西 156 井和西 55 井等井侏罗系原油和油砂抽提物咔唑类化合物总量、烷基咔唑总含量、C₂—咔唑总含量、C₃—咔唑总含量和苯并咔唑总含量等暴露和半屏蔽化合物均呈现出相近似的特征（图6）。

　　延长组长 3 段原油或含油砂岩含氮化合物暴露型参数咔唑类化合物总量、烷基咔唑总含量、$C_2$—咔唑总含量、$C_3$—咔唑总含量和苯并咔唑总含量呈现出与侏罗系相近似的特征。位于生烃中心或接近生烃中心的木18井、西259井和庄49井咔唑类化合物总量、烷基咔唑总含量、$C_1$—咔唑总含量、$C_3$—咔唑总含量和苯并咔唑总含量最大，从西北向西南其次为木13井、西231井、西90井；再次镇101井、镇66井和西52井，盆地边缘的镇105井和镇85井含氮化合物的主要参数最小（图7）。

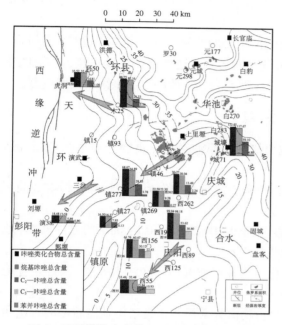 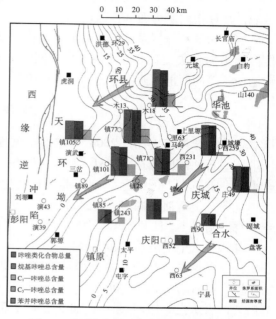

图6　天环坳陷南段侏罗系油气侧向运移图　　　　图7　天环坳陷南段长3油气侧向运移图

### 4.4　长3和侏罗系原油充注特征

侏罗系和长3原油咔唑类化合物总量平面上的变化，反映了油气运移和充注的特征，侏罗系城71井含氮化合物含量最高，并向西南、南部方向减小，表明油气充注点位于城71井附近或城71井以东生烃中心区域（图6）。裂缝、渗透性砂体和不整合面是油气进入侏罗系地层聚集成藏的主要通道，油气沿这些输导体系在异常高压力和浮力双重驱动下，注入侏罗系圈闭，然后向西、向西部、向西北方向运移。从注入点，向西北、向西、向西南方向，含氮化合物含量含量呈降低的趋势。长3油藏原油充注表现为与侏罗系相近似的特征，最大充注点位于西259井、木18井周边及以东区域（图7）。

## 5　结论

（1）鄂尔多斯盆地天环坳陷南段长3和侏罗系原油含有丰富的含氮化合物，它们主要由咔唑、$C_1$—$C_3$—咔唑、烷基咔唑和苯并咔唑系列化合组成，其咔唑类化合物组成特征相近似，可能与它们有相近的油源相关。

（2）长3和侏罗系原油中咔唑类化合物组成和分布特征表现出明显油气运移分馏效应。长3和侏罗系原油咔唑类化合在纵向上表现为咔唑类化合物绝对总量的变小和屏蔽型咔唑类化合物总量的富集，反映了烃类自下而上、由深至浅的垂向运移过程。

（3）天环坳陷南段侏罗系原油含氮化合物平面展布存在着明显的暴露型化合物的高值区和低值区，城71井周边及以东区域生烃中心，咔唑类化合物总量、烷基咔唑总含量、$C_2$—咔唑总含量、$C_3$—咔唑总含量和苯并咔唑总含量等化合物富集，盆地西缘和西南缘则存在暴露型化合物的低值区，表明城71井、木25井周边及以东区域为油气充注点。长3原油含氮化合物特征则表现为相同的趋势，最大充注点位于西259井、木18井周边及以东区域，运移指向区为西部、西南部。

（4）长3和侏罗系油气运移的方式都为从盆地中心向四周运移。烃类通过侧向、垂向、侧向和垂向多次交替的方式沿干酪根网络、裂缝、断层、连通性砂体以及不整合构成的复合输导体系向西部、西南等方向运移、聚集，在侏罗系和长3段的有利圈闭中聚集成藏。

## 参 考 文 献

段毅，张辉，吴宝祥等．2004.鄂尔多斯盆地西峰油田原油含氮化合物分布特征与油气运移．石油勘探与开发，31（5）：17—20.

李素梅，刘洛夫，王铁冠．2000.生物标志化合物和含氮化合物作为油气运移指标有效的对比研究．石油勘探与开发，27（4）：95—98.

李素梅，刘洛夫，王铁冠等．2001.利用非烃技术探讨尕斯库勒油田 $E_3^1$ 油藏的充注模式．地球科学（中国地质大学学报），26（6）：621—626.

李贤庆，侯读杰，肖贤明等．2004.应用含氮化合物探讨油气运移和注入方向．石油实验地质，26（2）：200—205.

刘洛夫，康永尚．1998.运用原油吡咯类含氮化合物研究塔里木盆地塔中地区石油的二次运移．地球化学，27（5）：475—482.

刘洛夫，徐新德．1996.含氮化合物与石油运移研究．勘探家，1（2）：33—37.

刘洛夫．1997.塔里木盆地群4井原油吡咯类含氮化合物地球化学研究．沉积学报，15（2）：184—187.

邵志兵．2005.塔里木盆地塔河油区奥陶系原油中性含氮化合物特征与运移研究．石油实验地质，27（5）：496—501.

王铁冠，李素梅，张爱云等．2000.利用原油含氮化合物研究油气运移．石油大学学报（自然科学版），24（4）：83—86.

赵文智，胡素云，汪泽成等．2003.鄂尔多斯盆地基底断裂在上三叠统延长组石油聚集中的控制作用．石油勘探与开发，30（5）：1—5.

赵彦德，刘显阳，张雪峰等．2011.鄂尔多斯盆地天环坳陷南段侏罗系原油油源分析．现代地质．25（1）：85—93.

Liu Luofu，Kang Yongshang. 1999.Study on secondary migration of hydrocarbons in Tazhong area of Tarim basin in terms of carbazole compounds．Chinese Journal of Geochemistry，18（2）：97—103.

Liu Luofu，Xu Xinde，Mao Dongfeng，et al．1997.Application of carbazole compounds in study of hydrocarbon migration. Chinese Science Bulletin，42（23）：1970—1973.

# 海相碳酸盐岩烃源条件与资源潜力评价研究进展

# 南华北地区二叠系烃源岩有效性评价[❶]

刘　建[1,2]　苏茂章[1,2]　林小云[1,2]　蒋　伟[1,2]　李　静[1,2]

（1. 油气资源与勘探技术教育部重点实验室（长江大学）；

2. 长江大学地球科学学院）

**摘　要**　南华北地区二叠系烃源岩主要发育于太原组、山西组和下石盒子组，其中，煤系泥岩为主要的有效烃源岩，生烃潜力较好。通过对烃源岩有效性的判断统计分析，有效煤系泥岩以三煤段和五煤段最厚，煤岩以二煤段和三煤段最厚。从不同构造单元烃源岩热演化分析，襄城凹陷、谭庄—沈丘凹陷和倪丘集凹陷演化程度适中，且存在二次生烃，生烃潜力较好。烃源岩有效性评价结果，南华北地区二叠系烃源岩生烃潜力较好的主要分布在谭庄—沈丘凹陷的太原组、山西组和下石盒子组；倪丘集凹陷的山西组和下石盒子组；襄城凹陷的太原组、山西组和下石盒子组。

**关键词**　南华北地区　二叠系　有效烃源岩　生烃潜力　有效性评价

南华北地区位于中原和两淮地区，大地构造位置位于东秦岭—大别山构造带北缘，属于华北板块南部及其南缘构造带，为一在华北地台基础之上发育起来的中、新生代叠合盆地。南以栾川—确山—固始—肥中断裂与秦岭—大别造山带相邻，东以郯庐断裂与下扬子区（扬子板块）接邻，北以焦作—商丘断裂与北华北盆地分界，西接豫西隆起区。构造线走向主要表现为 NW—NWW 向，并被 NE—NNE 向构造线所切，与渤海湾盆地以 NE—NNE 向为主的构造有明显差别（徐汉林等，2004）。主要包括开封坳陷、太康—宿县隆起、周口—泗县坳陷、徐蚌隆起和信阳—合肥坳陷 5 个二级构造单元（余和中等，2005）。

# 1　二叠系有效烃源岩发育及分布

## 1.1　二叠系烃源岩发育

南华北地区的构造演化经历了前震旦纪基底形成、震旦纪—三叠纪统一克拉通盆地形成和侏罗纪—第四纪分隔型盆地形成三大阶段，多种构造动力体系联合与复合作用控制着沉积盆地的形成演化，也控制着烃源岩的分布及变迁。在震旦纪—三叠纪克拉通坳陷发育过程中，南华北地区二叠系自下而上发育了下二叠统的太原组，中二叠统的山西组和下石盒子组，以及上二叠统的上石盒子组四套烃源岩。为一套海陆交互的砂岩、泥岩、碳酸盐

---

❶基金项目："全国油气资源战略选区调查与评价"专项（XQ-2007-02-3-3）。

岩与煤层间互的地层，岩性多样，以煤系泥岩为主要的有效烃源岩，其次为碳质泥岩，煤贡献不大（张世焕等，1996）。有机质丰度自下而上逐渐降低，有机质丰度较高的层位主要为太原组、山西组和下石盒子组。主要分布在太康隆起、鹿邑凹陷、谭庄—沈丘凹陷和襄城凹陷。由于后期抬升剥蚀，研究区南部基本没有二叠系分布，仅淮南和淮北地区有零星分布。

烃源岩母质类型以Ⅲ型（腐殖型）为主，也有少量Ⅱ$_2$型（腐泥腐殖型）。南华北地区二叠系烃源岩整体上都达到了成熟阶段，其中，下二叠统有机质处于过成熟—成熟阶段，中上二叠统处于低成熟—成熟阶段。太原组、山西组和下石盒子组的煤系泥岩属于具有较高生烃潜力的烃源岩（林小云等，2011）。

## 1.2 二叠系有效烃源岩分布

有效烃源岩是指有机质丰度大于或等于烃源岩评价标准下限的暗色烃源岩。根据二叠系煤系泥岩有机碳大于等于0.75%，碳质泥岩有机碳为6% ~ 40%，煤岩有机碳大于等于40%有效烃源岩的依据，采用地化测试数据控制，并结合沉积相、测井等资料预测有效烃源岩的空间展布特征。

南华北地区二叠纪早期主要表现为克拉通盆地，晚期则演变为陆相湖盆，因此，发育了两套不同环境条件下形成的烃源岩：一为海陆过渡环境下以泥炭沼泽或泥炭坪煤岩和前三角洲泥岩为特征，发育于太原组和山西组；二为陆相湖盆环境下以浅湖－半深湖暗色泥岩为特征，广泛发育于下石盒子组和上石盒子组（时华星等，2004；赵孟军等，2002）。按照煤系地层单元，南华北地区二叠系可分为八个煤段，太原组对应一煤段，山西组对应二煤段，下石盒子组包括三、四、五煤段，上石盒子组包括六、七、八煤段。统计分析结果，有效煤系泥岩以一至六煤段较厚，其中，以三煤段和五煤段最厚，最厚的达百米以上。煤岩由一煤段至八煤段厚度减薄，分布范围变小，以二煤段和三煤段最厚，最厚达20m以上。

### 1.2.1 太原组—山西组

早二叠世太原期南华北地区以潮坪沉积为主，中二叠统山西期主要以河流—三角洲—潟湖沉积体系为主，煤系泥岩主要分布在太康隆起、鹿邑凹陷、谭庄—沈丘凹陷、倪丘集凹陷、洛阳盆地和襄城凹陷。太原组一煤段有效煤系泥岩以周参7井和新太参1井最厚，分别为76.5m和68m，其余地区厚度为20 ~ 30m，在太康隆起、鹿邑凹陷和谭庄—沈丘凹陷区域内以周参7井为厚度中心向两边剥蚀区减薄；在谭庄—沈丘凹陷和襄城凹陷分别以周参16井和襄5井为厚度中心向剥蚀区减薄；在板桥盆地、汝南—东岳凹陷和淮南地区仅有零星分布。

山西组二煤段有效煤系泥岩以新襄6井和周参8井最厚，分别为86m和66m。主要的厚度中心分布在太康隆起—鹿邑凹陷—洛阳盆地和襄城凹陷，并以此向剥蚀区减薄，其他地区厚度大多在30m左右。碳质泥岩和煤岩厚度较小，大多小于20m。

### 1.2.2 下石盒子组

中二叠世下石盒子期，南华北地区沉积相带自北向南依次为三角洲平原—三角洲前缘—潟湖相。煤系泥岩主要分布在太康隆起、鹿邑凹陷、谭庄—沈丘凹陷、倪丘集凹陷、襄城凹陷、洛阳盆地和板桥凹陷，除襄城凹陷、谭庄—沈丘凹陷外，厚度均达到百米以上。

三煤段有效煤系泥岩以鹿邑凹陷的周参 13 井最厚，为 143m，太康隆起、谭庄—沈丘凹陷、鹿邑凹陷和倪丘集凹陷以及淮北的夏邑、永城和濉溪地区的厚度都在 20 ～ 30m，襄城凹陷、板桥凹陷和淮南也有零星分布，厚度在 10m 左右（图 1）。四煤段有效煤系泥岩的厚度中心主要分布在太康隆起、鹿邑凹陷、谭庄—沈丘凹陷东部、倪丘集凹陷和襄城凹陷，其中周参 13 井厚 52m，新襄 6 井厚 44m。五煤段有效煤系泥岩的厚度中心位于鹿邑凹陷，厚度达到 50m 以上，其中周参 7 井钻遇 111.5m，其次为谭庄—沈丘凹陷、倪丘集凹陷以及淮北的夏邑、永城和濉溪附近，厚度在 30m 左右，此外，在太康隆起、洛阳盆地、襄城凹陷、板桥盆地和淮南地区也有零星分布，但厚度小于 20m（图 2）。各煤段碳质泥岩和煤岩厚度较薄，大多只有几米。

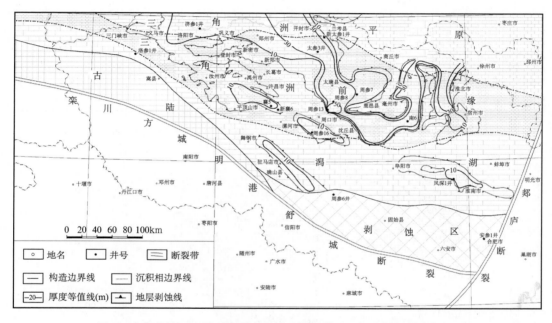

图 1　南华北地区二叠系下石盒子组三煤段煤系泥岩有效烃源岩等厚图

## 2　二叠系烃源岩成熟演化特征

本文选用热史恢复常用的方法之一的古热流法（Lerche 等，1984）和"油气盆地热史恢复模拟系统"（胡圣标，1995，1998）恢复二叠系烃源岩热演化史。由于不同的沉降史，南华北地区不同的构造单元烃源岩热演化进程有所不同（林小云等，2011）。从早二叠世开始，太康隆起和鹿邑凹陷连续沉积了二叠系和巨厚的三叠系，二叠系迅速埋深，到晚三叠世的印支期热流值增大，持续到燕山期（刘建等，2010），烃源岩在中—晚三叠世开始生油并达到生油高峰期。后期随着埋深加大，迅速进入高成熟阶段到过成熟阶段。三叠纪末期开始的印支—燕山运动造成地层连续抬升剥蚀，地层温度降低，烃源岩停止演化。新近纪到第四纪再次接受沉积，但是后期埋深不大，烃源岩热演化程度不再增加，保持燕山末期的成熟度水平。由于演化程度较高，太康隆起和鹿邑凹陷生烃潜力不大（图 3）。

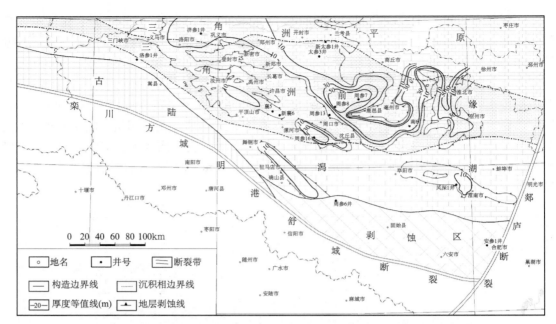

图 2 南华北地区二叠系下石盒子组五煤段煤系泥岩有效烃源岩等厚图

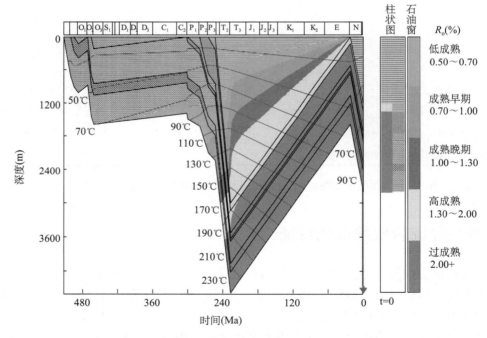

图 3 太康隆起烃源岩有机质成熟史（太参 3 井）

谭庄—沈丘凹陷早古生代基底热流值较低，印支运动导致热流值升高（林小云等，2010）。中二叠世，谭庄—沈丘凹陷二叠系烃源岩第一次达到最大埋深，烃源岩进入成熟早期，印支运动使地层抬升剥蚀，地温降低，热演化停滞，早白垩世开始又接受沉积，燕山运动还导致基底热流值升高，部分地区烃源岩进入生油高峰期。晚白垩世开始地层再次抬升遭受剥蚀，生烃缓慢，但是，古近系的沉积使二叠系烃源岩第三次埋深，有些地区埋深和地温较大使烃源岩热演化程度进一步加大。现今基本处于成熟早期阶段，生烃潜力较大，倪丘集凹陷与之类似（图4）。

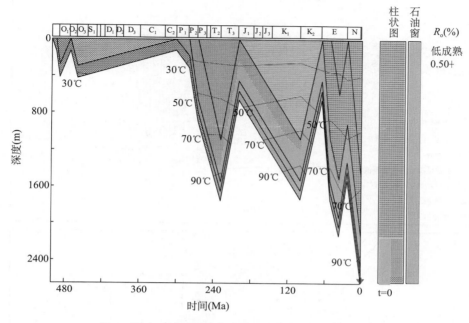

图4　谭庄—沈丘凹陷烃源岩有机质成熟史（周16井）

## 3　二叠系烃源岩有效性评价

多期构造运动使烃源岩一次生烃形成的油气难以保存，因此，从现今成藏角度对烃源岩有效生烃潜力的评价，主要针对印支－燕山、喜马拉雅期以来再次深埋过程中"二次生烃"的生烃潜力。南华北地区二叠系烃源岩中以太原组、山西组和下石盒子组的有机质条件较好，综合考虑有效烃源岩分布和烃源岩演化过程，按照有机碳含量大于等于3.0%、烃源岩厚度大于等于60m、关键时刻成熟度小于1.3%和具备二次生烃可能作为有利生烃区的标准，对二叠系烃源岩有效性进行评价（图5）。

### 3.1　太原组有利生烃区

下二叠统太原组主要生烃区大致沿近北西—南东方向延伸。太康隆起和鹿邑凹陷有机碳最高达到3.0%以上，襄城凹陷烃源岩有机碳最高达到1.5%以上，谭庄—沈丘凹陷和倪丘集凹陷西部有机碳均基本都在2.0%以上，有效烃源岩厚度大部分大于60m；襄城凹陷、谭庄—沈丘凹陷和倪丘集凹陷西部烃源岩演化程度较低，达到成熟阶段，且在谭庄—沈丘凹陷和襄城凹陷存在二次生烃，为有利生烃区。太康隆起和鹿邑凹陷烃源岩演化程度过高，为潜在生烃区（图5A）。

### 3.2　山西组有利生烃区

中二叠统山西组主要生烃区仍近北西—南东方向延伸。太康隆起、鹿邑凹陷、襄城凹

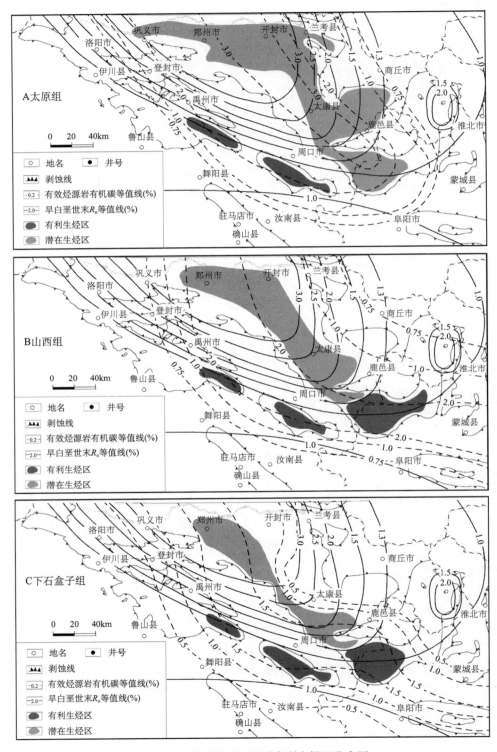

图 5 南华北地区二叠系有利生烃区分布图

陷、谭庄—沈丘凹陷和倪丘集凹陷的西部大部地区有机碳在 1.5% ～ 2.0% 之间，但有效烃源岩厚度仅太康隆起和鹿邑凹陷大于 60m；襄城凹陷、谭庄—沈丘凹陷和倪丘集凹陷的西部有效烃源岩厚度在 30 ～ 60m，厚度较小，但在关键时刻已经达到成熟阶段，且经历了二次生烃或延缓生烃，为有利生烃区。而太康隆起和鹿邑凹陷虽然厚度适中，但由于演化程度高，为潜在生烃区（图 5B）。

### 3.3 下石盒子组有利生烃区

中二叠统下石盒子组主要生烃区分布特征与山西组大体一致。太康隆起西北部、襄城凹陷、倪丘集凹陷和谭庄—沈丘凹陷大部地区有机碳大于 1.5%，有效烃源岩厚度均大于 50m，在太康隆起的中部和南部以及鹿邑凹陷厚度较大，超过 150m，但烃源岩有机碳介于 1.0% ～ 1.5% 之间，丰度较低。襄城凹陷、谭庄—沈丘凹陷和倪丘集凹陷西部属于成熟阶段，且存在二次生烃，为有利生烃区。而太康隆起和鹿邑凹陷，虽然有一定厚度，但有机碳较低，演化程度过高，属于潜在生烃区（图 5C）。

因此，南华北地区二叠系有利生烃区域主要集中在襄城凹陷、谭庄－沈丘凹陷和倪丘集凹陷，以谭庄—沈丘凹陷最优，其次为襄城凹陷和倪丘集凹陷。其中，谭庄—沈丘凹陷以太原组和山西组最优，其次为下石盒子组；倪丘集凹陷则以山西组为主，其次为下石盒子组；襄城凹陷以太原、山西组和下石盒子组为主。

## 4 结论

（1）南华北地区二叠系烃源岩主要发育于太原组、山西组和下石盒子组，主要以煤系泥岩为主要的有效烃源岩。有效煤系泥岩以三煤段和五煤段最厚，煤岩以二煤段和三煤段最厚。煤系泥岩的厚度中心主要分布在研究区北部的鹿邑凹陷和太康隆起，其次为谭庄—沈丘凹陷、倪丘集凹陷以及襄城凹陷。

（2）二叠系烃源岩在太康隆起和鹿邑凹陷在中晚三叠世开始生烃并达到高峰；襄城凹陷二叠系烃源岩中晚三叠世初次生烃，古近纪出现二次生烃；谭庄—沈丘凹陷和倪丘集凹陷在中晚三叠世进入生烃期，早白垩世中晚期出现二次生烃。其中，襄城凹陷、谭庄—沈丘凹陷和倪丘集凹陷演化程度适中，且存在二次生烃，生烃潜力较好。

（3）烃源岩有效性评价结果，南华北地区二叠系烃源岩生烃潜力较好的主要分布在谭庄—沈丘凹陷的太原组、山西组和下石盒子组；倪丘集凹陷的山西组和下石盒子组；襄城凹陷的太原组、山西组和下石盒子组。

## 参 考 文 献

胡圣标，汪集旸 . 1995. 沉积盆地热体制研究的基本原理和进展 . 地学前缘，2（3-4）：171-179.

胡圣标，张容燕 . 1998. 油气盆地热史恢复方法 . 勘探家，3（4）：52-54.

林小云，陈倩岚，李静 . 2011. 南华北地区二叠系烃源岩分布及地化特征 . 海洋地质前沿，27（4）：21-26.

林小云，蒋伟，陈倩岚 . 2011. 南华北地区二叠系烃源岩生烃潜力评价 . 石油天然气学报，

33 (6)：1–5.

林小云，刘 俊，陈倩岚，高慧娉，蒋 伟．2010．谭庄—沈丘凹陷二叠系烃源岩热史模拟——以周 16 井为例．石油天然气学报，32 (2)：16–20.

刘建，刘俊，蒋伟，陈倩岚，高慧娉．2010．鹿邑凹陷古生界烃源岩热演化．海洋地质动态，26 (5)：15–19.

时华星，宋明水，徐春华，宋国奇等．2004．煤型气地质综合研究思路与方法．北京：地质出版社，107–111.

腾格尔，高长林，胡凯等．2007．上扬子北缘下组合优质烃源岩分布及生烃潜力评价．天然气地球科学，18 (2)：254–259.

徐汉林，赵宗举，吕福亮等．2004．南华北地区的构造演化与含油气性．大地构造与成矿学，28 (4)：450–463.

余和中，吕福亮．2005．华北板块南缘原型沉积盆地类型与构造演化．石油实验地质，27 (2)：111–117.

张世焕，王志勇，张朝富等．1996．吐哈盆地煤系烃源岩特征与油气分布关系初探．新疆石油地质，17 (1)：29–33.

赵孟军，周兴熙，卢双舫等．2002．塔里木盆地天然气分布规律及勘探方向．北京：石油工业出版社：78–82.

Lerche I, Yarzab R F and Kendall C. G. St. C. Determination of paleoheatflux from vitrinite reflectance data. AAPG Bulletin 68, 1984：1704–1717.

# 伊利石结晶度在海相碳酸盐岩层系热历史恢复中的应用[❶]

## ——以川东北地区为例

王小芳[1] 邱楠生[2] 郑伦举[3] 杨 琦[3] 付小东[3]

（1. 中国石油杭州地质研究院；2. 中国石油大学（北京）油气成藏机理教育部
重点实验室；3. 中国石化石油勘探开发研究院无锡石油地质研究所）

**摘 要** 古温标是恢复沉积盆地热历史最主要的参数之一，但在下古生界高、过成熟碳酸盐岩层系中缺乏合适的古温标，对其经受的热历史和成烃史的恢复一直是困扰中国海相碳酸盐岩地区油气勘探的难题。本文针对伊利石结晶度（IC）作为碳酸盐岩层系古温标的可能性进行了探索，首次通过热模拟实验建立了伊利石结晶度（IC）与镜质组反射率（$R_o$）的定量关系，并将其应用于川东北地区的热历史恢复。模拟结果表明，川东北地区中志留世的古热流值为 53.5mW/m²。从中志留世到晚二叠世初古热流持续增大，在晚二叠世初期突然增高到最大古热流（65.3mW/m²）。之后快速下降，三叠纪早期热流值降为 50.3mW/m²。从三叠纪早期到现今古热流持续降低，现今热流为 44mW/m²。

**关键词** 碳酸盐岩 伊利石结晶度 热历史 川东北地区

# 1 国内外研究现状

## 1.1 海相碳酸盐岩热史恢复国内外研究现状

我国古生代碳酸盐岩层系分布广泛、厚度巨大，且经历了多期隆升与沉降的演化历史，大都处于高、过成熟状态。由于其经历的热演化历史复杂且缺乏有效的方法而难以恢复，使得烃源岩的成烃史评价一直成为困扰油气勘探的难题。目前，国内外用来研究碳酸盐岩的热历史的古温标主要分两大类。①有机质古温标。有机质古温标（或成熟度指标）是目前国内外普遍用来研究碳酸盐岩层系的成熟度和热历史的指标，主要包括沥青反射率（丰国秀等，1988；Jacob，1989；刘德汉等，1994；王飞宇，2003）、牙形石色变指数（周希文，1987；蒋武，1999；祁玉平，2000a；祁玉平，2000b；Brime，2003；Epstein，

❶本文为国家重点基础研究发展计划（"973"计划）（编号：2005CB422102）资助成果。

1977；Harris，2000；王飞宇，1994）、镜质组反射率（王飞宇，1995，1996，2001；程顶胜，1995，1997；刘祖发，1999；汪啸风，1992）、生物碎屑反射率（陈善庆，1995；曹长群，2000；汪啸风，1997；Goodarzi，1989）、有机质自由基浓度（Puser，1973；邱楠生，1995）、激光拉曼光谱（胡凯，1992，1993；段菁春，2002）、孢粉颜色（周中毅，1992）等。②矿物古温标。其是指适合于沉积盆地温度范围的中—低温矿物地质温度计，包括矿物的裂变径迹、（U–Th）/He 热定年、岩石声发射和伊利石结晶度等。

## 1.2　伊利石结晶度应用于研究古地温的国内外研究现状

伊利石结晶度常被用来研究碎屑岩的成岩作用，近年来也被用于古地温的研究。温度是影响伊利石结晶度的主要因素，目前有些学者根据矿物的结晶度来研究其与温度或镜质组反射率的关系（Hara，2003；Junfeng，2000；朱莉，2006），但应用最多的是伊利石的结晶度 Kübler 指数和 Weber 指数（Weber，1972）。Hara & Kimura（2003）甚至认为伊利石结晶度（IC）是最有效的古温标。

# 2　伊利石热模拟实验及分析测试

伊利石的结晶度（IC）是伊利石的晶畴大小和结构膨胀程度、晶体缺陷和化学成分不均一性的综合反映，其值高低取决于伊利石生长环境的温度、压力、岩性、$K^+$ 含量以及生长时间，其中温度的作用最为重要。黏土类沉积岩在成岩过程中自生形成的伊利石，随着成岩程度的增强、温度的升高，其结晶度不可逆地增大（数值减小），因而，也可以间接地指示热演化程度。伊利石（001）衍射峰的宽度随深度增加而减小的原因是由于伊利石晶体的逐渐增大使得粒间衍射效应逐渐减弱，当伊利石晶体增长到一定程度时，粒间衍射效应会全部消失。

## 2.1　样品

样品来源于胜利油田王 161 井 $Es_4$ 的泥岩，深度为 1909m，实测镜质组反射率（$R_o$）为 0.32%。

## 2.2　热模拟实验

本实验参考烃源岩模拟生烃的实验方案，具体的热模拟实验方案如表 1 所示，每次模拟样品为 85g 左右，实验过程中假定室温为 10℃，升温速率：1℃/min。将热模拟后的样品分成 2 份，一份约 15g，用于镜质组反射率的测定；另一份约 70g，用于伊利石结晶度的测定。

## 2.3　自生伊利石的分离提纯

本次研究需要的是自生伊利石的结晶度，所以，需要尽可能地将自生伊利石分离出来。自生伊利石的粒度比碎屑伊利石粒度要细（张彦，2003），在含泥岩碎屑岩形成中，自生伊利石为小于 2μm 的黏土粒级，而陆源碎屑伊利石粒度大于 2μm（朱莉，2006）。从而可以通过沉降虹吸分离法或离心分离法将小于 2μm 的自生伊利石分离出来用于伊利石结晶度的测定。

表 1　伊利石热模拟方案

| 样品编号 | 设计温度（℃） | 升温时间（min） | 恒温时间（h） |
|---|---|---|---|
| W161—150 | 150 | 140 | 24 |
| W161—200 | 200 | 190 | 24 |
| W161—250 | 250 | 240 | 24 |
| W161—300 | 300 | 290 | 24 |
| W161—350 | 350 | 340 | 24 |
| W161—400 | 400 | 390 | 24 |
| W161—450 | 450 | 440 | 24 |
| W161—500 | 500 | 490 | 24 |
| W161—550 | 550 | 540 | 24 |

## 2.4　伊利石结晶度的测试

原样及模拟样品的伊利石结晶度（IC）和镜质组反射率 $R_o$ 测试结果见表 2。

表 2　热模拟实验后的测试数据表

| 样品编号 | 模拟温度（℃） | 伊利石结晶度 | $R_o$（%） |
|---|---|---|---|
| W161—0 | 原样 | 0.83 | 0.32 |
| W161—150 | 150 | 0.60 | 0.32 |
| W161—200 | 200 | 0.60 | 0.33 |
| W161—250 | 250 | 0.49 | 0.48 |
| W161—300 | 300 | 0.48 | 0.70 |
| W161—350 | 350 | 0.43 | 0.92 |
| W161—400 | 400 | 0.35 | 1.95 |
| W161—450 | 450 | 0.36 | 2.60 |
| W161—500 | 500 | 0.26 | 3.51 |
| W161—550 | 550 | 0.25 | 3.94 |

## 2.5　伊利石结晶度与温度和镜质组反射率的关系

伊利石结晶度（IC）与热模拟温度（$T$）之间的关系见图 1，从图中可以看出，伊利石结晶度随热模拟温度的增加而逐渐减小，两者呈良好的线性关系。

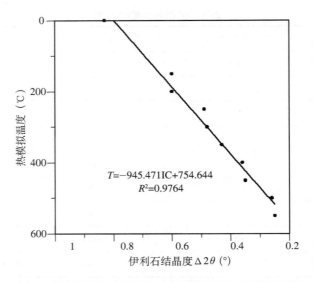

图 1  伊利石结晶度（IC）与热模拟温度之间的关系图

伊利石结晶度与镜质组反射率（$R_o$）之间的关系见图 2，两者呈良好的对数函数关系。

$$IC=-0.1582\ln(R_o)+0.4601 \tag{1}$$

相关系数为 0.8197。

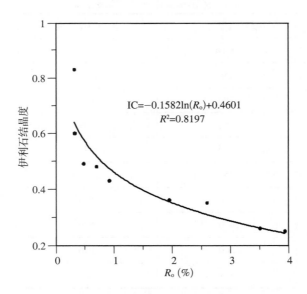

图 2  伊利石结晶度与镜质组反射率（$R_o$）之间的关系图

但是，在热模拟实验过程中，随着温度的增加，镜质组反射率 $R_o$ 和伊利石结晶度（IC）随模拟温度的变化趋势是不一致的（图 3）。图中 IC 值随热模拟温度的增加而线性降低，而 $R_o$ 值随温度的增加成非线性关系增大。这是因为两者反应机理是不一样的。伊利石属于无机矿物，它在较低温度条件下就可以发生反应。从表 2 可以看出，原样 IC 值为 0.83，150℃时 IC 值已经降为 0.60，说明在低于 150℃的某个温度范围蒙皂石就能开始脱水转化为伊利石。镜质组属于有机组分，从表 2 来看，当模拟温度到了 300℃时，镜质组反射率才有明显变化。此前一直保持在低值，说明镜质组在 250 ～ 300℃ 这个温度范围才开始反应。

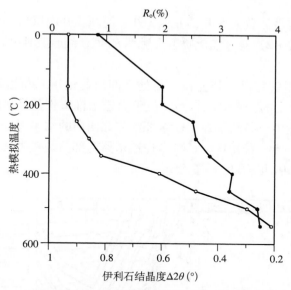

图 3　伊利石结晶度和镜质组反射率与热模拟温度的关系图

从图 3 来看，在 300℃ 到更高温度范围内，镜质组反射率（$R_o$）随温度的增加而呈线性增加。因此，可以探讨高温（$\geqslant$ 300℃）条件下（即镜质组反射率有明显变化后）的伊利石结晶度与镜质组反射率的关系（图 4）。两者成线性关系：

$$IC = -0.06656R_o + 0.50609 \tag{2}$$

相关系数为 0.9455。

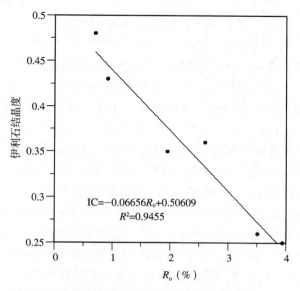

图 4　伊利石结晶度与镜质组反射率的关系

## 3 实际应用

本文收集了川东北地区普光 5 井、毛坝 3 井、河坝 1 井深层岩心及岩屑实测伊利石结晶度数据，将其按公式（2）换算成镜质组反射率 $R_o$ 值，结合其他井段实测 $R_o$ 数据，进行单井热历史恢复。

普光气田位于四川省宣汉县普光镇，是处于四川盆地川东断褶带黄金口构造带双石庙—普光 NE 向背斜带上的一个鼻状构造，位于大巴山推覆带前缘褶断带与川中平缓褶皱带之间。该构造带西侧由三条断层控制，东部紧邻北西向的清溪场—宣汉东、老君山构造带。普光 5 井处于双石庙—普光背斜带普光构造东翼南部，是普光气田南部一个重点评价井，钻达中志留统韩家店组（$S_2h$）（图 5）。

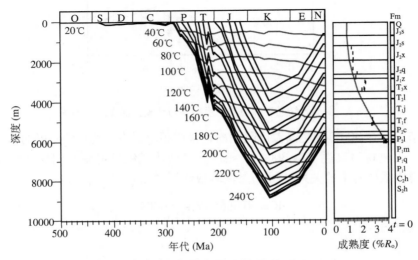

图 5　普光 5 井的沉积埋藏史和热史
右图为实测（换算）镜质组反射率值（黑点）和模拟计算值（实线）的比较

毛坝 3 井位于川东断褶带黄金口构造带毛坝场—双庙场潜伏背斜带毛坝场构造北部高点，是毛坝场构造的一个重点评价井。钻达古生界下二叠统茅口组（$P_1m$）（图 6）。

本文一共模拟了 13 口典型单井，分别是普光 5 井、河坝 1 井、普光 1 井、普光 2 井、普光 6 井、普光 8 井、双庙 1 井、毛坝 1 井、毛坝 3 井、元坝 1 井、川涪 82 井、川付 85 井、川岳 84 井。本文研究的热演化历史用热流表示（其在数值上等于岩石热导率和地温梯度的乘积）。依据 13 口典型单井的模拟结果，得到了研究区的热演化特征（图 7）。川东北地区中志留世的热流值为 52 ～ 55mW/m²，平均值为 53.5mW/m²。中石炭世的热流值为 55 ～ 56mW/m²，平均值为 55.5mW/m²。早二叠世为 57 ～ 58mW/m²，平均值为 57.5mW/m²。到了晚二叠世突然升高到 63 ～ 68mW/m²，平均值为 65.3mW/m²。这是因为晚二叠世由于受川东地区玄武岩喷发的影响，出现较强的张裂活动，热流增大，达到最大值。此后相对快速冷却，热流值相对快速降低，三叠纪早期热流值降为 46 ～ 54mW/m²，平均值为 50.3mW/m²。从三叠纪末期至侏罗—白垩纪随盆地性质由前陆盆地演化为陆内坳陷盆地，热流开始缓慢降低，直至现今。三叠纪末期热流值降为 45 ～ 53mW/m²，平均值为 48mW/m²。

侏罗纪末期为 44 ~ 51mW/m²，平均值为 46.8mW/m²。晚白垩世为 43 ~ 50mW/m²，平均值为 45.5mW/m²。现今降为 41 ~ 50mW/m²，平均值为 44mW/m²。

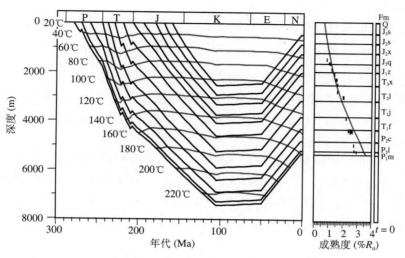

图 6　毛坝 3 井的沉积埋藏史和热史
右图为实测（换算）镜质组反射率值（黑点）和模拟计算值（实线）的比较

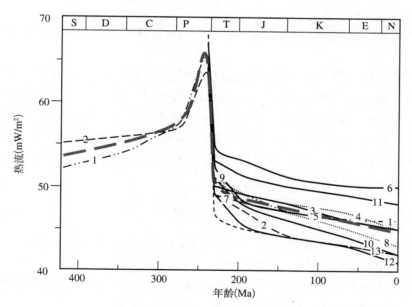

图 7　川东北典型单井的热史模拟结果
1—普光 5；2—河坝 1；3—普光 1；4—普光 2；5—普光 6；6—普光 8；7—双庙 1；
8—毛坝 1；9—毛坝 3；10—元坝 1；11—川涪 82；12—川付 85；13—川岳 84
（粗虚线为总的趋势线）

# 4　结论与讨论

本文探索了利用伊利石结晶度反演古地温的新方法。通过热模拟实验的方法，研究实验条件下热演化过程中伊利石结晶度（IC）与热模拟温度及镜质组反射率（$R_o$）的关系，建立了可以用于古地温反演计算的伊利石结晶度（IC）—镜质组反射率（$R_o$）的定量模型。

论文取得的主要结论如下。

（1）通过热模拟实验，得出伊利石结晶度与及镜质组反射率的定量关系。

$$IC=-0.06656R_o+0.50609 \qquad （相关系数为 0.9455）$$

这为缺乏镜质组的高成熟度海相碳酸盐岩热史恢复提供了方法。

（2）依据 13 口单井的模拟结果，得到了研究区的热演化特征：川东北地区中志留世的热流值为 52～55mW/m²，平均值为 53.5mW/m²。中石炭世的热流值为 55～56mW/m²，平均值为 55.5mW/m²。早二叠世为 57～58mW/m²，平均值为 57.5mW/m²。到了晚二叠世突然升高到 63～68mW/m²，平均值为 65.3mW/m²。此后相对快速冷却，热流值相对快速降低，三叠纪早期热流值降为 46～54mW/m²，平均值为 50.3mW/m²。三叠纪末期热流值降为 45～53mW/m²，平均值为 48mW/m²。侏罗纪末期热流值为 44～51mW/m²，平均值为 46.8mW/m²。晚白垩世为 43～50mW/m²，平均值为 45.5mW/m²。现今降为 41～50mW/m²，平均值为 44mW/m²。

论文利用热模拟实验初步得出热模拟条件下伊利石结晶度（IC）与镜质组反射率（$R_o$）的定量关系，为海相碳酸盐岩的热历史提供一种新的研究思路，但是由于这种方法尚处于探索阶段，存在着很多不足。

（1）热模拟实验是高温短时间内完成的，它怎样比较合理地外推到漫长低温的地质条件下？

（2）由于实验条件的限制，仅对样品进行了恒温时间相同、不同温度点的热模拟实验研究，未对样品进行同一恒定温度下不同恒温时间的热模拟实验。要想对伊利石的热演化特征及其实质进行更为深入地探讨，探索伊利石结晶度与温度—时间指数（TTI）的定量关系，必须在选定的同一恒温条件下，对样品进行不同恒温时间的热模拟。

（3）自生伊利石的提纯效果、伊利石结晶度在测试时的准确性都直接影响着伊利石结晶度与镜质组反射率定量关系式的建立。

## 参 考 文 献

曹长群，尚庆华，方一亭．2000．探讨笔石反射率对奥陶系、志留系烃源岩成熟度的指示作用．古生物学报，39（1）：151-156．

陈善庆．1995．黄陵背斜周缘早古生代有机壳化石的光学特征与有机质成熟度．地球学报，2：211-225．

程顶胜，方家虎．1997．下古生界烃源岩中镜状体的成因及其热演化．石油勘探与开发，24（1）：11-13．

程顶胜，郝石生，王飞宇．1995．高过成熟烃源岩成熟度指标－镜状体反射率．石油勘探与开发，22（1）：25-28．

段菁春，庄新国，何谋春．2002．不同变质程度煤的激光拉曼光谱特征．地质科技情报，21（2）：65-68．

丰国秀，陈盛吉．1988．岩层中沥青反射率与镜质组反射率的关系．天然气工业，8（3）：

20—25.

何谋春，吕新彪，刘艳荣. 2004. 激光拉曼光谱在油气勘探中的应用研究初探. 光谱学与光谱分析，24（11）：1363—1366.

胡凯，刘英俊，Ronald W T W. 1992. 激光喇曼光谱碳质地温计———一种新的古地温测试方法. 科学通报，14（1）：302—305.

胡凯，刘英俊，Ronald W.T. Wilkins. 1993. 激光喇曼光谱碳质温度计及其地质应用. 地质科学，28（5）：235—245.

蒋海昆，张凯，周永胜. 2000. 不同温度条件下花岗岩变形破坏及声发射时序特征. 地震，20（3）：87—94.

蒋武，陆廷清，罗玉琼. 1999. 牙形石色变在碳酸盐岩油气天勘探中的应用. 石油勘探与开发，26（2）：46—48.

刘德汉，史继扬. 1994. 高演化碳酸盐烃源岩非常规评价方法探讨. 石油勘探与开发，21（3）：113—115.

刘祖发，肖贤明，傅家谟等. 1999. 海相镜质组反射率用作早古生代烃源岩成熟度指标研究. 地球化学，28（6）：580—588.

祁玉平，祝幼华. 2000a. 牙形刺荧光特征及其在有机质成熟度研究中的意义. 微体古生物学报，17（1）：68—72.

祁玉平，祝幼华. 2000b. 古生物在下古生界烃源岩有机质成熟度研究中的重要作用. 古生物学报，39（4）：548—552.

邱楠生，李慧莉，金之钧，朱映康. 2005b. 煤中自由基热演化的模拟实验研究. 西安石油大学学报，20（3）：23—25.

邱楠生，李慧莉，金之钧. 2005a. 下古生界碳酸盐岩地区热历史恢复方法探索. 地学前缘，12（3）.

邱楠生，汪集暘，周礼成等. 1995. 利用电子顺磁共振（ESR）技术研究沉积盆地有机质的热演化. 科学通报，40（11），1013—1015.

汪啸风，Hoffknecht A，萧建新等. 1992. 笔石、几丁虫和虫牙反射率在热成熟度上的应用. 地质学报，66（3）：269—279.

汪啸风，陈孝红. 1997. 几丁虫的反射率－早古生代有机岩石学的新前缘. 地学前缘，4（3—4）：139—145.

王飞宇，边立曾，张水昌等. 2001. 塔里木盆地奥陶系海相源岩中两类生烃母质. 中国科学（D），31（2）：96—102.

王飞宇，何萍，程顶胜等. 1994. 下古生界高—过成熟烃源岩有机质成熟度评价. 天然气地球科学，26（5）：1—14.

王飞宇，何萍，程顶胜等. 1996. 镜状体反射率可作为下古生界高过成熟烃源岩成熟度标尺. 天然气工业，16（4）：14—18.

王飞宇，何萍，高岗等. 1995. 下古生界高过成熟烃源岩中的镜状体. 石油大学学报，19（Sup.）：25—30.

王飞宇，张水昌，张宝民等. 2003. 塔里木盆地寒武系海相烃源岩有机成熟度及演化史. 地球化学，32（5）：461—468.

席道瑛，程经毅，黄建华．1996.声发射在研究岩石古温度中的应用．中国科学技术大学学报，26（1）：97—100.

席道瑛，张程远，刘小燕等．2000.饱和岩石的时温等效关系．物探化探计算技术，22（2）：127—131.

张立飞．1994.伊利石结晶度研究进展之二．地学前缘，1：1—2.

张彦，陈文，杨慧宁．2003.用于同位素测年的自生伊利石分离纯化流程探索．地球学报，24（6）：622—626.

周希云．1987.扬子区二叠系至下三叠统牙形石颜色变化指标及其油气评价．海相沉积区油气地质，1（2）：83—90.

周中毅，潘长春．1992.沉积盆地古地温测定方法及其应用，广州：广东科技出版社，8—9.

朱莉，朱敏．2006.合肥盆地中生界地层的热演化程度—伊利石结晶度的指示．安徽地质，16（3）：169—176.

Aldega L，Cello G，Corrado S，et al. 2003.Tectono—sedimentary evolution of the Southern Apennines（Italy）；thermal constraints and modelling. Atti Ticinensi di Scienze della Terra. 9：135—140.

Bakr M Y，Akiyama M，Sanada Y and Yokono T. 1988. Radical concentration of keRogen as a maturation parameter. Org. Geochem，12（1），29—32.

Bernard Kübler and Michel Jaboyedoff .Illite crystallinity . 2000. Earth and Planetary Sciences，331：75—89.

Bignall G，Tsuchiya N，Browne P R L. 2001.Use of illite crystallinity as a temperature indicator in the Orakei Korako geothermal system，New Zealand. Transactions—Geothermal Resources Council，25：339—344.

Brime C，Perri M C，Pondrelli M，et al. 2003. Thermal evolution of Palaeozoic—Triassic sequences of the Carnic Alps；Kuebler index and conodont colour alteration index evidence. Atti Ticinensi di Scienze della Terra. 9，77—82.

Coyle D A，Wagner G A. 1998. Positioning the titanite fission—track partial annealing zone. Chemical Geology. 149. 1—2：117—125.

Di L P. 2003.Use of clay mineralogy in reconstructing geological processes；thermal constraints fRom clay minerals. Atti Ticinensi di Scienze della Terra. 9：55—67.

Epstein A G，Epstein J B and Harris C D. 1977. Conodont colour alteration——an index to organic metamorphism，Geo. Survey PRofessional Paper，United State Government Printing Office，Washington，995—998.

Francu E，Francu J，Kalvoda J. 1999. Illite crystallinity and vitrinite reflectance in Paleozoic siliciclastics in the SE Bohemian Massif as evidence of thermal history. Geologica Carpathica（Bratislava），50（5）：365—372.

Goodarzi F，Norford B S. 1987. Optical pRoperties of graptolite epiderm—A review. Bulletin of Geology Society Denmark，35：141—147.

Goodarzi F，Norford B.S. 1989. Variation of graptolite with depth of burial. International J. of Coal Geology. 11：127—141.

Hara H, Hisada K, Kimura K. 1998. Paleo—geothermal structure based on illite crystallinity of the Chichibu and Shimanto belts in the Kanto Mountains, central Japan. Journal of the Geological Society of Japan. 104 (10): 705−717.

Hara H, Kimura K. 2003. New pRoposal of standard specimens for illite crystallinity measurement: its usefulness as paleo—geothermal indicator. Bulletin of the Geological Survey of Japan, 54 (7−8): 239−250.

Harris R, Kaiser J, Hurford T. 2000.Thermal history of Australian passive margin cover sequences accreted to Timor during late Neogene arc—continent collision, Indonesia. AAPG Bulletin. 84 (9): 1434.

Hosterman J W. 1993. Illite crystallinity as an indicator of the thermal maturity of Devonian black shales in the Appalachian Basin. U. S. Geological Survey Bulletin, G1−G9.

Jacob H. 1989. Classification, structure, genesis and practical importance of natural solid bitumen. International J of Coal Geology, 11 (1): 65−79.

Junfeng Ji and Patrick R L. 2000.Browne.Relationship between illite crystallinity and temperature in active geothermal systems of New Zealand. Clays and Clay Minerals, 48 (1): 139−144.

Marshall C P, Nicoll R S, Wilson M A. 2000. Development of laser Raman and X−ray photeoelectRon spectRoscopic parameters as an additional thermal maturity indicator to the conodont alteration index. Geological Society of Australia. 59: 338.

Matthias B, Garver J I, Brandon M T. 2002a. Fission—track ages of detrital zircon fRom the EuRopean Alps. Abstracts with PRograms—Geological Society of America. 34 (6): 485.

Matthias B, Brandon M, Garver J, Reiners P, Fitzgerald P G. 2002b. Determining the zircon fission—track closure temperature. Abstracts with PRograms—Geological Society of America. 34 (5): 18.

Miller S, Macdonald D I M. 2004. Metamorphic and thermal history of a fore—arc basin; the Fossil Bluff GRoup, Alexander Island, Antarctica. Journal of PetRology. 45 (7): 1453−1465.

Pusey W C. 1973.Paleotemperatures in the Gulf Coast using the ESR—keRogen method. Trans. Gulf Coast. Assoc. Geol. Soc. XXIII, 195−202.

Qiu Nansheng and Wang Jiyang. 1998. The use of free radicals of organic matter to determine paleogeo—temperature gradient. Organic Geochemistry, 28 (1/2): 77−86.

Reiners P W, Brady R, Farley K A, et al. 2000. Helium and argon thermochRonometry of the Gold Butte block, south Virgin Mountains, Nevada. Earth and Planetary Science Letters, 178, 315−326.

Reiners P W, Farley K A, Hickes H J. 2002. He diffusion and (U−Th) /He thermochRonometry of zircon: initial results fRom Fish Canyon Tuff and Gold Butte. Tectonophysics, 349 (1−4): 297−308.

Reiners P W, Spell T L, Nicolescu S, and Zanetti K A. 2004. Zircon (U−Th) /He thermochRonometry: He diffusion and comparisons with 40Ar/39Ar dating. Geochimica et

Cosmochimica Acta, 68 (8) : 1857—1887.

Reiners, P. W., Farley K. A. 1999. He diffusion and (U–Th) /He thermochRonometry of titanite. Geochimica et Cosmochimica Acta, 63 (22), 3845—3859.

Uysal I T, Glikson M, Golding S D, et al. 2000. The thermal history of the Bowen Basin, Queensland, Australia; vitrinite reflectance and clay mineralogy of Late Permian coal measures. Tectonophysics, 323 (1—2) : 105—129.

Wada H. 1999. Stable isotopic geothermometry and ultra—high temperature metamorphism; a calcite—graphite stable isotopic geothermometry. Journal of Geography, 108 (2) : 158—176.

Weber K. 1972. Notes on Determination of illite Crystallinity. Neues Jahrbuch fur Mineralogie, Monatshefte. 267—276.

Wolf R A, Farley K A, Silver L T. 1996. Helium diffusion and low—temperature thermochRonometry of apatite. Geochimica et Cosmochimica Acta, 60 (21), 4231—4240.

Wolf R, Farley K A, Kass D M. 1998.Modeling of the temperature sensitivity of the apatite (U—Th) /He thermochRonometer.Chemical Geology, 148: 105—114.

# 南陵—无为地区上古生界与中生界海相
# 有效烃源岩的标定研究

曾艳涛[1,2]　　何幼斌[1,3]　　文志刚[1,2]

（1. 长江大学油气资源与勘探技术教育部重点实验室；

2. 长江大学地球化学系；3. 长江大学地球科学学院）

**摘　要**　根据在南陵、无为地区野外露头剖面上采集的 162 块碳酸盐岩样和 20 块泥质岩样分析可知，南陵、无为地区上古生界和中生界海相地层有机碳含量相对较低，碳酸盐岩样品有机碳含量 TOC 均值为 0.33%，泥质岩样品有机碳含量 TOC 均值为 0.80%，研究区泥质烃源岩有机质丰度高，远高于碳酸盐岩。在研究中发现了一个问题，虽然有些层位烃源岩（特别是碳酸盐岩）整体评价有机质丰度较低，有的甚至为非烃源岩。但是，其中也存在有机质丰度较高的有效烃源岩小层段。针对这种情况，有必要对研究区海相烃源岩进行有效烃源岩的标定。通过标定，在剖面上共发现 8 个有机质相对富集的小层段。其中，下三叠统南陵湖组和下二叠统栖霞组中碳酸盐岩在综合评价中为非烃源岩，但是通过对地层剖面以有机碳 TOC 值进行标定，在剖面上找到了有机质相对富集的有效烃源岩小层段 7 个。其中，下三叠统南陵湖组 2 个，其有机碳均值分别为 1.34% 和 0.87%，两个小层段的累计厚度超过 20m；下二叠统栖霞组 5 个，其中，有 3 个小层段的有机碳 TOC 均值超过 1.0%，其累计厚度超过 40m。下三叠统从殷坑组底到上二叠统大隆组顶存在优质泥质烃源岩小层段 1 个，其 TOC 均值达到 1.32%，累积厚度也有 12m 左右。

**关键词**　南陵—无为地区　海相　有效烃源岩标定　生烃潜力　有机质富集小层段

南陵、无为地区地处安徽省南部，其中、古生界海相地层发育，研究区海相地层油气苗广布，预示着该区可能有良好的油气勘探前景；同时，该区的油气勘探整体处于普查阶段，基础性研究相对较少，研究程度较低，远不能满足油气进一步勘探的需要。虽然前人对整个下扬子地区海相地层以及苏皖南部地区海相地层地球化学特征都做过相关的研究，但是，对于南陵—无为盆地而言，都不够具体和深入（杨芝文等，2002，2003）。因此，现阶段，对研究区海相烃源岩生烃潜力的准确评价是目前油气勘探面临的主要和紧迫的问题之一。

## 1　区域地质构造概况

南陵—无为地区位于安徽省中南部，南陵盆地和无为盆地为其主要的构造单元，这两个盆地面积分别为 2800km² 和 2500km²，均呈北东—南西走向，构造位置分别处在下扬子准地台的句容—南陵断陷带和无为—望江断陷带内。研究区西北侧为郯庐断裂和滁河断裂，东南侧为江南断裂和绩溪断裂，在其西南端分布着潜山盆地和望江盆地，东南角为宣广盆地（图1）。

南陵—无为地区上古生界和中生界地层主要为一套海相沉积，上古生界以海相碳酸盐岩为主，夹海陆过渡相碎屑岩沉积，其中缺少中、下泥盆统；中生界中、下三叠统以海相碳酸盐岩为主，夹海陆交互相碎屑岩。笔者2004年对其进行了野外剖面取样，在南陵、无为地区野外露头剖面上共采集到烃源岩样品182块，其中，碳酸盐岩样162块，泥质岩样20块，分布在从上古生界泥盆系五通组到中生界三叠系东马鞍山组共4个系10个组中。

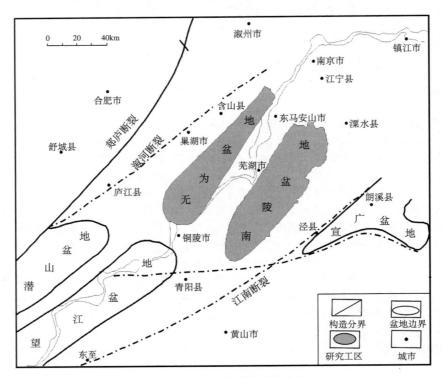

图1　南陵—无为地区构造略图

## 2　有效烃源岩丰度评价标准

下扬子地区海相中、古生界碳酸盐岩和泥质岩都很发育，不同类型的烃源岩，其中蕴含的有机质多寡不一，其评价标准也不同。对于泥质烃源岩而言，其评价标准分歧较小，考虑南陵、无为地区的实际情况以及前人的相关研究成果，决定采用黄第藩（1991）提出的评价标准（表1）。

对于海相烃源岩，梁狄刚等（2000）指出：作为勘探家，关心的不是生成一点点晶洞油、裂缝油的所谓烃源岩；而是那些能够生成和排出烃类的数量足以保证经过运移、散失后仍能聚集成工业性油气藏的工业性（或商业性）烃源岩，亨特称为"有效烃源岩"。鉴于晚期生烃、晚期成藏对于海相中生界、古生界油气勘探的重要意义，陈安定（2004）对海相"有效烃源岩"定义为：对现有可保存油气的圈闭或在晚期生烃、晚期成藏中有实质性贡献的岩石。考虑到南陵、无为地区海相地层地处下扬子地台，具有中国海相地层普遍的有机质丰度低、成熟度高的特征，参考其他地区的研究成果和最新的研究进展，在对该区海相碳酸盐岩烃源岩有机质丰度进行评价时，有机质丰度下限值定为 TOC=0.4%。

表1 湖相泥质烃源岩有机质丰度评价标准（据黄第藩，1991）

| 烃源岩级别 | 有机碳（%） | 氯仿沥青"A"（%） | 总烃（μg/g） | $S_1+S_2$（mg/g） |
|---|---|---|---|---|
| 好 | > 1.0 | > 0.1 | > 500 | > 6.0 |
| 中 | 0.6 ~ 1.0 | 0.05 ~ 0.1 | 200 ~ 500 | 2.0 ~ 6.0 |
| 差 | 0.4 ~ 0.6 | 0.01 ~ 0.05 | 100 ~ 200 | 0.5 ~ 2.0 |
| 非烃源岩 | < 0.4 | < 0.01 | < 100 | < 0.5 |

# 3 烃源岩有机质丰度评价

## 3.1 有机碳含量分析

根据所采集到的 182 块烃源岩样品分析发现，南陵、无为地区上古生界和中生界海相地层有机碳含量整体较低，所有样品有机碳含量 TOC 均值为 0.39%，其中，76.9% 的样品有机碳含量小于有效烃源岩下限值 0.4%，为非烃源岩；仅 23.1% 的样品为有效烃源岩，且 TOC 含量大于 1.0% 的样品占 9.9%。在 TOC 小于 0.4% 的样品中，有机碳含量分布在 0.05% ~ 0.3% 之间的占总数的 60%，为研究区烃源岩有机碳含量集中分布的区间（图 2）。

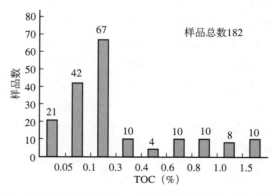

图 2 南陵—无为地区上古生界与中生界海相烃源岩有机碳分布直方图

其中的 162 块碳酸盐岩，有机碳 TOC 值均值为 0.33%，仅 17.9% 的样品有机碳含量高于 0.4% 的下限值，有机碳含量分布在 0.05% ~ 0.3% 之间的占总数的 65%（图 3）。

在 20 块泥质岩样品中，其有机碳含量均值为 TOC=0.80%，远高于碳酸盐岩样的 TOC=0.33%，有效烃源岩比例（TOC 值大于 0.4%）为 65%，也远高于碳酸盐岩的 17.9%。泥质岩有机碳含量的富集区间为 TOC > 0.6%，占总样品数的 60%，也就是中等—好烃源岩比例达到 60%（图 4）。由此可见，研究区泥质烃源岩有机质丰度高，远高于碳酸盐岩。

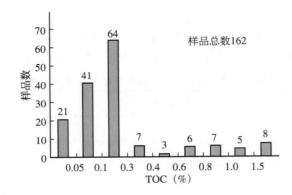

图3 南陵—无为地区上古生界与中生界海相碳酸盐岩有机碳分布直方图

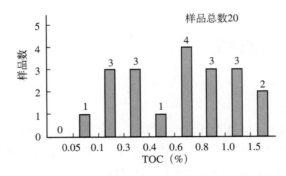

图4 南陵—无为地区上古生界与中生界海相泥质岩有机碳分布直方图

这与包建平等（1996）的研究结论相吻合，他们在研究下扬子地区同层位不同岩性的烃源岩有机碳含量的时候，发现有泥质岩＞泥灰岩＞碳酸盐岩的趋势。North（1985）也认为缺乏黏土矿物的碳酸盐岩不太可能成为烃源岩，只有那些非氧化环境中沉积的碳酸盐岩（有机质丰度达到2%～5%，同时黏土含量也相当高）才能成为烃源岩。同时，梁狄刚（2000），张水昌（2002，2004）等也指出，海相地层中泥质岩对成烃的重要性。对比分析图2、图3和图4可以看出，在图2中分布在TOC小于0.4%区域的样品基本上是碳酸盐岩样品，而分布在高值区（TOC＞0.6%）的样品，除去样品基数的影响，则以泥质岩为主。

从图5可以看出，在总共采集的10个组中，除了下三叠统殷坑组和下二叠统栖霞组碳

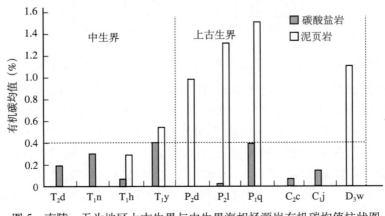

图5 南陵—无为地区上古生界与中生界海相烃源岩有机碳均值柱状图

酸盐岩烃源岩有机碳含量接近有效烃源岩下限值 0.4%（分别为 0.395% 和 0.393%），其他各组均很低，如龙潭组低到仅为 0.03%，为非烃源岩。泥质岩则正好相反，除了和龙山组 TOC 平均值为 0.31% 低于有效烃源岩有机质丰度的下限值，为非烃源岩外，其他各组均高于 0.4% 的下限值。在采集到泥质岩样品的 6 个层位中，4 个组泥质岩有机碳含量均值接近（大隆组为 0.97%）或超过 TOC=1.0% 的好烃源岩的标准，表明其高的有机质丰度。同时注意到，在同时采集到泥质岩和碳酸盐岩的层位中，都是泥质岩的有机碳含量高于碳酸盐岩。

### 3.2 生烃潜量 $S_1+S_2$ 分析

在所有 182 块样品中，生烃潜量 $S_1+S_2$ 值统计结果和有机碳统计相似，整体偏低，均值仅为 0.185mg/g。其中依据泥岩（表1）0.5mg/g 的有效烃源岩下限标准，仅 14.3% 的样品为有效烃源岩，且差烃源岩（0.5mg/g ＜ $S_1+S_2$ ＜ 2.0mg/g）占绝大多数（10.4%），达到好烃源岩评价标准 2.0mg/g 的仅 1.1%（图6）。由此可见，南陵、无为地区海相上古生界和中生界地层整体生烃潜力有限，绝大多数为非烃源岩，这和有机碳研究结果大致相符。

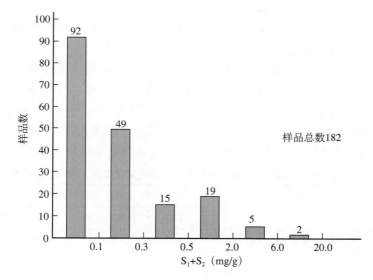

图 6 南陵—无为地区上古生界与中生界海相烃源岩生烃潜量（$S_1+S_2$）分布直方图

从各层段生烃潜量 $S_1+S_2$ 值分布来看（图7），仅下三叠统南陵湖组碳酸盐岩和下二叠统栖霞组的泥质岩生烃潜量均值超过 0.5mg/g，其他组段均小于 0.4mg/g。并且随着地层时代变老，生烃潜量 $S_1+S_2$ 值有变小的趋势，这也是符合实际情况的，因为生烃潜量是一个受热演化影响明显的参数（钟宁宁，2001）。

## 4  有效烃源岩的标定

在前面的烃源岩有机质丰度研究中我们已经发现了一个问题，就是有些层位烃源岩（特别是碳酸盐岩）虽然整体评价有机质丰度较低，为非烃源岩，但是，其中也存在有机质丰度较高的有效烃源岩小层段，只是在该组有机质丰度整体较低的背景下，高的部分被平均掉了，没有表现出来。

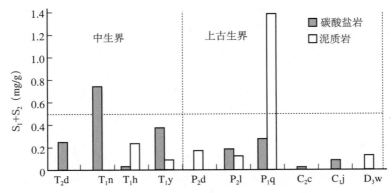

图 7　南陵—无为地区上古生界与中生界海相烃源岩生烃潜量（$S_1+S_2$）均值柱状图

梁狄刚等（2000）、张水昌等（2002，2004）认为，在我国海相碳酸盐岩烃源岩有机质丰度整体偏低的情况下，只要有效烃源岩有一定的分布范围，有机碳含量足够高，烃源岩厚度不必很大，十几米至上百米就足以形成大中型油气田。国外很多含油气盆地的主力烃源岩，其厚度只有几十厘米，为薄层状或纹层状的富有机质的泥质岩。

根据以上认识，笔者认为，在分组丰度评价的基础上，有必要对研究区上古生界和中生界海相地层烃源岩进行更细致的研究——有效烃源岩的标定。

标定的具体方法是：以野外实测剖面资料结合前人野外剖面研究成果，建立准确的地层剖面，在野外剖面密集采样的基础上（重点层段样 /2m），依据详细的野外采样记录，把采集到的样品准确的标定到相应的剖面位置，以有机碳含量为标准，对各层段有效烃源岩进行标定，以更加准确地评价和直观地表示各个层位的生烃潜力。

通过标定发现，在剖面上共发现 8 个有机质相对富集的小层段（表 2），具体情况如下。

表 2　南陵—无为地区上古生界与中生界海相地层优质烃源岩层段统计价表

| 序号 | 层位 | 样品号 | TOC 均值（%） | 厚度（m） | 层面位置 |
|---|---|---|---|---|---|
| 1 | $T_1n$ | $T_1n-S_{63}$—$T_1n-S_{67}$ | 1.34 | 15 ~ 20 | 距南陵湖组顶29m |
| 2 | $T_1n$ | $T_1n-S_{补5}$—$T_1n-S_{补7}$ | 0.87 | > 5 | 南陵湖组底部 |
| 3 | $T_1y-P_2d$ | $T_1y-S_3$—$P_2d-S_3$ | 1.32 | 12 | 殷坑组底—大隆组顶 |
| 4 | $P_1q$ | $P_1q-S_{46}$—$P_1q-S_{48}$ | 1.5 | 6 | 距栖霞组顶14m |
| 5 | $P_1q$ | $P_1q-S_{37}$—$P_1q-S_{39}$ | 0.83 | 6 | 距栖霞组顶30m |
| 6 | $P_1q$ | $P_1q-S_{28}$—$P_1q-S_{29}$ | 2.3 | 4 | 距栖霞组顶45m |
| 7 | $P_1q$ | $P_1q-S_2$—$P_1q-S_8$ | 1.1 | 14 | 距栖霞组顶85m |
| 8 | $P_1q$ | $P_1q-S_{29}$—$P_1q-S_{37}$ | 0.80 | 12 | 距栖霞组顶113m |

下三叠统南陵湖组和下二叠统栖霞组中碳酸盐岩，整体有机质丰度偏低，在综合评价中被评为非烃源岩，但是通过对地层剖面以有机碳 TOC 值进行标定，在剖面上找到了有机质相对富集的有效烃源岩小层段 7 个（表 2），其有机碳 TOC 均值均超过 0.8%，远高于有效烃源岩下限值 0.4%。其中，下三叠统南陵湖组 2 个，其有机碳均值分别为 1.34% 和 0.87%，两个小层段的累积厚度超过 20m（图 8）；下二叠统栖霞组 5 个，其中有 3 个小层段的有机碳 TOC 均值超过 1.0%，有一个甚至达到 2.3%，其累积厚度超过 40m（图 9）。

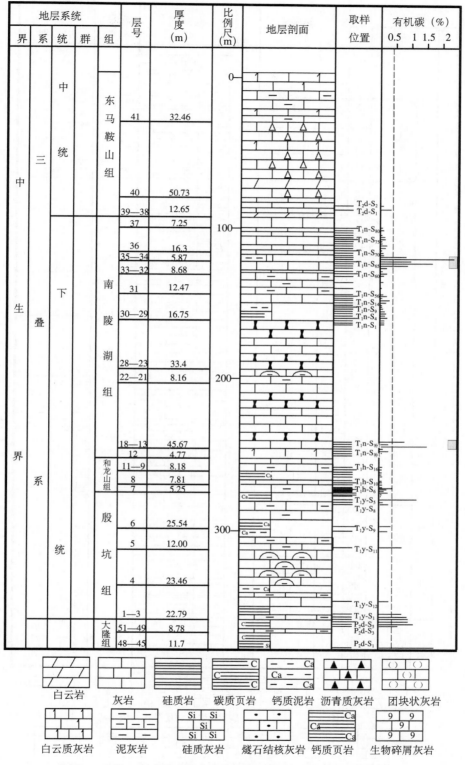

图 8  南陵—无为地区中生界海相地层优质烃源岩层段标定图

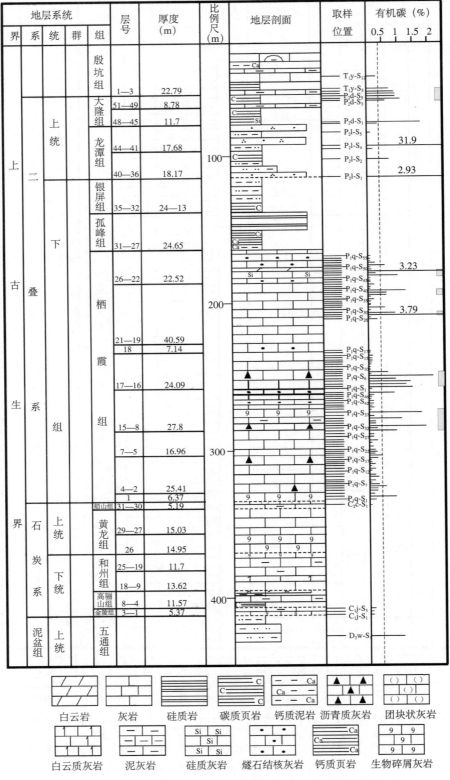

图 9  南陵—无为地区上古生界海相地层优质烃源岩层段标定图

下三叠统在殷坑组底到上二叠统大隆组顶存在优质泥质烃源岩小层段 1 个，其 6 个样品 TOC 的均值达到 1.32%，为好烃源岩，其厚度也有 12m 左右（图 8）。

这些小层段虽然单个厚度都不大，但是其有机质丰度高，生烃潜力大，在研究区油气勘探中应该引起勘探部门的足够重视。

# 5 结论

综上所述，对于南陵—无为地区上古生界和中生界海相地层烃源岩，可以得出以下几点结论：

（1）烃源岩有机质丰度整体偏低，泥质烃源岩综合评价为中等—好烃源岩，而碳酸盐岩烃源岩只有少部分为有效烃源岩。

（2）研究区海相烃源岩具有"整体偏低，低中有高"的特点，有机质丰度的研究重点将放在"低中找高"上。

（3）通过有效烃源岩标定，发现 8 个有机质相对富集的小层段。

## 参 考 文 献

包建平，王铁冠，王金渝等．1996.下扬子地区海相中、古生界有机地球化学．重庆：重庆大学出版社．

陈安定，黄金明，杨芝文等．2004.皖南—浙西下古生界沥青成因南方海相"有效烃源岩问题探讨"．海相油气地质，9（1—2）：77—84.

黄第藩等．1991.陆相油气生成理论基础．见：中国陆相石油地质理论基础．北京：石油工业出版社，146—234.

梁狄刚，张水昌，张宝民等．2000.从塔里木盆地看中国海相生油问题．地学前缘，7（4）：534—547.

杨芝文，陈安定，刘子满等．2002.下扬子区皖南地区含油气系统分析．江苏地质，26（4）：208—213.

杨芝文，陈安定，刘子满等．2003.皖南下扬子区盆地模拟．新疆石油学院学报，15（2）：22—27.

张水昌，梁狄刚，张宝民等．2004.塔里木盆地海相油气的生成．北京：石油工业出版社．

张水昌，梁狄刚，张大江．2002.关于古生界烃源岩有机质丰度的评价标准．石油勘探与开发，29（4）：8—12.

North F K. 1985. Petroleum Geology. London，U K.：Chapman and Hall，631.

# 塔中和塔北隆起海相碳酸盐岩油气资源潜力[①]

张宝收　卢玉红　张海祖　赵　青

（中国石油塔里木油田公司勘探开发研究院）

**摘　要**　随着勘探的深入，特别是 2003 年以来海相碳酸盐岩油气勘探的大发展，塔里木盆地"三次资评"结果已不能很好地适应并指导盆地的油气勘探，因此，对塔中和塔北隆起资源量进行了重新计算，重点对海相碳酸盐岩的油气资源潜力进行了分析和评价。考虑到目前台盆区海相油源及海相烃源岩的时空分布等问题并没有完全解决，本次没有采用成因法，主要采用了饱和探井法、油藏规模序列法、类比法等三种方法重新计算了塔北和塔中隆起油气资源量；另外，还针对不同层系的特点分层系进行了油气资源量计算。结算结果，塔中隆起（中石油矿权范围内）最终可探明资源量为 $24.1 \times 10^8$t，重点集中在海相碳酸盐岩，在 $17 \times 10^8$t 以上；目前已发现三级储量 $6.9 \times 10^8$t（折合探明储量为 $5.8 \times 10^8$t），还有 $10 \times 10^8$t 以上的油气有待发现。塔北隆起最终可探明资源量为 $71.2 \times 10^8$t，重点集中在海相碳酸盐岩，在 $50 \times 10^8$t 以上，勘探潜力巨大。无论是塔中还是塔北，由于寒武系目前发现尚少，赋值时偏于保守，实际勘探潜力应该更大。

**关键词**　塔中隆起　塔北隆起　海相碳酸盐岩　资源评价

迄今为止，塔里木盆地共进行了三轮次油气资源评价，每一轮资源评价结果都有效指导了当时的油气勘探部署。但随着勘探与研究的深入，暴露出资源评价方法与评价结果的不足。特别是自 2003 年以来，台盆区海相碳酸盐岩的勘探取得了突飞猛进的发展，并且目前依然呈现出良好的发展势头。目前，塔中隆起已发现天然气三级储量 $2.3 \times 10^8 \mathrm{m}^3$，接近三次资评的 $3.77 \times 10^8 \mathrm{m}^3$；三级储量天然气与原油的比例为 48%：52%，也与三次资评的比例 28%：72% 有较大矛盾。塔北隆起碳酸盐岩已发现三级储量 $36.7 \times 10^8 \mathrm{m}^3$（包括中国石油和中国石化，中国石油截至 2010 年底，中国石化截至 2009 年底），折合探明储量 $23.4 \times 10^8 \mathrm{m}^3$，已逼近三次资评塔北隆起所有层系的最终可探明资源总量 $24.7 \times 10^8 \mathrm{m}^3$；而奥陶系，无论是原油还是天然气，已发现储量（探明）已远远超过三次资评结果。为了更好地指导下步勘探，对塔中和塔北隆起资源量进行了重新计算，重点对两地区海相碳酸盐岩的资源潜力进行了分析评价。

## 1　油气资源评价方法

油气资源评价方法主要可以分成三大类：成因法、类比法和统计法。成因法是一种

① 国家科技重大专项（2008ZX05004-004）资助。

以地球化学物质平衡原理为主导的资源量计算方法，主要用于盆地，尤其含油气系统的油气资源量的计算。类比法也称资源丰度类比法，是根据已知区（刻度区）和未知区的地质相似性进行资源量计算的方法，可分为面积丰度类比法和体积丰度类比法。统计法也称历史状态法，是根据盆地（区块）勘探历史资料，如时间发现率、钻井进尺发现率、已知油田大小分布等，通过各种数学模型将历史资料数据拟合成逻辑曲线或增长曲线，将过去的状态外推到未来，从而估算盆地（区块）的资源量，主要有油藏规模序列法、油藏发现序列法、统计趋势预测法（包括发现率法、进尺发现率法、探井发现率法、饱和探井法）等方法。另外，为了对各种不同的计算方法进行科学的综合，在评价工作中经常采用资源量综合评价方法，经常采用的资源量综合评价方法有特尔菲加权法、离散点分布法和三角分布法。

考虑到目前塔里木台盆区海相油源对比及海相烃源岩的时空分布等问题并没有完全解决，本次油气资源量计算没有采用成因法，主要采用了饱和探井法、油藏规模序列法、类比法等三种方法；另外，还针对不同层系的特点分层系进行了油气资源量计算。

# 2 塔中隆起资源量计算及海相碳酸盐岩资源潜力

## 2.1 勘探现状

塔中隆起总面积近 $1.8 \times 10^4 km^2$，其中，中石油矿权面积 9313.9 $km^2$。截至 2009 年底，塔中地区共钻探探井和评价井 190 余口，进尺总数达 1000km，相继发现 30 余个油气（田）藏，累计发现三级储量油气当量达 $6.84 \times 10^8 t$。塔中地区钻探所发现的油气主要分布在塔中隆起的中央断垒构造带东端和北部斜坡带，纵向上油气主要分布在石炭系、志留系和奥陶系中，油气藏类型多样，既有黑油、稠油，还有凝析油气藏，特别是近年来在塔中 I 号坡折带发现我国第一个奥陶系礁滩复合体超亿吨级凝析气田（群）和塔中北斜坡下奥陶统岩溶不整合大型凝析气田（群），掀起对奥陶系勘探的热潮。

总结分析近 20 年油气勘探开发实践和石油地质研究成果，认为塔中地区存在多套烃源岩、多期油气充注、多个产层和多种油气藏类型；奥陶系、志留系、石炭系以及潜在的寒武系盐下等多套产层，垂向上复合叠加，横向连片成带，共同构成了一个典型的复式油气聚集区。

## 2.2 塔中隆起资源量计算

### 2.2.1 饱和探井法

该方法又称勘探程度对比法，它是根据勘探实践中所获得的地质储量来估算今后在加强勘探工作后可能获得的地质储量。"饱和勘探"是指某盆地（或区带）达到完全勘探程度所需的最小钻井密度之倒数，即每口井控制多少平方千米。在确定饱和探井密度时，参考国内外相关资料的同时，根据目前塔里木台盆区碳酸盐岩探明储量控制井距为 $1.5 \sim 2.25$ km 的勘探实际，塔中饱和探井密度取 $9km^2/$口井。为了更好提高该方法的应用效果，在应用中引入了地质综合分析及勘探程度对比等内容，将勘探程度较高的塔中 1—塔中 54 井区作为刻度区，求得平均井深为 5208.2m，探井进尺发现率为油 $49.63 \times 10^4 t/km$，

气为 $4.98 \times 10^8 m^3/km$。在计算剩余地质资源量时，将塔中隆起按构造单元及油气富集程度认识分为三类储量丰度区，分别赋予不同的勘探成功系数，最终求得塔中地区资源量为油 $15.97 \times 10^8 t$，气 $16614 \times 10^8 m^3$，总资源量 $29.2 \times 10^8 t$（表1）。

**表1 饱和探井法油气资源量计算结果**

| 区块名称 | 面积（km²） | 储量丰度类别 | 勘探成功系数 | 预测探井工作量 | | 预测剩余地质资源量 | | |
| --- | --- | --- | --- | --- | --- | --- | --- | --- |
| | | | | 总探井数（口） | 预测剩余进尺（km） | 油（$10^4 t$） | 气（$10^8 m^3$） | 油气当量（$10^4 t$） |
| 塔中北斜坡 | 5181 | I类区 | 0.9 | 576 | 2204.3 | 109399 | 10977 | 196865 |
| 东部潜山 | 1850 | II类区 | 0.5 | 206 | 864.6 | 12873 | 1292 | 23168 |
| 塔中南斜坡 | 725 | III类区 | 0.3 | 81 | 416.7 | 2068 | 208 | 3725 |
| 合计 | 7756 | | | 863 | 3485.6 | 124340 | 12477 | 223758 |
| 已发现地质储量 | | | | | | 35370 | 4137 | 68336 |
| 总资源量 | | | | | | 159710 | 16614 | 292094 |

### 2.2.2 油藏规模序列法

该方法的理论基础是：沉积盆地内的油气田（藏）规模分布遵循由大到小下降的变化规律。以油气田（藏）地质储量大小为纵坐标，以大小排列序数为横坐标，在普通直角坐标上，在一定范围内为升幂关系，在双对数坐标上为一直线，即符合帕雷托（Pareto）定律，可以用公式表示：

$$\frac{Q_m}{Q_n} = \left(\frac{n}{m}\right)^K \quad 或 \quad \frac{\lg Q_m - \lg Q_n}{\lg m - \lg n} = -K$$

塔中目前发现的最大油藏为中古8区块，探明凝析油 $4961.7 \times 10^4 t$，最大气藏也为中古8区块，探明天然气 $1365.7 \times 10^8 m^3$，考虑塔中地区现正处于油气大发现时期，未来能够发现更大的油气藏，拟合计算时设定现今最大油藏与最大气藏只排第3位，最终计算得最大油藏规模为 $6500 \times 10^4 t$，最大气藏为 $1600 \times 10^8 m^3$。通过反复拟合计算，油藏规模序列 $K=-1.01$ 时，拟合效果最佳，气藏规模序列 $K=-1.05$ 时，拟合效果最佳。该方法最终求得塔中地区资源量为油 $9.3 \times 10^8 t$，气 $15529 \times 10^8 m^3$，总资源量 $21.7 \times 10^8 t$（图1）。

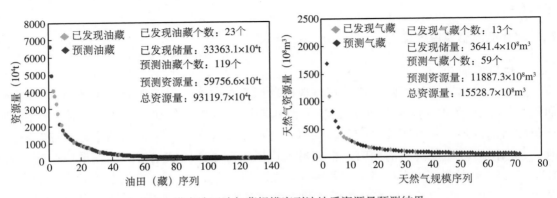

图1 塔中地区油气藏规模序列法地质资源量预测结果

### 2.2.3 类比法

传统的类比法是将评价区带与某一刻度区进行地质条件类比，难点在于如何选择合适的类比条件和相应的刻度区。本次资源评价直接采用塔里木盆地三次资评所建立的综合类比法。依据三次资评所建立的地质评分体系，对塔中地区含油层系分别估算地质评分，依据回归方程获得不同层系的资源丰度值，根据目前勘探实际预测各层系有利勘探面积，从而获得各层系资源量。该方法最终计算获得塔中地区资源量为油 $11.5 \times 10^8$t，气 $15982 \times 10^8$m³，总资源量 $24.3 \times 10^8$t 油当量（表2）。

**表2　塔中地区类比法资源量预测汇总结果**

| 层系 | 有利面积 (km²) | 综合类比法资源量（10⁴t） | | | 加权资源量 (10⁴t) | 油 (10⁴t) | 气 (10⁸m³) |
|---|---|---|---|---|---|---|---|
| | | 乘幂法 | 直线法 | 指数法 | | | |
| 石炭系 | 1000 | 25977 | 26137 | 21254 | 26733 | 24765 | 247 |
| 志留系 | 2000 | 35684 | 41839 | 28209 | 38109 | 37806 | 38 |
| 上奥陶统礁滩体 | 2000 | 40760 | 45271 | 32282 | 42798 | 16503 | 3300 |
| 下奥陶统鹰山组 | 3500 | 80302 | 84987 | 64299 | 83337 | 27855 | 6963 |
| 蓬莱坝组 | 2000 | 18092 | 27974 | 16357 | 22172 | 4451 | 2224 |
| 寒武系白云岩 | 1500 | 27857 | 32134 | 22009 | 29586 | 4008 | 3210 |
| 总资源量 | | | | | 242735 | 115388 | 15982 |

### 2.2.4 分层系计算

本研究还根据不同层系勘探程度及石油地质条件特点，分别采用不同的计算方法来预测资源量，各层系计算方法如下。

（1）石炭系、志留系勘探程度较高，采用油藏规模序列法计算资源量。

（2）上奥陶统礁滩体采用规模序列法求出三维区资源量，以三维区有利储层面积资源量丰度来类比整个塔中北斜坡，计算上奥陶统资源量。

（3）下奥陶统蓬莱坝组天然气资源量计算采用塔中162井区蓬莱坝组预测储量丰度，石油资源量根据下奥陶统混源油定量计算比例，按寒武系来源的50%丰度计算。

（4）寒武系资源量根据地质评价直接类比蓬莱坝组。

最终计算得塔中资源量为油 $9.75 \times 10^8$t，气 $15386 \times 10^8$m³，总资源量 $22.0 \times 10^8$t 油当量（表3）。

**表3　分层系资源量计算结果**

| 层系 | 计算方法 | 预测资源量 | | |
|---|---|---|---|---|
| | | 油 (10⁴t) | 气 (10⁸m³) | 油气当量 (10⁴t) |
| 石炭系 | 规模序列法 | 22983 | 230 | 24816 |
| 志留系 | 规模序列法 | 17524 | 9 | 17533 |
| 上奥陶统礁滩体 | 规模序列＋面积丰度 | 16372 | 3274 | 42460 |
| 下奥陶统鹰山组 | 规模序列＋面积丰度 | 26427 | 6607 | 79072 |
| 下奥陶统蓬莱坝组 | 类比法＋面积丰度 | 6607 | 2451 | 26137 |
| 寒武系白云岩 | 类比法 | 7589 | 2815 | 30023 |
| 总资源量 | | 97502 | 15386 | 220041 |

### 2.2.5 塔中资源量综合结果

应用特尔菲加权法将上述四种方法计算的资源量进行综合（表4），得到塔中隆起（中石油矿权范围内）资源量为油 $11.4 \times 10^8 t$，气 $15839 \times 10^8 m^3$，总资源量 $24.1 \times 10^8 t$ 油当量，表明塔中具备 $10 \times 10^8 t$ 油，$1.5 \times 10^{12} m^3$ 气的资源基础。

**表 4  塔中隆起（中石油矿权区）油气资源量预测汇总表**

| 计算方法 | 饱和探井法 | 规模序列法 | 类比法 | 分层系计算 | 特尔菲综合 |
|---|---|---|---|---|---|
| 特尔菲权重 | 0.2 | 0.2 | 0.3 | 0.3 | |
| 石油（$10^4 t$） | 159710 | 93120 | 115388 | 97502 | 114433 |
| 天然气（$10^8 m^3$） | 16614 | 15529 | 15982 | 15386 | 15839 |
| 总资源量（$10^4 t$） | 292094 | 216855 | 242735 | 220041 | 240623 |

### 2.3  塔中隆起海相碳酸盐岩油气资源潜力

由表2及表3可以看出，无论是用类比法还是分层系计算的结果，塔中隆起油气主要分布在寒武—奥陶系的海相碳酸盐岩油气藏中，大概占到了塔中隆起总资源量的四分之三。计算结果表明，塔中良里塔格组礁滩体最终可探明资源量为 $4 \times 10^8 t$ 油当量左右，鹰山组为 $8 \times 10^8 t$ 油当量左右，蓬莱坝组和寒武系由于目前勘探程度和认识水平还都较低，计算时赋值偏于保守，即便如此，也计算得最终可探明资源量在 $5 \times 10^8 t$ 油当量以上。

因此，塔中隆起海相碳酸盐岩最终可探明资源量在 $17 \times 10^8 t$ 油当量以上；目前已发现三级储量 $6.9 \times 10^8 t$ 油当量（折合探明储量为 $5.8 \times 10^8 t$ 油当量），还有 $10 \times 10^8 t$ 油当量以上的油气有待发现，勘探潜力巨大。

## 3  塔北隆起资源量计算及海相碳酸盐岩资源潜力

### 3.1  勘探现状

传统认为，塔里木盆地具有"三隆四坳"的构造格局，即具有 7 个一级构造单元（库车坳陷、塔北隆起、北部坳陷、中央隆起、西南坳陷、东南坳陷）。2009 年，塔里木油田公司对塔里木盆地一级构造单元的划分重新进行了研究，将其分为"四隆五坳"（库车坳陷、塔北隆起、北部坳陷、巴楚隆起、塔中隆起、塔东隆起、塘古坳陷、西南坳陷、东南坳陷）。重新划分之后，塔北隆起包括了温宿凸起、库尔勒鼻状凸起和尉东凸起，范围比之前有所扩大。

塔北隆起既有台盆区海相烃源岩生成的油气，也有库车陆相油气系统成因的陆相油气，但以海相成因油气为主。油气产层从寒武系直至新近系，分布广泛，但以寒武—奥陶系海相碳酸盐岩为主。截至 2010 年底，中国石油在塔北隆起海相碳酸盐岩发现三级储量油气当量 $8.02 \times 10^8 t$；截至 2009 年底，塔河油田海相碳酸盐岩发现三级储量油气当量 $21.7 \times 10^8 t$。无论是石油还是天然气，塔北隆起奥陶系已经发现的储量已远大于三次资评的资源量，并且目前依然表现出良好的发展势头。因此，对塔北隆起的资源量也进行了重新计算。

### 3.2 塔北隆起资源量计算

#### 3.2.1 饱和探井法

根据油气来源及成藏特征不同,将塔北隆起划分为三个评价区块:陆相油气区、海相油区、海相气区(图2)。

在确定饱和探井密度时,参考国内外相关资料及塔北隆起实际情况,饱和探井密度,海相油区取 5.6km²/ 口井,海相气区和陆相油区取 9km²/ 口井。将勘探程度较高的英买 7-32 井区、轮古 38-34 井区、塔河油田(5、8、10)区块分别作为陆相油气、海相油区、海相气区的刻度区。英买 7-32 区块平均井深为 5399m,折每千米井尺探明原油 $19.97 \times 10^4$t、天然气 $2.87 \times 10^8$m³。轮古 38-34 区块平均井深为 6121m,折每千米井尺探明原油 $4.66 \times 10^4$t、天然气 $4.64 \times 10^8$m³。塔河油田(5、8、10)区块平均井深为 6049m,折每千米井尺探明原油 $50.26 \times 10^4$t、天然气 $0.88 \times 10^8$m³。

将塔北隆起各评价区块按构造及勘探程度分为 I、II、III 三类储量丰度区(图2),分别赋予 0.9、0.5 和 0.2 的勘探成功系数,最终求得塔北隆起资源量为油 $77.5 \times 10^8$t、气 $1.11 \times 10^{12}$m³,总资源量 $86.1 \times 10^8$t 油当量。

#### 3.2.2 油藏规模序列法

由于塔北隆起勘探程度较高,油气富集区带均接近探明,因此,最大油(气)藏规模与已发现最大油气藏上交探明储量相近。拟合计算时设定现今最大油藏与最大气藏只排第 1 或 2 位。分三个油气区,通过反复拟合计算,该方法最终求得塔北隆起资源量为油 $61.8 \times 10^8$t,气 $1.52 \times 10^{12}$m³,总资源量 $73.89 \times 10^8$t 油当量。

#### 3.2.3 类比法

依据目前勘探实践,对塔北隆起各层系石油地质综合条件重新评价,应用三次资评建立的塔里木盆地油气资源丰度与综合地质评分模型,分别计算塔北隆起各三级构造带资源量为油 $56.0 \times 10^8$t,气 $1.97 \times 10^{12}$m³,总资源量 $71.77 \times 10^8$t 油当量(表5)。

表5 塔北隆起各层系类比法资源量计算结果

| 层系 | 综合打分 | 区带面积 | 资源量($10^4$t) | | | 原油($10^4$t) | 天然气($10^8$m³) | 总资源量($10^4$t 油当量) |
| | | | 乘幂法(0.4) | 直线法(0.2) | 指数法(0.4) | | | |
|---|---|---|---|---|---|---|---|---|
| 新近系 | 0.08 | 4433 | 5650.1 | 8961.8 | 5224.8 | 1938.8 | 527.5 | 6142.3 |
| 古近系 | 0.15 | 6204 | 39035.8 | 39785.3 | 31731.7 | 14567.5 | 2722.9 | 36264.1 |
| 白垩系 | 0.15 | 6204 | 36252.1 | 36146.5 | 29811.0 | 10485.9 | 2907.7 | 33654.6 |
| 侏罗系 | 0.11 | 19300 | 5496.7 | 7064.8 | 4432.0 | 4234.5 | 144.3 | 5384.4 |
| 三叠系 | 0.15 | 6200 | 24266.6 | 24371.6 | 19874.6 | 17052.5 | 687.5 | 22530.8 |
| 石炭系 | 0.17 | 16027 | 53942.2 | 50698.0 | 46254.5 | 45741.5 | 561.8 | 50218.3 |
| 志留系 | 0.09 | 14500 | 13493.9 | 19210.9 | 11462.5 | 8479.1 | 670.9 | 13824.8 |
| 奥陶系 | 0.20 | 19300 | 527979.7 | 407734.7 | 592104.8 | 447514.2 | 10299.3 | 529580.7 |
| 寒武系 | 0.09 | 18500 | 19545.7 | 27974.7 | 16661.3 | 10408.8 | 1213.5 | 20077.8 |
| 合计 | | | | | | 560422.8 | 19735.5 | 717677.7 |

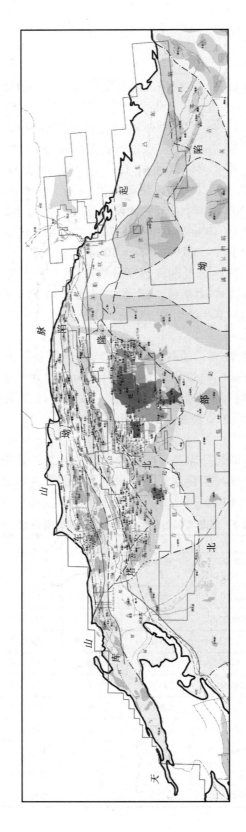

图 2 塔北隆起资源量计算分区图（①陆相油气区；②海相油区；③海相气区）

### 3.2.4 分层系计算

另外，还分层系计算了塔北隆起9个含油层系资源量，新近系、古近系、白垩系、侏罗系、三叠系、石炭系用规模序列法，结果较好，$K$值接近于 $-1$；志留系和寒武系目前发现较少，借鉴类比法结算结果；奥陶系发现油气藏较多，但规模序列法应用效果并不好，$K$值为 $-0.38$，结算的资源量也偏小，为 $35.4 \times 10^8 t$，结果仅供参考。各层系资源量合计油 $40.7 \times 10^8 t$，气 $1.28 \times 10^{12} m^3$，总资源量 $50.9 \times 10^8 t$ 油当量。

### 3.2.5 塔北资源量综合结果

应用特尔菲法将上述三种方法计算的资源量进行综合（表6），得到塔北隆起资源量为油 $52.1 \times 10^8 t$，气 $2.40 \times 10^{12} m^3$，总资源量 $71.2 \times 10^8 t$ 油当量，即塔北最终可探明资源量超过 $70 \times 10^8 t$ ！

**表6 塔北隆起油气资源量预测汇总表**

| 计算方法 | 饱和探井法 | 规模序列法 | 类比法 | 分层系计算 | 特尔菲综合 |
|---|---|---|---|---|---|
| 特尔菲权重 | 0.3 | 0.2 | 0.2 | 0.3 | |
| 石油（$10^4 t$） | 600336.9 | 618018.0 | 475430.0 | 407391.0 | 521008.0 |
| 天然气（$10^8 m^3$） | 32469.5 | 15169.7 | 37108.3 | 12766.9 | 24026.5 |
| 总资源量（$10^4 t$） | 859058.0 | 738892.1 | 771113.7 | 509119.0 | 712454.3 |

## 3.3 塔北隆起海相碳酸盐岩油气资源潜力

塔北隆起新近系—石炭系应用规模序列法效果较好，将其结果作为各层系资源评价最终结果；志留系、奥陶系和寒武系将类比法结算结果作为其最终结果（表7）。可见，塔北隆起海相碳酸盐岩最终可探明资源量在 $50 \times 10^8 t$ 油当量以上，勘探潜力巨大。并且，于塔中一样，由于目前寒武系发现尚少，在地质类比赋值时偏于保守，实际勘探潜力应该更大。

**表7 塔北隆起各层系油气资源量预测表**

| 层系 | $K$值 | 已发现资源量（折探明）油（$10^4 t$） | 已发现资源量（折探明）气（$10^8 m^3$） | 预测资源量 油（$10^4 t$） | 预测资源量 气（$10^8 m^3$） | 最终可探明资源量 油（$10^4 t$） | 最终可探明资源量 气（$10^8 m^3$） | 最终可探明资源量 油当量（$10^4 t$） |
|---|---|---|---|---|---|---|---|---|
| 新近系 | $-1.01$ | 633.8 | 131.9 | 664.5 | 138.3 | 1286.7 | 270.2 | 3440 |
| 古近系 | $-0.6756$ | 3388 | 474.2 | 7245 | 1014.1 | 10633 | 1488.3 | 22492 |
| 白垩系 | $-1.1136$ | 2509.2 | 561.3 | 3109.6 | 695.7 | 5618.9 | 1257 | 15634.7 |
| 侏罗系 | $-0.8557$ | 1278.9 | 35.4 | 2077.1 | 57.5 | 3356.1 | 92.9 | 4096.7 |
| 三叠系 | $-1.0139$ | 11397.5 | 441.5 | 8405 | 325.6 | 19802.5 | 767 | 25914.3 |
| 石炭系 | $-0.7222$ | 15746.9 | 236.0 | 28808 | 431.8 | 44554.9 | 667.9 | 49876.5 |
| 志留系 | 类比法 | 1104 | 4.7 | 7375.1 | 666.2 | 8479.1 | 670.9 | 13824.8 |
| 奥陶系 | 类比法 | 161367.4 | 2669.1 | 286146.8 | 7630.2 | 447514.2 | 10299.3 | 529580.7 |
| 寒武系 | 类比法 | 618.5 | 14.2 | 9790.3 | 1199.3 | 10408.8 | 1213.5 | 20077.8 |

# 4　结论

（1）目前塔中隆起已发现天然气三级储量已接近三次资评结果，油气比例也与三次资评结果有很大差异；塔北隆起奥陶系，无论是原油还是天然气，已发现储量（折探明）已远远超过三次资评结果。因此，塔里木盆地三次资评结果已不能适应并指导下步勘探，需要对塔中和塔北隆起资源量，尤其是海相碳酸盐岩资源量进行重新计算。

（2）用饱和探井法、规模序列法、地质类比法和根据各层系特点采用不同方法的分层系计算法对塔中隆起资源量进行了重新计算，结果表明，塔中隆起（中国石油矿权内）最终可探明资源量为 $24.1 \times 10^8 t$ 油当量，其中大部分集中在海相碳酸盐岩，在 $17 \times 10^8 t$ 油当量以上。目前海相碳酸盐岩已发现三级储量 $6.9 \times 10^8 t$ 油当量（折合探明储量为 $5.8 \times 10^8 t$ 油当量），还有 $10 \times 10^8 t$ 油当量以上的油气有待发现，勘探潜力巨大。

（3）用饱和探井法、规模序列法、地质类比法和根据各层系特点采用不同方法的分层系计算法对塔北隆起资源量进行了重新计算，结果表明，塔中隆起最终可探明资源量为 $71.2 \times 10^8 t$ 油当量，其中大部分集中在海相碳酸盐岩，在 $50 \times 10^8 t$ 油当量以上，勘探潜力巨大。

（4）无论是塔中还是塔北，由于寒武系目前发现尚少，本次资源量计算时赋值偏于保守，实际勘探潜力应该更大。

## 参 考 文 献

郭秋麟，米石云．2004.油气勘探目标评价与决策分析．北京：石油工业出版社，34—56.

郭秋麟，石广仁，谢红兵等．2002.Pareto 定律法和 P.J.Lee 法在区带目标资源评价中的应用．理论与应用地球物理进展，北京：气象出版社，105—110.

韩剑发，于红枫，张海祖等．2008.塔中地区北部斜坡带下奥陶统碳酸盐岩风化壳油气富集特征．石油与天然气地质，29（2）：167—173.

姜福杰，庞雄奇，姜振学等．2008.应用油藏规模序列法预测东营凹陷剩余资源量．西南石油大学学报，30（1）：54—57.

姜振学，庞雄奇，周心怀等．2009.油气资源评价的多参数约束改进油气田（藏）规模序列法及其应用．海相油气地质，14（3）：53—59.

金之钧，张金川．2002.油气资源评价方法的基本原则．石油学报，23（1）：19—23.

李素梅，庞雄奇，杨海军等．2008.塔中隆起原油特征与成因类型．地球科学—中国地质大学学报，33（5）：635—642.

龙胜祥，王生朗，孙宜朴等．2005.油气资源评价方法与实践．北京：地质出版社．

庞雄奇，金之钧，姜振学等．2002.叠合盆地油气资源评价问题及其研究意义．石油勘探与开发，29（1）：9—13.

孙龙德，李曰俊，江同文等．2007.塔里木盆地塔中隆起：一个典型的复式油气聚集区．地质科学，42（3）：602—620.

邬光辉，吉云刚，赵仁德等．2007.一种油气资源量计算方法及其应用．天然气地球科学，18（1）：41—44.

杨海军，邬光辉，韩剑发等．2006.塔里木盆地中央隆起带奥陶系碳酸盐岩台缘带油气富集特征．石油学报，28（4）：26－30.

张斌，崔洁，顾乔元等．2010.塔北隆起西部复式油气区原油成因及成藏意义．石油学报，31（1）：55－60.

张朝军，贾承造，李本亮等．2010.塔北隆起西部地区古岩溶与油气聚集征．石油勘探与开发，37（3）：263－269.

张水昌，梁狄刚，张宝民等．2004.塔里木盆地海相油气的形成．北京：石油工业出版社，26－52.

周新桂，张岳桥，王红才等．2007.塔里木叠合盆地待发现可采油气资源初步预测及评价．海相油气地质，12（2）：57－62.

周新源，王招明，杨海军等．2006.塔中奥陶系大型凝析气田的勘探和发现．海相油气地质，11（1）：45－51.

周总瑛，唐跃刚．2004.我国油气资源评价现状与存在问题．新疆石油地质，25（5）：554－556.

Meneley R A，Calverley A E，Logan K G and Procter R M. 2003. Resource assessment methodologies：Current status and future direction. AAPG Bull., 87（4）：535－540.

# 海相碳酸盐岩油气
# 成藏研究进展

# 南堡凹陷碳酸盐岩潜山地质特征与成藏主控因素研究[❶]

董月霞[1] 刘国勇[2] 马 乾[2] 李文华[2] 陈 蕾[2]

(1. 中国石油冀东油田公司；2. 中国石油冀东油田公司勘探开发研究院)

**摘 要** 南堡凹陷前古近系潜山经历了多期构造演化，平面上发育 4 个碳酸盐岩断块潜山，具有洼隆相间的构造格局。平面上，碳酸盐岩潜山地层分布具有西厚东薄的特点，西部奥陶系直接与上覆地层接触，东部上覆地层直接覆盖于寒武系之上。南堡凹陷碳酸盐岩潜山具有十分优越的油气成藏条件。首先，古近—新近系优质烃源岩不仅直接覆盖于潜山构造高部位，侧向上烃源岩还通过深大断裂与潜山储层对接，形成了较大的供烃窗口；其次，大型断裂和广泛分布的不整合面为油气运移和输导提供了有效的通道；第三，多期次构造运动和岩溶改造形成了大量裂缝和溶蚀孔洞，为碳酸盐岩油藏形成提供了良好的储集条件；第四，寒武系—奥陶系发育多套储盖组合，与断块、不整合面一起形成了多种类型的油气藏，如地层削蚀不整合油气藏、潜山断块油气藏和潜山内幕油气藏等。从目前的勘探实践看，供烃窗口决定油气富集，圈闭类型控制油藏类型，储层物性影响局部高产。

**关键词** 南堡凹陷 碳酸盐岩潜山 地质特征 成藏主控因素

## 1 潜山勘探概况

南堡凹陷位于渤海湾盆地黄骅坳陷北部，面积 1932km²。它是在华北地台基底上，经中、新生代的块断运动而发育起来的一个北断南超的箕状凹陷。近年来，随着南堡凹陷油气勘探工作的不断推进，潜山油气藏逐步成为重要的勘探领域，凹陷内碳酸盐岩潜山主要发育在 NP5 号、NP1 号、NP2 号、NP3 号 4 个构造带上（图 1），地层主要为奥陶系和寒武系，前人研究表明，本区碳酸盐岩潜山具有良好的勘探前景（贾承造，2006；周海民等，2003；赵政璋等，2005）。2004 年，LPN1 井奥陶系潜山试油日产油 700m³，天然气 16×10⁴m³，揭开了南堡凹陷碳酸盐岩潜山勘探的序幕。近五年来，南堡凹陷有 12 口探井钻遇碳酸盐岩潜山且均见油气显示，8 口井获得油气当量 100m³ 以上的高产工业油气流，充分展示了南堡凹陷碳酸盐岩潜山的勘探潜力。

❶本文受国家重大专项"南堡凹陷油气富集规律与增储领域"（2011ZX05006）资助。

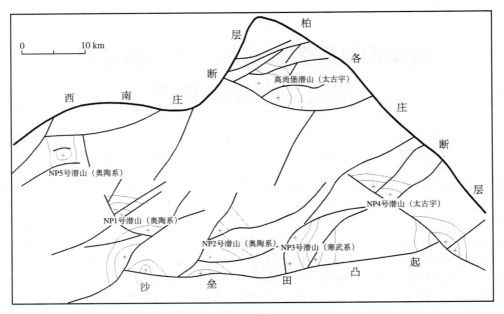

图 1　南堡凹陷潜山构造纲要图

## 2　主要地质特征

### 2.1　经历了多期构造运动，发育洼隆相间的构造格局

南堡凹陷位于渤海湾盆地黄骅坳陷北部，其形成演化与渤海湾盆地整体的构造活动密切相关（彭传圣等，2008；周海民等，2000）。南堡潜山形成演化主要经历了五个阶段，分别为古生代稳定升降、印支期挤压抬升、燕山期裂陷、古近纪强烈断陷及新近纪坳陷等五个阶段，潜山构造形态在古近系沉积前已初步形成，古近系沉积期进一步发育，新近纪定型（图 2）。

南堡凹陷碳酸盐岩潜山整体表现为沙垒田凸起北部斜坡背景下被北东向断层切割的断块潜山，主要发育 4 个断块潜山，具有洼隆相间的构造格局，埋藏深度普遍在 4000m 以下（图 3）。

### 2.2　古近—新近系烃源岩品质好，供烃条件优越

南堡凹陷碳酸盐岩地层广泛分布，但平面上由西至东潜山地层由新变老、由厚变薄，NP1 号、NP2 号、NP5 号构造主要发育奥陶系—寒武系潜山，NP3 号构造发育寒武系潜山，NP4 号潜山为太古宇花岗岩潜山。受海西期—燕山期构造运动影响，南堡凹陷上古生界和中生界大多数已被剥蚀，分布范围小，碳酸盐岩潜山主体大都直接被古近—新近系覆盖。根据区域地质特征和本区实钻情况，南堡凹陷寒武系和奥陶系纵向上存在 7 套储层和 6 套局部泥质隔层，因此，自下而上可划分为 7 套储盖组合。从目前钻探情况来看，寒武系毛庄组、凤山—长山组、奥陶系的冶里—亮甲山组、马家沟组均发现工业油气流。

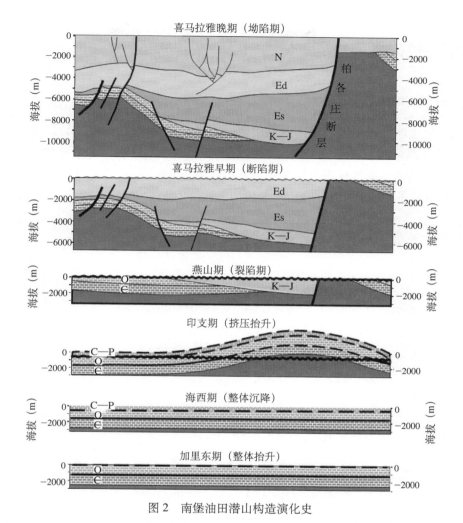

喜马拉雅晚期（坳陷期）

喜马拉雅早期（断陷期）

燕山（裂陷期）

印支期（挤压抬升）

海西期（整体沉降）

加里东期（整体抬升）

图2　南堡油田潜山构造演化史

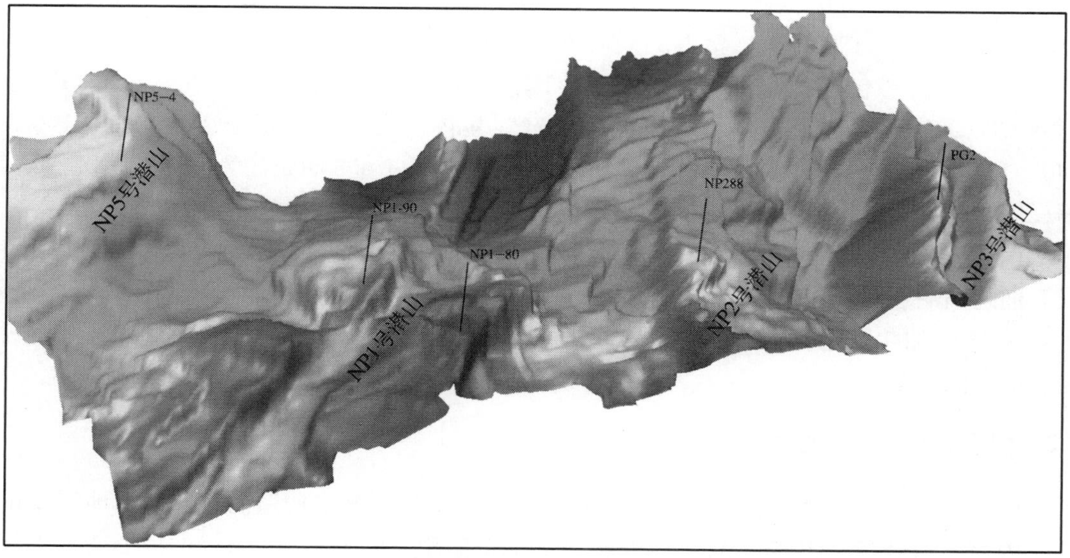

图3　南堡凹陷碳酸盐岩潜山立体显示图

# 3 成藏主控因素分析

## 3.1 供烃窗口控制油气成藏

油源对比表明，南堡凹陷奥陶系潜山原油来源于沙河街组三段烃源岩。NP2 号潜山原油和沙三段烃源岩地球化学特征具有较强的相似性，三环萜烷 Ts/（Ts+Tm）、伽马蜡烷、孕甾烷、升孕甾烷、重排甾烷等标志化合物参数均表明奥陶系潜山原油与沙二＋三段泥岩样品具有较好的亲缘关系（图 4）。

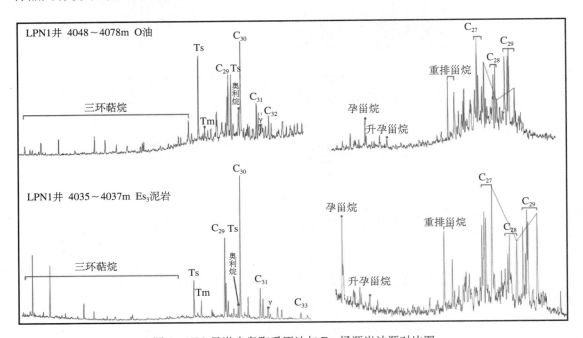

图 4　NP2 号潜山奥陶系原油与 Es₃ 烃源岩油源对比图

奥陶系岩心包裹体分析表明，南堡凹陷潜山油气具有晚期充注的特征。NP2 号潜山 NP280 井奥陶系岩心方解石存在两期油气包裹体，均一化温度分别为 120 ～ 140℃和 140 ～ 160℃，结合单井埋藏史和地温演化史分析认为，第一期充注为明化镇组沉积早期，第二期充注为明化镇组沉积晚期（图 5），均为晚期成藏特征。

南堡凹陷沙三段有效烃源岩生成的油气在明化镇发生运移，此时，烃源岩与潜山圈闭只有通过断层或者不整合面实现对接，烃源岩生成的油气才能运移至潜山圈闭中聚集成藏，否则早期形成的潜山圈闭无法捕获晚期生成的油气，因此，是否存在供烃窗口潜山圈闭是否成藏的关键。

## 3.2 圈闭类型决定油藏类型

南堡凹陷经历了多期构造运动，且紧邻燕山褶皱带，潜山构造面貌复杂、地层变化较快，因此，断裂与侵蚀多重作用控制多类型潜山圈闭的形成，包括地层削蚀形成的不整合圈闭、断层与侵蚀作用形成的残丘圈闭、断层控制形成的断块圈闭（图 6）。受圈闭类型、

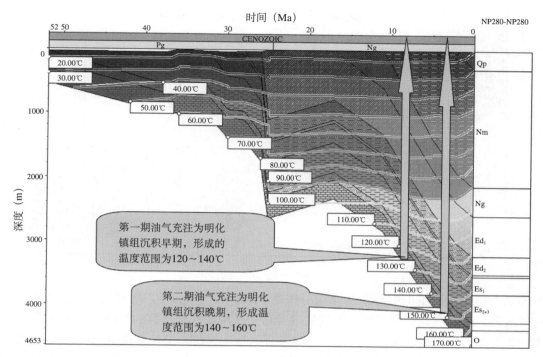

图 5　NP280 井埋藏史图

地层和供烃条件影响，形成了多种类型的油气藏，NP1 号潜山主要发育地层削蚀不整合油气藏，NP2 号潜山主要发育断块油气藏和地层削蚀不整合油气藏，NP3 号潜山主要发育断块油气藏和潜山内幕油气藏（图 7）。LPN1 井钻遇的油气藏主要受下马家沟组的控制，是典型的地层削蚀不整合油气藏；NP280 井钻遇的油气藏主要受构造控制，是典型断块油气藏；根据邻区古生界地层的分布序列，南堡潜山内幕存在有多套储盖组合，均位于供烃窗口之内，成藏条件较好，推测发育潜山内幕油气藏。

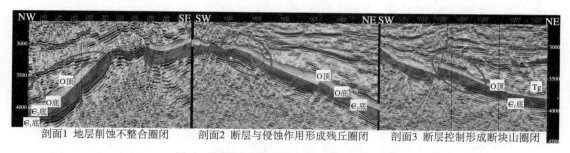

| 剖面1　地层削蚀不整合圈闭 | 剖面2　断层与侵蚀作用形成残丘圈闭 | 剖面3　断层控制形成断块山圈闭 |

图 6　南堡凹陷碳酸盐岩潜山主要圈闭类型

## 3.3　储层物性决定富集高产

南堡凹陷碳酸盐岩潜山储层空间以裂缝和溶蚀孔洞为主，主要储层类型为裂缝孔洞型或孔洞裂缝型，储层非均质性强，因此，优势储层发育区往往就是油气富集区。

南堡凹陷碳酸盐岩潜山油气勘探实践和碳酸盐岩储层研究结果表明，碳酸盐岩储层物性主要受沉积相带、成岩作用、构造作用控制。其中，有利的沉积相带是储层发育的基础，

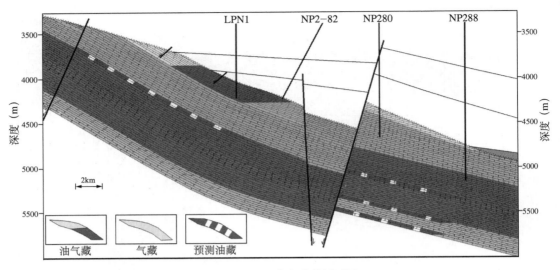

图 7  NP2 号潜山油藏剖面图

奥陶系冶里组、亮甲山组和下马家沟组和寒武系府君山组位于缓坡颗粒滩相，发育生屑、粒屑灰岩，为有利储层发育段。有利的成岩后生作用是储层发育的保障，南堡凹陷经历了多期表生岩溶作用和埋藏溶蚀作用，使碳酸盐岩发生淋滤、溶蚀形成溶蚀孔洞缝；南堡凹陷经历加里东期、印支—燕山期等多期构造运动，使得凹陷内碳酸盐岩发育两期构造裂缝系统，为碳酸盐岩潜山储层的高产提供了有利条件。碳酸盐岩储层基质孔隙并不发育，主要以次生孔隙为主，一般包括粒间溶孔、粒内溶孔、晶间孔、晶间溶孔、晶内孔等；溶蚀孔洞一般大于 2mm；裂缝包括构造缝、压溶缝（缝合线）等（图 8）。

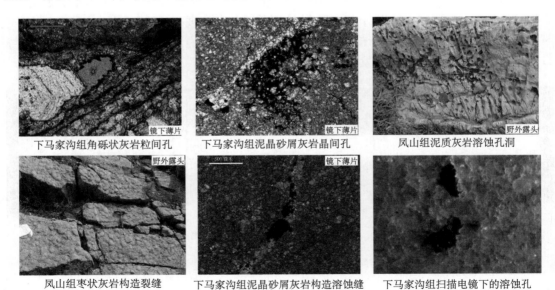

图 8  南堡凹陷碳酸盐岩储集类型

南堡凹陷碳酸盐岩潜山成藏条件优越，储层的发育程度是制约油气成藏的关键，优质储层发育区往往是油气富集区。只有在缝洞发育的地方，才能形成油气的运聚，因此储层物性决定富集高产。

# 4 结论

通过对南堡凹陷碳酸盐岩潜山地质特征和成藏主控因素分析与研究，深化了潜山油气藏的地质认识。南堡凹陷碳酸盐岩潜山广泛分布，有洼隆相间的构造格局，有利勘探面积大，成藏条件优越，纵向上存在7套储盖组合，含油层系多，油藏类型多样；油气成藏主要受构造、地层和储层等多因素控制，供烃窗口控制油气成藏，圈闭类型决定油藏类型，储层物性决定富集高产，相关认识得到了近期钻探实践的证实。

尽管如此，南堡凹陷碳酸盐岩潜山整体处在大型潜山构造的下行部位，受近东西向断层切割形成局部高点，成藏高度往往受上行方向上断层断距的控制，所以，这种潜山油藏的勘探仍然面临着不同潜山断块间油水系统多、油气水界面不均一等复杂情况，仍需在后续的工作中加深研究。

## 参 考 文 献

董月霞，周海民，夏文臣．2000．南堡凹陷火山活动与裂陷旋回．石油与天然气地质，21（14）：304−307．

贾承造．2006．中国叠合盆地形成演化与中下组合油气勘探潜力．中国石油勘探，11（1）：1−4．

彭传圣，林会喜，刘华等．2008．渤海湾盆地构造演化与古生界原生油气藏．高校地质学报，14（2）：206−216．

赵政璋，杜金虎，牛嘉玉等．2005．渤海湾盆地"中石油"探区勘探形势与前景分析．中国石油勘探，10（3）：1−7．

郑红菊，董月霞，王旭东等．2007．渤海湾盆地南堡富油气凹陷烃源岩的形成及其特征．天然气地球科学，18（1）：27−33．

周海民，董月霞，刘蕴华等．2003．冀东南堡凹陷精细勘探实践与效果．中国石油勘探，8（1）：11−15．

周海民，魏忠文，曹中宏等．2000．南堡凹陷的形成演化与油气的关系．石油与天然气地质，21（4）：345−349．

# 鄂尔多斯盆地奥陶系碳酸盐岩成藏
# 地质特征及勘探新进展

付金华 [1, 3]　　孙六一 [2, 3]　　任军峰 [2, 3]

(1. 中国石油长庆油田公司；2. 中国石油长庆油田公司勘探开发研究院；

3. 低渗透油气田勘探开发国家工程实验室)

**摘　要**　鄂尔多斯盆地下古生界奥陶系为海相碳酸盐岩沉积，成藏地质条件综合研究表明，盆地范围内发育台内碳酸盐岩浅水台地相—台地边缘礁滩相—斜坡相—深水盆地相的碳酸盐岩沉积，发育风化壳、白云岩、岩溶洞穴等多种类型的有效储集体，可形成大型岩溶古地貌圈闭、岩溶洞穴圈闭及白云岩差异云化圈闭等多种圈闭类型。上、下古生界两套烃源岩与其相配置，天然气成藏地质条件有利。在靖边奥陶系风化壳大气田发现及探明以来，长庆油田始终坚持成藏富集规律的研究深化和勘探，近期在奥陶系天然气勘探取得了重要进展和新发现。在靖边气田南部落实新的风化壳气藏目标，并已形成储量规模；在靖边气田西侧及盆地西部天环地区发现了较好的白云岩及洞穴型、礁滩型储层和圈闭类型，试气获得工业气流。进一步证实鄂尔多斯盆地奥陶系碳酸盐岩资源丰富、成藏类型多样，勘探潜力大。随着长庆油田油气当量上产 $5000 \times 10^4 t$ 并持续稳产目标的确立，海相碳酸盐岩作为重要的勘探领域，"十二五"期间将成为鄂尔多斯盆地天然气勘探增储上产的重要领域。

**关键词**　鄂尔多斯盆地　奥陶系　碳酸盐岩　白云岩　风化壳　礁滩　岩溶洞穴圈闭　勘探进展

海相碳酸盐岩在世界油气生产中占有及其重要的地位。近几年，随着四川、塔里木盆地海相碳酸盐岩油气勘探的突破，海相碳酸盐岩已经成为实现国家油气资源战略的重要领域，国内掀起了油气勘探与研究的高潮。鄂尔多斯盆地下古生界主要以海相碳酸盐岩为主，目前，在盆地中部已发现并探明了靖边奥陶系岩溶风化壳大气田，累计探明天然气地质储量超过 $4000 \times 10^8 m^3$（图 1），靖边气田已形成年生产能力 $55 \times 10^8 m^3$，是向北京及周边城市供气的主力气源。

本文主要从盆地奥陶系沉积特征研究入手，运用综合手段研究盆地碳酸盐岩储集体发育及成藏特征，结合最新天然气勘探进展，确定不同区带基本成藏地质条件，深化对有利储集体发育主控因素和气藏发育规律的认识，从区域上优选有利勘探区带，评价盆地海相碳酸盐岩勘探前景。

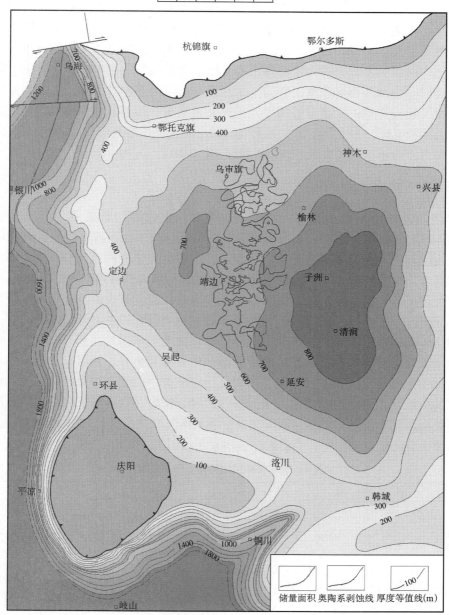

图 1　鄂尔多斯盆地奥陶系地层分布图

# 1　古生代构造沉积演化及地层发育特征

## 1.1　古生代区域构造沉积演化

区域构造沉积演化表明，鄂尔多斯盆地古生代属华北克拉通盆地的一部分，其南北两侧分别发育古兴蒙洋和古秦岭洋，这两大古洋盆的演化直接影响了盆地古生代的沉积特征。

早古生代，鄂尔多斯盆地演化主要受控于南侧古秦岭洋的演化，伴随南侧秦岭古洋盆打开、扩张、俯冲消减及最终闭合消亡，盆地内部经历了从早期陆表海盆地，后期陆缘海盆地，直至后期洋盆闭合并最终整体抬升遭受剥蚀的演化过程。其间加里东晚期的整体抬升造成盆地遭受了长达140Ma的风化剥蚀，盆地主体缺失中奥陶世—早石炭世沉积，造就了奥陶系风化壳储层的发育。晚古生代则主要受控于北部兴蒙造山带的演化，由于盆地北部兴蒙古洋盆的闭合及其后兴蒙造山带的不断隆升，盆地内部差异沉降，在陆表海台地构造背景上沉积了晚石炭世—二叠世近海平原—海陆过渡相—陆相的含煤碎屑岩建造，其广覆式沉积，大面积生烃，为上、下古生界大气田的形成提供了丰富的气源（田在艺，张春庆，1996；杨俊杰，1996；王宝清等，1995；杨俊杰，2001）。

## 1.2 奥陶系发育特征

鄂尔多斯盆地自下而上发育元古宇、古生界、中生界和新生界，沉积岩平均厚度6000m。纵向上具有"上油下气"的油气藏分布特点。其中，下古生界发育碳酸盐岩沉积建造，上古生界—中生界发育碎屑岩沉积建造。下古生界平均厚度1000～2000m，其中，下奥陶统马家沟组是主要的海相碳酸盐岩含气层位，马家沟组由六个岩性段组成，其中一、三、五段为膏云岩与盐岩发育段；二、四、六段为石灰岩发育段。主要含气层段马五段划分为10个亚段，其中马五$_{1+2}$、马五$_4$亚段是靖边风化壳气藏的主力气层。

平面上，奥陶纪由于中央古隆起的阻隔作用，盆地中东部与西部分属华北、祁连两大海域，地层发育特征存在显著差别，以南北向中央古隆起为界，地层发育具有东老西新的特点。盆地中东部自下而上主要发育下奥陶统冶里—亮甲山组、马家沟组，而且由于后期剥蚀，大部分地区顶部地层为马家沟组五段白云岩，仅局部残留马家沟组六段石灰岩；而盆地西部奥陶系发育较全，自东向西依次发育下奥陶统克里摩里组、中奥陶统乌拉力克组、拉什仲组及上奥陶统背锅山组、蛇山组、公乌素组（图1、表1）。

**表1 鄂尔多斯盆地奥陶系地层划分表**

| 西部 | | | | 中东部 | | | | |
|---|---|---|---|---|---|---|---|---|
| 地层 | | | 化石带 | 化石带 | 地层 | | 统 | 系 |
| 系 | 统 | 组 | | | 段 | 组 | | |
| 奥陶系 | 上统 | 背锅山组 | *Agetalites* | | | | 上统 | 奥陶系 |
| | 中统 | 蛇山组 公乌素组 | *Amplexograptus* | | | | 中统 | |
| | | 龙门洞组 | | | | | | |
| | | 拉什仲组 | *Pegodus* | | | | | |
| | | 乌拉力克组 | 平凉组 | | | | | |
| | 下统 | 克里摩里组 | 三道沟组 | *Pterograptus* | *Erismodus typus* | 马六 | 峰峰组 | 下统 |
| | | 桌子山组 | 水泉岭组 | *Ordosoceras* | *Scandodus rectus* | 马五 | 马家沟组 | |
| | | | | | *Aurilobodus aurilobus* | 马四 | | |
| | | 三道坎组 | 麻川组 | *Parakogenoceras* | *Scolopodus flexilis* | 马三 马二 马一 | | |
| | | | | | *Drepanodus tenuis* | | 亮甲山组 | |
| | | | | | *Oistodus sp* | | 冶里组 | |

注：据长庆油田内部资料。

# 2 奥陶系天然气成藏地质特征

成藏地质条件综合研究表明，盆地范围内发育从台内碳酸盐岩浅水台地相—台地边缘礁滩相—斜坡相—深水盆地相的碳酸盐岩沉积，可以形成风化壳型、白云岩、岩溶洞穴等多种类型储集体，可形成大型岩溶古地貌圈闭、岩溶洞穴圈闭及白云岩差异白云化圈闭等多种圈闭及成藏类型，上、下古生界两套烃源岩与其相配置，天然气成藏地质条件有利。

## 2.1 发育上、下古生界两套烃源岩，气源充足

鄂尔多斯盆地具有上古生界海陆过渡相煤系和下古生界海相碳酸盐岩两套烃源岩，气源供给充足。晚古生代，盆地在陆表海背景上沉积了晚石炭世—二叠纪近海平原—海陆过渡相—陆相含煤碎屑岩建造，其中，煤层累计厚度一般为 10 ~ 30m，其有机碳含量高达70.8% ~ 83.2%，分布范围广且厚度稳定，暗色泥岩累计厚度 80 ~ 170m，有机碳含量一般0.3% ~ 3.0%，$R_o$ 一般 1.3% ~ 2.0%，处于天然气过成熟演化阶段。在早白垩世末烃源岩生排烃高峰期，其生气强度一般在 $20 \times 10^8$ ~ $50 \times 10^8 m^3/km^2$，与奥陶系储集体形成了上生下储的源储配置关系，是盆地下古生界气藏的主要气源（周树勋，马振芳，1998；夏日元等，1999；马振芳等，2000；杨华等，2005；付金华等，2006）。

下古生界烃源岩以奥陶系为主，主要发育盆地西南缘中、上奥陶统台缘斜坡相烃源岩和下奥陶统马家沟组台内洼陷两大海相烃源岩体系。有机碳含量 0.08% ~ 2.91%，平均值0.28%，$R_o$ 值为 2.07% ~ 2.86%，有机质已达过成熟干气热演化阶段，构成自生自储的源储配置关系，为盆地下古生界天然气成藏提供了气源。近期已经在西部奥陶系台缘相带及盆地东部奥陶系盐下发现了奥陶系自生自储型气藏（杨华，张文正等，2009；杨华，付金华等，2010），进一步证实了奥陶系海相烃源岩也具有一定的生烃潜力。

## 2.2 碳酸盐岩储集体类型多样

鄂尔多斯盆地奥陶系碳酸盐岩分布范围广，发育从台内碳酸盐岩浅水台地相—台地边缘礁滩相—斜坡相—深水盆地相的碳酸盐岩沉积。受东西分布的祁连海域和华北海域及其间近南北向分布的中央古隆起的共同控制，盆地东西之间的沉积具有明显的差异，为不同类型储集体的形成奠定了基础。对盆地下古生界碳酸盐岩储层发育特征的综合研究分析表明，本区碳酸盐岩主要发育风化壳溶孔型储集体、白云岩晶间孔型储集体、台缘礁滩孔隙型储集体、岩溶缝洞型储集体等四种储集体类型。

### 2.2.1 风化壳溶孔型储集体

风化壳溶孔型储集体主要分布在奥陶系马家沟组五段蒸发潮坪白云岩中（图 2），其白云岩基质多呈泥粉晶结构，略显微细纹层或干裂角砾化构造，其中因存在有准同生期形成的膏质或膏云质结核及膏盐矿物晶体等易溶矿物构组，在风化壳期的淋溶作用下形成有效的储集空间（包洪平等，2000，2004），是靖边风化壳气藏的主要储集空间。

### 2.2.2 白云岩晶间孔型储集体

其主要为白云石晶间孔（局部同时发育晶间溶孔），次为微裂缝。白云岩晶间孔及晶间溶孔则主要形成于碳酸盐沉积物发生白云石化作用的同期，与白云岩的成因紧密相关。以

图 2　鄂尔多斯盆地奥陶系马家沟组风化壳储层孔隙特征
A—陕＊井，马五₁（$O_1m_5$），溶孔；B—陕＊井，马五₁，溶孔；
C—陕＊井，马五₁，溶孔；D—陕＊井，马五₁，膏模孔

马五₅亚段白云岩及马四段白云岩为代表，本区的粗粉晶—细晶白云岩主要形成于混合水云化的近地表浅埋藏成岩环境（图 3）。

　　同时，盆地东部奥陶系盐下盐间云灰岩过渡相带也有利于盐间细晶—粉晶白云岩储层的发育，是盐下天然气成藏的主要储集空间。

### 2.2.3　台缘礁滩孔隙型储集体

　　台缘礁滩孔隙型储集体的储层岩石主要有两类：一类是石灰岩，另一类是晶粒结构的白云岩。石灰岩主要分布在盆地西部的台缘礁滩相带中，目前所发现的有效储层的主要有藻屑颗粒灰岩和海绵礁灰岩。白云岩则主要分布于盆地南部的台缘礁滩相带中，发育有效储层的主要为细晶及细中晶结构的白云岩，常可见颗粒结构及可疑生物骨架结构的残余或暗影，反映其主要形成于礁滩体的成岩期强烈白云岩化改造。石灰岩礁滩相储集体主要发育组构选择性溶孔及海绵礁骨架孔，白云岩礁滩相储集体则主要发育白云石晶间孔、礁残余格架孔（图 3）。

### 2.2.4　岩溶缝洞型储集体

　　岩溶缝洞型储集体主要发育在石灰岩地层中。石灰岩由于其易溶性以及构造抬升导致的张裂作用，极易在风化壳期形成较大规模的岩溶缝洞体系（包括地下暗河等）。但由于后期的岩溶塌陷，大多数岩溶洞穴已垮塌，目前勘探发现的岩溶缝洞储层，实际上多为洞穴充填的泥质角砾岩，只不过由于周围地层的围限，洞穴充填物通常未经强烈的压实，成岩程度相对较低，多数充填洞穴也仍具一定的储集性。

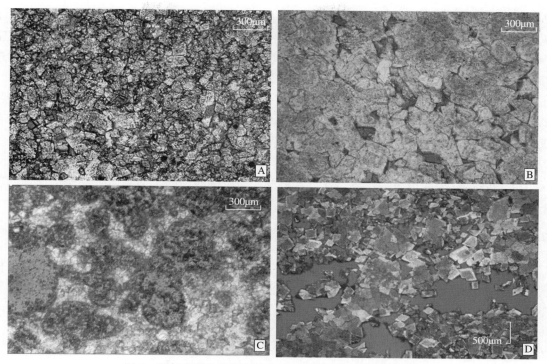

图 3　鄂尔多斯盆地奥陶系白云岩及礁滩体储层孔隙特征

A—苏 * 井，马五 $_5$（$O_1m_5$），白云岩晶间孔；B—定 * 井，马四（$O_1m_4$），白云岩晶间孔、溶孔；
C—天 * 井，$O_1k$，灰岩颗粒溶孔；D—旬 * 井，马六（$O_1m_6$），格架孔、白云岩晶间孔、溶孔

## 2.3　盖层及保存条件

奥陶系气藏具备良好的区域盖层，并且发育多种类型的直接盖层，气藏封盖及保存条件较好。奥陶系顶部的铝土质泥岩气体绝对渗透率为 $6.5 \times 10^{-6}$mD，饱含空气时突破压力 15MPa，石炭—二叠系暗色泥岩厚度 80 ～ 170m，气体绝对渗透率为 $2.8 \times 10^{-3}$ ～ $3.7 \times 10^{-6}$mD，饱含空气时突破压力为 11 ～ 15MPa，二者是奥陶系气藏的区域盖层。奥陶系气藏的直接盖层包括膏盐岩、海相泥质岩及致密碳酸盐岩等。如盆地东部奥陶系马家沟组马五 $_6$ 亚段的膏盐岩厚度最大可达 130 多米，是盐下气藏的直接盖层；西部、南部中、上奥陶统的泥质岩、泥页岩气体绝对渗透率为 $1 \times 10^{-6}$ ～ $3 \times 10^{-6}$mD，突破压力 6 ～ 7MPa，可以作为台缘带岩溶洞穴气藏及礁滩相气藏的直接盖层。

## 2.4　发育多套含气组合

中央古隆起以东地区奥陶系马家沟组由于海平面多次升降形成的沉积旋回组成，其中马一、马三、马五段都为以膏盐岩为主的沉积旋回，而马二、马四、马六段则为海侵旋回，以碳酸盐岩为主，马五期是盆地奥陶纪最大的一套含膏盐岩层序，其中，马五 $_6$ 亚段累计膏盐岩厚度最大可以达到 130 多米，而且自下而上，马五 $_{10}$ 亚段、马五 $_8$ 亚段及马五 $_4$ 亚段，也与马五 $_6$ 亚段一样，均为以膏盐岩为主的沉积旋回，而其间的马五 $_9$、马五 $_7$、马五 $_5$ 则同为夹在蒸发岩层序中的短期海侵沉积。奥陶系马家沟组沉积纵向上的这种旋回性分布形成了多套储集体，按照储层类型及成藏特征，划分为三套含气组合：上组合主要层位为

马五$_1$—马五$_4$，储集类型为含膏白云岩膏溶孔，多个含气层分布稳定，气藏规模大，以靖边气田为代表的风化壳型含气组合；中组合主要层位为马五$_5$—马五$_{10}$亚段白云岩，储集空间以滩相白云岩晶间孔为主，储层内部均质性好，具有局部高产富集的特点，以古隆起东侧马五中段气藏为代表；下组合以马家沟组马四段白云岩晶间孔、晶间溶孔型储层为主。

盆地东部地区奥陶系盐下以马五$_6$、马五$_8$、马三、马一等膏盐岩旋回为分隔层和盖层，以其间海侵旋回的马五$_7$、马五$_9$、马四等层段的云灰岩过渡相的白云岩为储集体，也具有形成多套含气组合的条件，盐下勘探目标层系进一步拓展。

盆地西部奥陶系不同层段的岩性变化同样控制了不同类型储层形成，发育多套含气组合。上组合以克里摩里组为代表，发育岩溶洞穴型及礁滩型两类储集体；桌子山组顶部以白云岩为主，发育白云岩晶间孔型储集空间，是该区的中下部含气组合。

## 2.5 奥陶系圈闭类型多样，发育四大勘探区带

奥陶系圈闭成藏特征研究表明，盆地内主要发育大型古地貌—成岩复合圈闭、盐下构造—岩性复合圈闭、礁滩体岩性圈闭、岩溶洞穴圈闭等多种圈闭类型，形成了台缘礁滩相带（马六—平凉组、古隆起东侧白云岩体马五$_{5-10}$、马四）、盆地中东部风化壳（马五$_{1+2}$、马五$_4$）和盆地东部奥陶系盐下马五$_6$以下四大勘探区带（图4）。

### 2.5.1 盆地中东部风化壳气藏勘探区带

盆地中东部风化壳气藏是盆地奥陶系碳酸盐岩最重要的勘探区带，已发现并探明了靖边风化壳大气田，勘探程度最高，含气最丰富的区带。岩溶风化壳气藏分布主要受控于马五段上部含膏云坪相带展布、前石炭纪岩溶古地貌及后期孔洞充填的综合控制，而且通过地震—地质综合识别，进一步落实了奥陶系顶部地层的分布，对前石炭纪古地貌的刻画也更加精细，目前，在靖边气田西侧落实多个风化壳气藏高产富集目标，在盆地东部发现岩溶残丘含气目标，是奥陶系海相碳酸盐岩勘探增储上产的现实领域。

### 2.5.2 古隆起东侧奥陶系白云岩勘探区带

该区带处于靖边风化壳气田以西，中央古隆起以东的广大地区。目的层为奥陶系马家沟组中下段马五$_5$、马五$_7$、马五$_9$亚段及马四段白云岩。综合分析表明，马五中下部滩相白云岩在后期埋藏抬升后，配合东侧上倾方向岩性相变遮挡，顶部为上古生界煤系泥岩，可以形成有效的地层—岩性圈闭。而且横向上，靖边气田西侧马五中下段具有多层系复合含气特点，气藏呈环带状分布于古隆起东侧，通过地震识别，已经初步圈定了滩相白云岩体的分布范围，是寻找滩相岩性圈闭的有利区带。

### 2.5.3 台地边缘相带岩溶洞穴及礁滩体勘探区带

台缘相带是近年油气勘探的热点（周新源等，2006；王一刚等，2008；陆亚秋等，2007；马永生等，2007）。奥陶纪，鄂尔多斯盆地西、南缘为贺兰和秦岭海槽，在鄂尔多斯台地与海槽之间的斜坡过渡带具有发育高能礁滩相带的条件，礁滩相带沉积经历沉积期后改造可以形成灰岩型和白云岩型两大类储集体。除了上古煤系烃源岩，该区带在盆地西缘、南缘呈"L"形发育有中—上奥陶统斜坡相、盆地相，泥质海相烃源岩厚度大，有机质丰度较高，具有较强的生烃能力，为台缘相带成藏奠定了生烃物质基础，与台缘相带岩溶洞穴及礁滩体等储集体相配置，可以形成有效的天然气聚集。近期的勘探也已经钻遇较好的礁滩相储层及岩溶洞穴型储集体，并且在岩溶洞穴圈闭试气获得气流，表明，该区带具有一

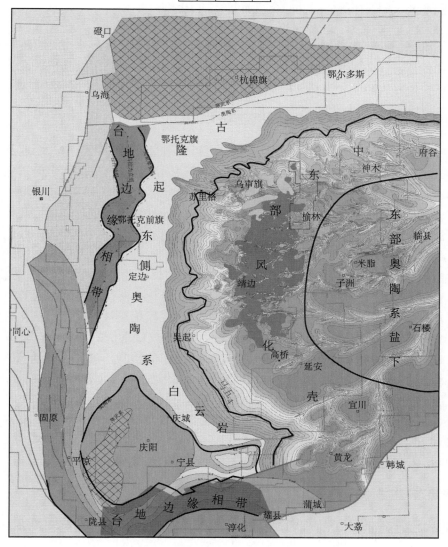

图 4　鄂尔多斯盆地奥陶系勘探区带划分图

定的成藏潜力。

### 2.5.4　盆地东部奥陶系盐下勘探区带

　　盆地东部奥陶系盐下马家沟组马五$_6$亚段膏、盐岩厚度大，分布面积广，可作为盐下气藏的区域盖层，封盖能力强；而马五$_7$、马五$_9$、马四、马三和马二段均发育白云岩晶间孔和晶间溶孔型储层，具有较好的储集性能。而且近期地震勘探成果表明，马家沟组马一、马三、马五等三套膏盐岩之下，发育鼻状盐隆、地层尖灭、透镜体等多类型圈闭，其中，盐下断裂控制了盐下主要圈闭的展布，局部构造是勘探的首选对象。针对盐下构造圈闭的风险探井试气已获得 $CO_2$ 气流，构造圈闭的有效性得到证实，表明盐下领域具有勘探前景。

# 3 盆地奥陶系碳酸盐岩天然气勘探新进展

自从 20 世纪 90 年代发现并探明靖边奥陶系风化壳大气田以来，长庆油田始终坚持成藏富集规律的研究和不断深化勘探，努力寻找天然气勘探新层系，积极拓展天然气勘探新领域，在下古生界碳酸盐岩天然气勘探中取得重要进展和新发现，勘探成效显著。

## 3.1 靖边气田周边风化壳气藏含气面积不断扩大

自 20 世纪 90 年代发现并探明靖边大气田之后，通过不断深化岩相古地理及深化古沟槽展布模式的研究以及形态的精细刻画，认为，靖边岩溶古潜台主体部位向东延伸，为含气面积向东扩大提供了地质依据。2003—2006 年以扩大含气面积和实现储量升级为目的，在靖边潜台东侧实施评价勘探，取得重大进展，马五 $_{1+2}$ 储量面积进一步落实和扩大，新增探明地质储量 $1200 \times 10^8 m^3$，靖边气田累计天然气探明地质储量超过 $4000 \times 10^8 m^3$。

靖边气田西侧处于古岩溶高地与古岩溶斜坡过渡地带，马五沉积期处于含膏云坪相带，与靖边气田本部类似，对该区与靖边气田本部的风化壳储层孔洞充填物的对比分析也表明，其主要以白云石充填为主，孔隙充填程度低，有利于风化壳储层的发育。同时，由于马五段向西逐渐被剥蚀，西侧马五 $_{1+2}$ 主力产层缺失，马五 $_4$ 段地层被剥露遭受风化淋滤，也可以形成储集性能良好的溶蚀孔洞型储层，是该区风化壳气藏勘探的新层系。2010 年，通过加强对靖边气田西侧地区奥陶系马家沟组顶部地层分布的预测，进一步刻画该区古地貌形态及古沟槽展布，优选马家沟组马五 $_{1+2}$ 保存较全的区块及马五 $_4$ 有利目标实施甩开勘探，获得重大突破。多口井试气获得高产工业气流，其中召*井试气获得百万立方米以上高产工业气流，目前已经落实召*等 3 个有利含气区块，总面积近 $5000 km^2$，2010 年，在靖边西侧新增马五 $_{1+2}$ 和马五 $_4$ 预测储量共计 $1200 \times 10^8 m^3$。自靖边气田发现以来，新增三级储量超过 $2000 \times 10^8 m^3$，有望使靖边风化壳气田探明储量规模超过 $6000 \times 10^8 m^3$。

## 3.2 古隆起东侧勘探发现奥陶系中组合岩性圈闭新领域

成藏地质条件的综合分析表明，马五 $_5$、马五 $_7$、马五 $_9$ 同为夹在蒸发岩层序中的短期海侵沉积，沉积相带围绕盆地东部洼地区呈环带分布，自西向东依次发育环陆云坪、靖西台坪、靖边缓坡及东部灰岩洼地。在靖西台坪的局部高部位，是台内滩相颗粒灰岩发育的有利位置，经后期云化后可形成云化滩储层。

2010 年，在苏里格地区上古生界的勘探中，结合上述认识，将古隆起东侧奥陶系中下组合作为兼探层系，勘探取得重要发现，在奥陶系中组合发现高产富集区，其中苏*井在马五 $_5$ 试气获百万立方米高产工业气流；苏*井在马五 $_6$ 试气获高产工业气流。通过对钻井和地震资料的精细刻画，进一步落实马五 $_5$、马五 $_7$、马五 $_9$ 多个滩体发育带，发现吴起南多层系滩体叠合区带。该区勘探面积达 $7000 km^2$，勘探程度低，具有较好的勘探前景，是近期最现实的天然气勘探目标。

## 3.3 盆地东南部发现风化壳含气新区带

盆地东南部奥陶系马家沟组马五段沉积期与靖边潜台区同处于含膏云坪相带，发育含膏白云岩，具有形成岩溶储层的物质基础。该区前石炭纪处于岩溶斜坡和区域古地貌高部位，岩溶作用强烈，具备形成风化壳储层的有利条件。但该区风化壳储层孔洞充填程度较高，非均质性较强。通过加强岩溶作用控制因素及孔洞充填机理分析，优选孔隙充填较弱的部位实施钻探，2009年，在宜川—黄龙地区实施的宜*井在马五$_{1+2}$钻遇溶蚀孔洞型储层，试气获工业气流，发现了新的风化壳含气有利区。

2010年，通过进一步深化岩溶古地貌、储层形成机理研究，强化地震储层预测，初步圈定了黄龙、宜川两个有利勘探目标，面积约3000km²，是盆地岩溶风化壳气藏新的接替目标。

### 3.4 西部台缘相带发现岩溶缝洞体及云化滩含气新苗头

对盆地西部天环地区古地貌格局、地层分布和岩性特征等多种因素的综合分析表明，该区主要发育岩溶洞穴型及礁滩型两类有效圈闭类型。

在地震—地质综合预测礁滩体、岩溶洞穴体分布的基础上开展勘探，2010年，余探*井于克里摩里组钻遇岩溶洞穴型储层，试气获3.5×10⁴m³/d。对其$CH_4$碳同位素分析表明，其值明显偏负，反映天然气源自海相烃源岩，进一步证实岩溶洞穴圈闭的有效性，同时表明，奥陶系海相烃源岩具有一定的生排烃能力。苏**井奥陶系克里摩里组钻遇云化滩相白云岩储层，试气获5038 m³/d 气流，显示该区礁滩体岩性圈闭也具有一定的勘探潜力。

### 3.5 盆地东部奥陶系盐下勘探发现 $CO_2$ 气藏

盆地东部奥陶系盐下是盆地天然气勘探的新领域，2010年，在盐下成藏条件分析及地震勘探成果的基础上，结合盐下烃源岩分布特征，在源储配合程度较好、局部构造落实程度较高的子洲北东构造—岩性复合圈闭上部署实施龙探*井。

该井马三段岩性为膏、盐岩与碳酸盐岩互层，测井在马三段上部的盐间白云岩层段解释裂隙层3.8m，测试发现 $CO_2$ 气藏，日产气超过 $5.0×10^4m^3$。表明了盆地东部盐下局部构造圈闭的有效性，发现了 $CO_2$ 新类型气藏。

## 4 盆地海相碳酸盐岩天然气勘探前景

鄂尔多斯盆地下古生界前期勘探主要集中在盆地中东部针对岩溶风化壳气藏的成因机理及天然气富集规律研究，形成了适合盆地的岩溶风化壳气藏成藏地质综合理论。近年，随着盆地天然气勘探的深入，在古隆起周边白云岩体（马家沟组中、下组合）、盆地周缘奥陶系台缘相带岩溶缝洞体、礁滩体等区带相继取得重要发现，表明，盆地靖边风化壳气藏以外的海相碳酸盐岩领域也具有较大的勘探潜力，碳酸盐岩的勘探领域、层系进一步拓展。随着长庆油田油气当量上产 $5000×10^4t$ 并持续稳产目标的确立，盆地海相碳酸盐岩勘探已经成为近期天然气勘探的热点和重点，"十二五"期间将成为鄂尔多斯盆地天然气勘探增储上产的重要领域。

参 考 文 献

包洪平，杨承运，黄建松．2004．"干化蒸发"与"回灌重溶"——对鄂尔多斯盆地东部奥陶系蒸发岩成因的新认识．古地理学报，6（3）：279-287.

包洪平，杨承运．2000．鄂尔多斯东部奥陶系马家沟组微相分析．古地理学报，2（1）：
31-42

付金华，魏新善，任军峰等．2006．鄂尔多斯盆地天然气勘探形势与发展前景．石油学报，
27（6）：1-4.

陆亚秋，龚一鸣．2007．海相油气区生物礁研究现状、问题与展望．地球科学，32（6）．

马永生，牟传龙，谭钦银等．2007．达县—宣汉地区长兴组—飞仙关组礁滩相特征及其对
储层的制约．地学前缘，14（1）

马振芳，付锁堂，陈安宁．2000．鄂尔多斯盆地奥陶系古风化壳气藏分布规律．海相油气
地质，5（1）：98-102.

田在艺，张春庆．1996．中国含油气沉积盆地论．北京：石油工业出版社．

王宝清等．1995．古岩溶与储层研究—陕甘宁盆地东缘奥陶系顶部储层特征．北京：石油
工业出版社．

王一刚，洪海涛，夏茂龙等．2008．四川盆地二叠、三叠系环海槽礁、滩富气带勘探．天
然气工业，28（1）．

夏日元，唐健生，关碧珠等．1999．鄂尔多斯盆地奥陶系古岩溶地貌及天然气富集特
征．石油与天然气地质，20（2）：133-136.

杨华，付金华，包洪平，2010．鄂尔多斯地区西部和南部奥陶纪海槽边缘沉积特征与天然
气成藏潜力分析．海相油气地质，15（2）．

杨华，付金华，魏新善．2005．鄂尔多斯盆地天然气成藏特征．天然气工业，25（4）：
5-8.

杨华，张文正，昝川莉等．2009．鄂尔多斯盆地东部奥陶系盐下天然气地球化学特征及其对
靖边气田气源再认识．天然气地球科学，20（1）：8-14.

杨俊杰．1996．中国天然气地质学（卷四）：鄂尔多斯盆地．北京：石油工业出版社．

杨俊杰．2001．鄂尔多斯盆地构造演化与油气分布规律．北京：石油工业出版社．

周树勋，马振芳．1998．鄂尔多斯盆地中东部奥陶系不整合面成藏组合及其分布规．石油
勘探与开发，25（5）：14-17.

周新源，王招明，杨海军等．2006．塔中奥陶系大型凝析气田的勘探和发现．海相油气地
质，11（6）．

# 全球海相碳酸盐岩巨型油气田发育的构造环境探讨[❶]

胡素云[1]　谷志东[1]　汪泽成[1]　江　红[2]

（1. 中国石油勘探开发研究院；2. 中国石油集团经济技术研究院）

**摘　要**　"巨型油气田"一词源于"Giant Field"，指在目前已知技术条件下，最终探明可采储量达到或超过 $5 \times 10^8$ bbl 油当量的油气田。本文在系统调研全球巨型油气田勘探与研究现状基础上，依托 IHS、C&C 数据库及国内外公开发表的相关文献资料，对截至 2009 年底发现的 320 个海相碳酸盐岩巨型油气田及其赋存的 48 个含油气盆地进行详细分析，重点探讨其发育的板块构造环境及其富集的盆地类型。板块构造环境主要包括离散、会聚、转换三种，本文应用 Paul Mann（2003）的含油气盆地类型划分方案。研究表明，海相碳酸盐岩巨型油气田主要形成于离散板块构造环境，包括大陆裂谷与上覆凹陷、面向大洋盆的被动大陆边缘两种类型盆地。离散板块构造环境有利于优质烃源岩、有效储层、良好盖层的形成及生储盖的有效配置。国外海相碳酸盐岩巨型油气田勘探带给我们的启示是：加强我国离散板块构造环境下这两种类型原型盆地研究，尤其是盆地演化早期阶段裂谷系的研究，这将对我国海相碳酸盐岩的油气勘探具有重要的指导意义。

**关键词**　全球　海相碳酸盐岩　巨型油气田　构造环境　探讨

"巨型油气田"一词源于"Giant Field"，国内一些学者也译为"大油气田"。1956 年，G. M. Knebel 使用"giants"术语，指最终可采储量多于 $100 \times 10^8$ bbl 的油气田。巨型油气田最终可采储量下限的取值依据不同国家油气资源量、勘探程度及勘探历史等有不同的划分标准，国内外不同学者对其下限进行了阐述。1968 年，Michel T.Halbouty 将"giants"定义为已经生产或将生产至少 $1 \times 10^8$ bbl 油或 $1 \times 10^{12}$ ft³ 天然气的油气田；Robert.J.Burke（1969）提出了"monster oil field"与"Super giants"术语，J.D.Moody（1970）与 Michel T.Halbouty（1970）分别阐述了"giant oil/gas field"下限，R.Nehring（1978）提出了"Combination Giants"术语，T.A.Fitzgerald（1980）、S.W.Carmalt（1986）与 Michel T. Halbouty（2003）分别对"giant oil/gas field"下限进行说明。总体来看，巨型油田定义的下限有 $1 \times 10^8$ bbl、$5 \times 10^8$ bbl、$10 \times 10^8$ bbl、$100 \times 10^8$ bbl 等不同标准，巨型气田定义的下限有 $1 \times 10^{12}$ ft³、$3 \times 10^{12}$ ft³ 和 $3.5 \times 10^{12}$ ft³ 不同标准。本文采用 J.D.Moody（1970）、R.Nehring（1978）、S.W.Carmalt（1986）与 Michel T.Halbouty（2003）的定义，指在目前已知技术条件下，最终探明可采储量达到或超过 $5 \times 10^8$ bbl 油当量的油气田。

1871 年，世界上第一个被发现的巨型油田——美国 Pennsylvania 的 Bradford 油田通过地表油苗、随机钻探方法被发现；在此之后，地面地质调查、地球物理等方法使越来越多

---

❶基金项目：国家科技重大专项（2008ZX05004）"四川、塔里木等盆地及邻区海相碳酸盐岩大油气田形成条件、关键技术及目标评价"。

的巨型油气田逐渐被发现。石油地质学家、油气勘探家通过对世界巨型油气田的统计得出的基本认识是占世界个数极少数的巨型、超巨型油气田拥有世界大部分的油气储、产量。

油气聚集源于复杂地质过程，这个过程可以从局部、区域或世界的角度加以研究。一般，石油地质家更关心指导新储量发现的局部和区域。然而，在世界地质历史的格架内研究油气储量的分布有助于揭示一些基本原理，发现时空更广泛展布油气分布的相似性。这种研究将有助于更多理解油气的形成与分布。

本文在充分调研世界巨型油气田的勘探与研究现状的基础上，对世界 48 个含油气盆地 320 余个海相碳酸盐岩巨型油气田进行了深入剖析，其目的是为我国海相碳酸盐岩，尤其是古老海相碳酸盐岩的勘探与研究提供可供借鉴的资料，以指导我国海相碳酸盐岩的勘探实践。

# 1 巨型油气田的国内外研究现状

国内外学者一直致力于巨型油气田的研究，从其发育的板块构造环境，发育的盆地类型、位置及其形成基本条件等方面进行了研究。

## 1.1 巨型油气田发育的板块构造环境

H. Yarborough（1974）分析了与板块构造理论相关的三种基本的构造变形机制，伸展（拉分）机制、挤压（俯冲）机制与剪切机制，及与这三种机制产生的盆地及其内沉积物充填及其油气聚集。

C. Bois（1982）通过对寒武纪到全新世七个主要时期的世界地质历史的综述，揭示了影响世界油气储量分布的主要因素。他指出，古生代油气储量主要位于北美和欧洲，与稳定台地环境有关；中生代和新近系储量发现于各种构造环境，主要位于特提斯域、被动边缘和美国西部活动带。

Carmalt 与 St. John（1986）对截止到 1983 年底 509 个巨型油气田进行了全面汇编，并分别按照 Klemme（1971）与 Bally 和 Snelson（1980）的盆地分类对不同类型的盆地所发现的巨型油气田数量和可采储量进行了归类统计，认为，最丰富的含油气区是位于大陆壳内与板块碰撞相关的活动带内含油气盆地。

## 1.2 巨型油气田发育的盆地类型、位置

1952 年，L. G. Weeks 通过对全球油气分布研究，指出油气分布与两个因素有紧密的联系：①盆地种类或成因类型、生长方式、最终建造（物理格架）与沉积时盆地底部形态或构型；②沉积条件与沉积时盆地内、盆地底部的环境。这两个因素最终受不同成因类型盆地形成与演化控制。他将沉积盆地划分为活动带与稳定区域两部分。

1956 年，G. M. Knebel 通过对除俄罗斯之外的 42 个盆地 236 个大于 $1 \times 10^8$ bbl 油田的石油分布的统计分析，研究了相关的地质控制因素。他将一个盆地划分为四个简单的部分，即陆架（shelf）、枢纽线（hingeline）、深部盆地（deep basin）和活动边缘（mobile rim），并将陆架与枢纽线合并作为盆地稳定部分，将深部盆地与活动边缘分并作为盆地活动部分，他得出的结论是盆地稳定部分占有大多数石油。

Haeberle（2001）根据盆地类型对美国 362 个巨型油气田进行了分类，盆地类型及巨型油气田所占储量的比例分别为克拉通内部（2%）、克拉通边缘"平原"盆地（29%）、克拉通边缘"造山"盆地（5%）、板块边缘盆地（34%）、裂谷盆地（22%）与三角洲盆地（7%）。

Pettingill（2001）对 20 世纪 90 年代所发现的巨型油气田的盆地类型进行了划分，认为巨型油气田油气资源的 53% 出现于褶皱带、前陆与前渊地区。

## 1.3 巨型油气田形成基本条件

Michel Thomas Halbouty 长期对巨型油气田的重要性开展评价，他以十年为一周期对截止到 20 世纪末的世界巨型油气田的发现进行系统研究。自 1970—2003 年 33 年间，他出版了四部关于巨型油气田的著作，即 AAPG Memoir 14、AAGP Memoir 30、AAPG Memoir 54 与 AAPG Memoir 78。1970 年，Halbouty 对世界 187 个巨型油田、79 个巨型气田（至少 $5 \times 10^8$ bbl 油当量）的可采储量、储层岩性、发育层位、发育区域等进行统计，并分析了影响巨型油气田形成的因素，包括圈闭大小、圈闭发育时期、烃源岩、储集岩、蒸发岩、盖层、不整合与地热梯度等几个方面。

Klemme（1971、1972、1974、1975、1983）对世界 287 个巨型油气田及其发育的 57 个盆地的构造环境、盆地类型及与油气聚集相关的基本因素，总结了影响巨型油气田形成的七个因素：①大的圈闭；②盆地大小；③盆地范围或盆地大部分广泛的蒸发岩盖层；④非常重要的不整合；⑤不发育裂隙的区域性大背斜或它们翼部的枢纽带；⑥比正常高的地热梯度；⑦次生裂缝储层。

A.A. Meyerhoff（1974）论述了形成大油气田（Large petroleum field）的 12 个基本因素；Moody（1975）汇编了巨型油气田的诸多特征，包括与板块构造、区域性剪切模式与巨型油气田的关系；D. A. Holmgren（1975）对世界 428 个巨型油气田的区域与局部构造特征进行了研究，强调了巨型油气田与造山运动、不整合、储集岩时代、形成圈闭构造时代、运移、含油气区内构造位置的关系，与世界板块和与世界、区域和局部的区域性剪切模式之间的关系。

# 2 全球海相碳酸盐岩巨型油气田的勘探现状

## 2.1 资料来源及其使用情况

本文依托全球最新最全的国外含油气盆地数据库（IHS 数据库），并增补美国 C&C 数据库以及国内外公开发表的相关文献资料，在对全球 4962 个含油气盆地 25577 个油气田详细筛选的基础上（图 1），重点对 554 个含油气盆地 5879 个海相碳酸盐岩油气田进行详细统计，最终对可采储量达到或超过 $5 \times 10^8$ bbl 油当量的 320 个巨型油气田及其所赋存的 48 个含油气盆地，从其发现时间、生储盖条件及其分布情况等方面进行了详细统计与分析，为进一步的分析奠定了良好基础。

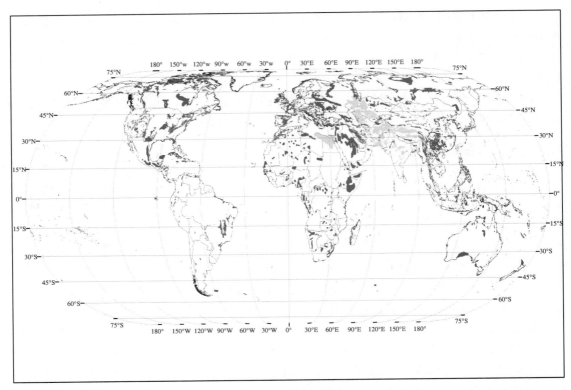

图 1    世界含油气盆地油气田分布图（据 IHS）

## 2.2    海相碳酸盐岩巨型油气田勘探现状

### 2.2.1    海相碳酸盐岩巨型油气田数量少、储量比例大，具有重要地位

海相碳酸盐岩油气田在全球油气生产中占有极其重要的地位。据 IHS 数据统计，全球海相碳酸盐岩分布面积约占全球沉积岩总面积的 20%，可采储量约占全球总可采储量的 60%；截至 2009 年底，全球共发现海相碳酸盐岩油气田 5879 个，探明可采储量为 $1.9389 \times 10^{12}$bbl 油当量，其中，石油探明可采储量 $1.1221 \times 10^{12}$bbl 油当量，天然气探明可采储量 $0.8168 \times 10^{8}$bbl 油当量。

截至 2009 年底，全球共发现巨型油气田 936 个，油气可采储量共计 $3.1189 \times 10^{12}$bbl 油当量，其中，碳酸盐岩巨型油气田有 320 个，储量达 $1.7456 \times 10^{12}$bbl 油当量，占总储量的 56%。碳酸盐岩巨型油气田的发现在 20 世纪六七十年代达到顶峰，21 世纪初期由于勘探投入的加大出现回升的势头（图 2）。世界 10 个最大油田中的 6 个为碳酸盐岩油田，其中，包括世界最大的超巨型油田——加瓦尔油田，还有 Greater Burgan、Safaniya、Shaybah、Marun 与 Rumaila North & South 油田；世界 10 个最大气田中的 4 个为碳酸盐岩气田，包括世界第一、二大超巨型气田 North 气田与 Pars South 气田，还有 Yoloten-Osman 与 Astrakhan 气田。这些数字充分表明了碳酸盐岩巨型油气田的重要性及其勘探潜力。

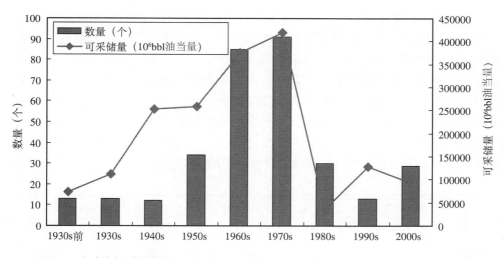

图 2　全球海相碳酸盐岩巨型油气田发现数量、探明可采储量与发现时代关系图

### 2.2.2　平面上主要分布于中东、独联体、北非、北美、拉美等地区

海相碳酸盐岩巨型油气田在全球的空间展布具有明显的区域性，320 个巨型油气田主要分布于 48 个含油气盆地。总体上，北半球多于南半球、东半球多于西半球。这些巨型油气田主要分布在中东、独联体、远东、欧洲大陆、北非、北美、拉美等地区，如中东波斯湾盆地的阿拉伯中央含油气区、扎格罗斯褶皱带、Oman（阿曼）盆地，俄罗斯的 Precaspian（滨里海）盆地、Volga−Urals（伏尔加—乌拉尔）盆地、Timan−Pechora（蒂曼—伯朝拉）盆地，利比亚的 Sirte 盆地，中亚的 Amu−Darya（阿姆河）盆地，北美的 Permian（二叠）盆地、墨西哥湾盆地；少数分布于东西伯利亚的 Baykit 盆地、Nepa−Botuoba 盆地与 Predpatom 盆地，西西伯利亚盆地，北美的 Michigan（密歇根）盆地、Williston（威利斯顿）盆地、阿纳达科盆地，澳大利亚的 Browse（布劳斯）盆地，委内瑞拉的 Maracaibo 盆地，巴西的 Campos 盆地、Santos 盆地，利比亚的 Pelagian 盆地，法国的 Aquitaine 盆地，北海盆地等（图 3）。

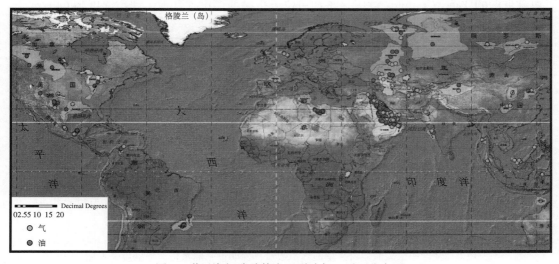

图 3　世界海相碳酸盐岩巨型油气田平面分布图

### 2.2.3 纵向上主要分布于侏罗系、白垩系与古近系，埋深介于 1000 ~ 5000m

世界海相碳酸盐岩巨型油气田自中、新元古界—新近系均有分布，但各个层系巨型油气田的数量、探明可采储量具有明显的差异。总体上，中、新元古界—古生界巨型油气田的数量较少，探明可采储量也较少，其中，上古生界泥盆系、石炭系、二叠系所发现的巨型油气田的数量、可采储量随地质年代变新呈逐渐上升的趋势；中—新生界巨型油气田的数量、可采储量较多，其数量、可采储量最多的为白垩系，其次为侏罗系、古近系，而三叠系的巨型油气田的数量与可采储量均最少（图4）。相比较而言，巨型油田主要分布于地质年代较新的中、新生界，而巨型气田主要分布于地质年代较老的中、新元古界—古生界。

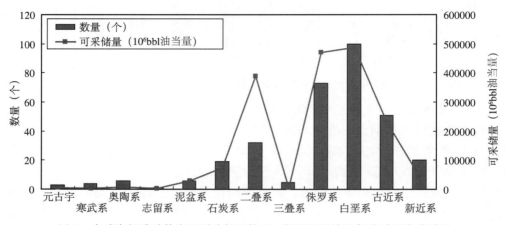

图 4　全球海相碳酸盐岩巨型油气田数量、探明可采储量与地质层位关系图

碳酸盐岩巨型油气田的埋藏深度分布范围比较大，从 244 ~ 6492m，但主要集中于 1000 ~ 5000m 的深度范围，数量占碳酸盐岩巨型油气田总个数的 91.9 %，可采储量占巨型油气田总可采储量的 99%；2000 ~ 4000m 深度占碳酸盐岩巨型油气田总个数的 57.2%，可采储量占巨型油气田总可采储量的 26%（图5）。1927 年发现了埋藏最浅的 Haft Kel 油田，该油田位于 Zagros Fold Belt（扎格罗斯褶皱带或扎格罗斯盆地—伊朗）；1997 年发现了埋藏最深的 Tahe Complex 油田，该油田位于中国的塔里木盆地，埋藏深度为 6492m。

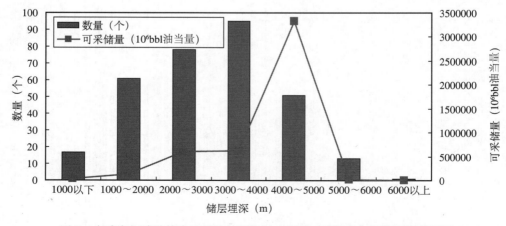

图 5　全球海相碳酸盐岩巨型油气田数量、探明可采储量与埋藏深度关系图

# 3 全球海相碳酸盐岩巨型油气田发育的构造环境

## 3.1 典型含油气盆地类型划分方案

巨型油气田孕育于一定的构造环境之中，自从油气被发现以来，国内外学者一直探索巨型油气田形成与其发育的构造环境之间的关系，因此，不同学者对油气所赋存的含油气盆地类型进行了不同方式的划分。以板块构造理论提出为标志，总体上可以划分为板块构造兴盛前盆地分类与板块构造理论提出后盆地分类。

### 3.1.1 板块构造兴盛前盆地分类

板块构造理论提出之前，盆地分类主要依据盆地形状、构造类型及其发育位置（槽、台）等因素，主要包括 Umbgrove J H F（1947）、L.G.Weeks（1952）与 K.F.Dallmus 盆地分类，其中以 L.G.Weeks（1952）分类最具代表性。L. G. Weeks（1952）以地球地壳结构为出发点，指出，地球地壳结构由相对坚硬的稳定区域与线性活动带所组成；稳定区域由前寒武纪地盾和浅层叠覆边缘所组成，线性活动带环绕于稳定区域周围，包括沉积的地槽坳陷和地背斜带或与坳陷相邻的山脉；他将沉积盆地划分为活动带与稳定区域两大类，这种分类方案为分析油气田发育构造环境及后来的盆地类型划分奠定了良好的基础。

### 3.1.2 板块构造理论提出后盆地分类

板块构造理论提出之后，盆地分类更侧重于岩石圈演化的动力过程，从不同学者提出的用途可分为两类：一类为基于油气勘探实践，其目的是寻找与已发现巨型油气田相类似的构造环境及盆地；另一类为基于科学研究活动，其目的是提供一套关于盆地自然等级基础的理论，反映盆地发育的基本机制及其过程。

（1）基于油气勘探实践的盆地分类。

基于油气勘探实践的盆地分类以 Michel T.Halbouty（1970）、H.Douglas Klemme、C.Bois（1982）与 Paul Mann（2003）为代表，其特点是分类并未完全涵盖所有的盆地类型，而重点阐述与油气聚集相关的主要盆地类型，适合分析油气发育的构造环境。如 Michel T.Halbouty（1970）根据地壳类型划分了克拉通盆地和过渡壳盆地两大类，但并未考虑洋壳类型的盆地；从科学角度讲，Halbouty 盆地分类是不完全的，但易于应用于勘探实践，因此，他研究指出过渡壳类型的巨型油气田个数、储量均多于克拉通盆地。Klemme 对 Halbouty（1970）分类进行修改，划分为克拉通壳盆地、过渡壳盆地和洋壳盆地；Klemme（1983）根据地壳类型、构造位置、区域应力、盆地形状等将含油气盆地划分为克拉通内盆地、大陆多旋回盆地、大陆裂谷盆地、三角洲盆地与弧前盆地五类。C.Bois（1982）参考油气分布的地质构造位置，划分了九种类型，包括克拉通盆地与拉分盆地两种主要的盆地类型。Paul Mann（2003）基于对全球 877 个巨型油气田分析划分了六种常用的盆地，即大陆裂谷与上覆凹陷盆地，面向大洋盆的被动大陆边缘盆地，走滑边缘盆地，陆陆碰撞边缘盆地，与地体增生、弧碰撞、和 / 或浅部俯冲相关的大陆碰撞盆地，俯冲边缘盆地。

（2）基于科学研究活动的盆地分类。

基于科学研究活动的盆地分类以 W.R.Dickinson（1974、1976）、A. G. Fischer（1975）、

A.W.Bally（1975，1980）、Keith F. Huff（1980）、D. R. Kingston（1983）、Alain Perrodon（1983）、Ingersoll（1988） 与 Ingersoll、Busby（1995）、Andrew D. Miall（1990）、Philip A. Allen（2005）分类为代表，其特点是分类完全基于板块构造理论，基本涵盖了所有类型，易于进行类比研究。W. R. Dickinson（1974、1976）的分类具有十分重要的影响，他认为，岩石圈板块的横向运动体制下固有的垂向构造为含油气盆地分析提供了内在的逻辑，划分为裂谷环境盆地与造山环境盆地两类。A. G. Fischer（1975）依据盆地形成机制分为原生海洋盆地和次生盆地。A. W. Bally（1975，1980）将盆地划分为三大类：第一类为刚性岩石圈之上与巨型接合带形成无关的盆地；第二类为环接合带盆地，位于刚性岩石圈之上，与挤压巨型接合带形成相关；第三类为位于和大多数包含在巨型缝合带内的接合带盆地。Keith F. Huff（1980）根据盆地形成的动力学环境，将盆地划分为离散区域、会聚区域、伸展区域、挤压区域四种。D. R. Kingston（1983）指出盆地分类的基本单元是旋回，划分离散旋回、会聚旋回和走滑或剪切旋回 / 盆地三种旋回。Alain Perrodon（1983）划分四种主要的盆地类型：克拉通区域裂谷类型盆地、大陆区域稳定地区盆地、被动边缘盆地与造山带盆地。Ingersoll（1988）按照离散、会聚、走滑与复合四种环境对盆地进行分类。Andrew D. Miall（1990）将盆地划分为五种类型：离散边缘盆地、会聚边缘盆地、转换和平移断层盆地、发育于大陆碰撞和缝合过程中的盆地、克拉通盆地。Philip A. Allen（2005）对 Ingersoll 与 Busby（1995）分类进行了一些修改，按板块相对运动的五种环境（离散、板内、会聚、转换与综合环境）总共划分了 26 种盆地类型。

## 3.2 本文应用的含油气盆地分类

沉积盆地存在于板块相互作用的应力背景之中，盆地演化可以通过板块环境和相互作用加以解释。近期的盆地分类体制基于板块构造理论，均源于 1974 年 Dickinson 有影响力的工作，强调与岩石圈底部地壳类型相关的盆地位置、盆地与板块边缘的接近度、与盆地最近的板块边界类型（离散、会聚、转换）。盆地分类应该根据一个给定地层单元沉积时期的构造环境，盆地经常改变它的构造环境。赋存于含油气盆地之中的巨型油气田随着构造环境的变化经常改变其构造、地层阶段，现今的盆地类型往往不能代表以往不同阶段的盆地类型。形成巨型油气田的基本因素包括源岩的形成、储层的形成、构造和岩性地层圈闭的产生，Paul Mann（2003）的盆地分类采用控制巨型油气田形成的有代表性的盆地类型进行划分，方法简单、易行，且能反映巨型油气田形成的代表性的构造环境。因此，本文主要应用 Paul Mann（2003）盆地分类方案对世界海相碳酸盐岩巨型油气田进行构造环境分析。

## 3.3 全球海相碳酸盐岩巨型油气田发育的构造环境

### 3.3.1 离散、会聚、转换三种板块构造环境中，离散环境最富集油气、其次为会聚环境、最少的为转换环境

按照板块构造理论，全球板块构造环境可以划分为离散、会聚、转换三大类。从 Paul Mann（2003）分类可以看出，离散构造环境包括大陆裂谷盆地、被动大陆边缘盆地两种；会聚构造环境包括陆陆碰撞边缘盆地，与地体增生等相关的大陆碰撞盆地，俯冲边缘盆地三种；转换环境包括走滑边缘盆地。

通过对全球 48 个含油气盆地 320 个巨型油气田的统计发现，离散板块构造环境最富集

油气，其次为会聚环境、最少的为转换环境。离散板块构造环境中的大陆裂谷与上覆凹陷盆地海相碳酸盐岩巨型油气田数量为 39 个、探明可采储量 $126466.64 \times 10^6$ bbl 油当量，被动大陆边缘盆地的巨型油气田数量为 161 个、探明可采储量为 $1202750.58 \times 10^6$ bbl 油当量，两者巨型油气田数量之和为 200 个（占 62.3%）、探明可采储量为 $1329217.22 \times 10^6$ bbl 油当量（占 76.2%）；会聚板块构造环境中的陆陆碰撞边缘盆地巨型油气田数量为 110 个、探明可采储量为 $401328.89 \times 10^6$ bbl 油当量，与增生弧碰撞相关的巨型油气田数量为 6 个、探明可采储量为 $6944 \times 10^6$ bbl 油当量，俯冲边缘盆地巨型油气田数量为 2 个，探明可采储量为 $3870.66 \times 10^6$ bbl 油当量，三者巨型油气田数量之和为 118 个（36.8%）、探明可采储量为 $412143.55 \times 10^6$ bbl 油当量（占 23.6%）；转换环境中的走滑盆地巨型油气田数量为 3 个（占 0.9%）、探明可采储量为 $4074.17 \times 10^6$ bbl 油当量（占 0.2%）（图 6）。

### 3.3.2 不同类型盆地巨型油气田发育特征

#### 3.3.2.1 离散板块构造环境

（1）大陆裂谷与上覆凹陷盆地。

这种盆地的形成包括两个先后紧密联系的阶段：早期阶段以板内或陆内的裂谷作用为主，发生以深大断裂为边界的机械沉降，产生狭窄、伸长的裂谷，主要以陆源碎屑沉积为主。晚期阶段以更大区域的热沉降为主，形成稳定的凹陷或台地沉积，产生上覆的凹陷盆地，主要以海相碳酸盐岩、膏盐岩沉积为主（图 6）。

这种类型盆地发育海相碳酸盐岩巨型油气田 39 个，探明可采储量达 $126466.64 \times 10^6$ bbl 油当量，在六种类型盆地中位列第三。主要包括俄罗斯的 West Siberian 盆地、Baykit 盆地、Nepa—Botuoba 盆地、Predpatom 盆地，俄罗斯、哈萨克斯坦的 Precaspian 盆地南部次盆，波斯湾地区 Oman 盆地，丹麦、挪威的 Central Graben，加拿大 Williston 盆地、美国 Michigan 盆地、Indiana—Ohio 盆地，印度 Bombay 等。

这种类型盆地能够形成巨型油气田主要包括三个因素。①大陆裂谷阶段晚期、凹陷阶段早期，即两个阶段发生转换时期，盆地内封闭的局限环境有利于大量优质烃源岩的形成。②后期凹陷或台地沉积阶段，裂谷阶段先存的深大断裂的重新活动控制了生物礁、热液白云岩、灰岩/白云岩岩溶储层的发育，频繁的水体升降与构造活动有利于不整合油气藏的形成。③凹陷阶段蒸发环境下发育巨厚的膏盐岩形成良好的盖层，与下伏源岩、储层形成有效的生储盖配置。

（2）面向大洋盆的被动大陆边缘盆地。

这种类型盆地形成于大陆发生裂解、大洋盆打开过程中，主要包括三个阶段：早期阶段，伴随着地幔的上涌，固结大陆发生张裂，主要以裂谷作用为主，以陆源碎屑沉积为主；中期阶段，随海底扩张的持续进行，大陆逐渐裂解、大洋盆逐渐打开，在洋—陆过渡位置形成面向大洋盆的被动大陆边缘，主要以海相碳酸盐岩、膏盐岩沉积为主；晚期阶段，随大洋盆的持续扩张，被动大陆边缘开始更大区域的热沉降沉积，靠近大陆以陆源沉积为主，远离大陆以海相沉积为主。

这种类型盆地是目前世界上海相碳酸盐岩油气最为富集的盆地，发育巨型油气田 166 个，探明可采储量达 $1238570.74 \times 10^6$ bbl 油当量，在六种类型盆地中位列第一。主要包括波斯湾地区 Central Arabian 含油气区、Rub'Al Khali 含油气区、澳大利亚的 Browse 盆地、巴西的 Santos 盆地、利比亚 Sirte 盆地、Pelagian 盆地，马拉西亚 Central Luconia 含油气

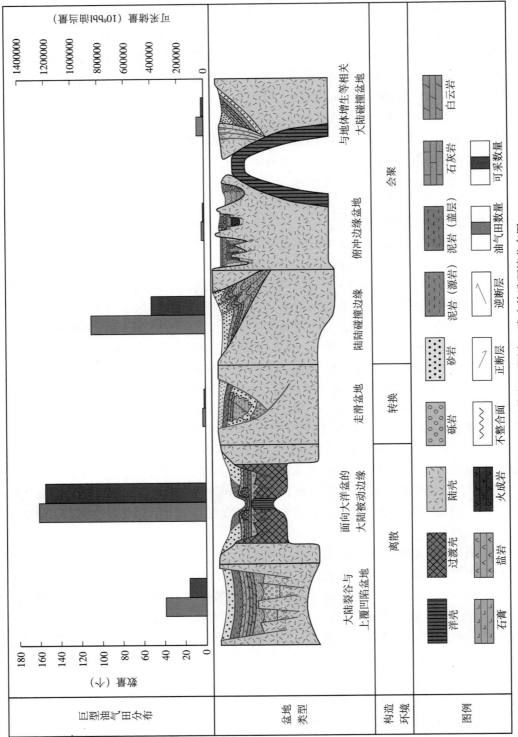

图 6 全球海相碳酸盐岩巨型油气田发育构造环境分布图

区、美国 Gulf Of Mexico 北部地区、墨西哥 Sureste 盆地、Tampico-Misantla 盆地等。

这种类型盆地海相碳酸盐岩油气田最为富集主要包括三个因素：①大陆逐渐裂解、洋盆打开过程中，盆地内封闭的局限环境沉积了大量泥质与含泥质灰岩等优质烃源岩；②被动大陆边缘阶段，裂谷阶段先存的深大断裂的重新活动控制了生物礁等优质储层的形成；③局部的断裂活动产生的断块的隆升形成局限环境，有利于蒸发环境下发育巨厚的膏盐岩形成良好的盖层，与下伏源岩、储层形成有效的生储盖配置。

### 3.3.2.2 会聚板块构造环境

（1）陆陆碰撞边缘盆地。

陆陆碰撞边缘盆地形成于洋盆关闭，大陆与大陆发生俯冲并进而碰撞的边缘部位，在大陆内部地区产生深但短期盆地，在变形带更远端部分产生广阔、楔形前陆盆地或前渊盆地。

这种类型盆地发育海相碳酸盐岩巨型油气田 79 个，探明可采储量达 320833.51×10⁶bbl 油当量，在六种类型盆地中位列第二。主要包括波斯湾地区 Zagros 褶皱带，俄罗斯 Timan-Pechora 盆地、Mangyshlak 盆地、Volga-Urals 盆地，美国 Anadarko 盆地、Permian 盆地，Paradox 盆地，哈萨克斯坦 Precaspian 盆地北部与西部次盆，乌兹别克斯坦 Amu-Darya 盆地，巴基斯坦 Sulaiman 褶皱带、Indus 盆地，法国的 Aquitaine 盆地等。

这种类型盆地海相碳酸盐岩巨型油气田富集主要包括两个方面的因素：①晚期的陆陆碰撞在盆地内形成背斜、穹隆、断层等大型构造圈闭，有利于油气的聚集成藏；②晚期的挤压构造活动导致储层内裂缝大量发育，改善了储层质量、提高了流体的渗透能力。

（2）与地体增生、弧碰撞、和/或浅部俯冲相关的大陆碰撞盆地。

这种类型盆地产生于非远端碰撞的前陆环境中，受洋壳俯冲产生的地体增生、弧—陆碰、和/或浅部俯冲相关大陆碰撞盆地。

这种类型盆地发育海相碳酸盐岩巨型油气田较少，仅有 6 个，探明可采储量达 6944×10⁶bbl 油当量，在六种类型盆地中位列第四。主要包括两个地区，其一为太平洋东岸加拿大的 Western Canada 盆地，其二为加勒比海南岸委内瑞拉的 Maracaibo 盆地、Upper Guajira 盆地。

这种类型盆地海相碳酸盐岩巨型油气田形成主要包括两个方面的因素：①地体增生、弧碰撞等导致盆地内形成背斜、穹隆、断层等构造圈闭，有利于油气的聚集成藏；②晚期的挤压构造活动导致储层内裂缝大量发育，改善了储层质量、提高了流体的渗透能力，这种类型盆地的油气田主要以裂缝性为主。

（3）俯冲边缘。

俯冲边缘盆地形成于洋壳发生俯冲的部位，控制着弧前、弧内、弧后盆地的构造、地层层序和热历史。

这种类型盆地形成的海相碳酸盐岩巨型油气田最少，只有两个，探明可采储量 3870.66×10⁶bbl 油当量，这两个巨型油气田为菲律宾的 Northwest Palawan 盆地 Malampaya-Camago 油气田与印度尼西亚 North Sumatra 盆地的 Arun 生物礁型油气田。

这两个巨型油气田主要形成于由于洋壳俯冲所导致的弧后伸展的盆地中，这种盆地类型形成巨型油气田少主要是由于低孔隙度，在岛弧环境中富黏土沉积物常见。

### 3.3.2.3 转换构造环境

转换构造环境主要包括走滑边缘盆地。走滑边缘盆地一般沿着大的走滑断层发育，走滑断层包括两种，一种为板块边界刺穿地壳的转换断层，另一种为局限于板内的仅达上地壳的平移断层。走滑边缘盆地形成相对较小、较少，形成于大陆或弧碰撞的高级阶段。

这种类型盆地形成的海相碳酸盐岩巨型油气田也较少，只有 3 个，包括缅甸 Moattama 盆地的 Yadana 气田，中国华北的任丘油气田与千米桥气田。

这种类型盆地形成巨型油气田较少原因主要是由于由走滑断裂所控制的圈闭规模数量有限，储层的形成规模也较小。

# 4 国外海相碳酸盐岩油气勘探的启示

由上述分析可知，海相碳酸盐岩巨型油气田在离散板块构造环境下最富集，其次为会聚板块构造环境，最少的为转换板块构造环境。离散板块构造环境主要包括大陆裂谷与上覆凹陷盆地、面向大洋盆的大陆被动边缘盆地两种。这两种类型盆地富集油气的主要控制因素之一是大陆破裂产生裂谷或大陆裂解、大洋打开形成大陆被动边缘过程中，早期裂谷系在油气形成与后期演化中起到至关重要的作用，前面已经加以阐述。因此，加强我国离散板块构造环境下这两种类型原型盆地研究，尤其是盆地演化早期阶段裂谷系的研究对我国海相碳酸盐岩的油气勘探具有重要的指导意义。

我国的塔里木、鄂尔多斯、四川盆地是典型的大陆裂谷与上覆凹陷盆地（图 7），在盆地演化的早期阶段均发育裂谷系，其上覆碳酸盐岩台地凹陷沉积，并被晚期的前陆盆地所叠覆并遭受不同程度的破坏。对这三个盆地形成早期阶段裂谷系的研究，除了应用盆地内的二维、三维地震资料外，还要应用重力、航磁、大地电磁等地球物理方法，并结合区域地质资料进行综合分析。

塔里木盆地在东部及库鲁克塔格地区，南华系发育火山碎屑岩及玄武岩，为双模式裂谷火山岩，其上震旦系碳酸盐岩为后裂谷期热沉降，过渡为克拉通盆地沉积层序；通过重力、航磁资料分析，塔里木盆地发育东西向、北东向、北西向深大断裂体系。鄂尔多斯盆地基底由太古宇陆核和古元古代结晶岩系组成，中—新元古代开始在鄂尔多斯地块边缘及内部出现一些古裂谷；通过重力、航磁资料详细分析，盆地内发育横贯盆地的北东向、东西向、南北向深大断裂体系；四川盆地基底形成于晋宁运动，其后发生张裂，也发育不同走向的深大断裂体系。研究我国这三个古老克拉通盆地下伏深大断裂所控制的裂谷系空间展布，及裂陷时期、后期断裂演化对油气聚集的控制作用将会对我国海相碳酸盐岩的油气勘探提供一定的指导作用。

# 5 结论

本文在系统调研全球巨型油气田勘探与研究现状基础上，依托 IHS、C&C 数据库及国内外公开发表的相关文献资料，重点探讨海相碳酸盐岩巨型油气田发育的板块构造环境及其富集的盆地类型，主要有如下认识。

（1）"巨型油气田"一词源于"Giant Field"，指在目前已知技术条件下，最终探明可采储量达到或超过 $5 \times 10^8$bbl 油当量的油气田。

（2）截止到 2009 年底，全球发育 320 个海相碳酸盐岩巨型油气田，其赋存于 48 个含

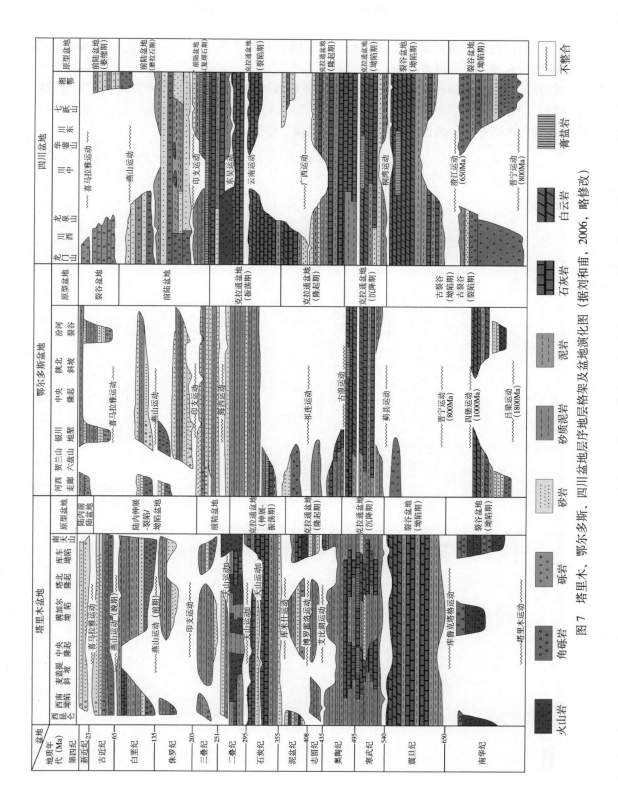

图 7  塔里木、鄂尔多斯、四川盆地层序地层格架及盆地演化图 (据刘和甫, 2006, 略修改)

油气盆地，主要形成于离散板块构造环境，以大陆裂谷及其上覆凹陷型盆地与面向大洋的被动大陆边缘为主。

（3）离散构造环境巨型油气田富集的主要因素是：有利于优质烃源岩、有效储层、良好盖层的形成及生储盖有效配置。

（4）国外油气勘探带给我们的启示：加强离散板块构造环境下大陆裂谷及其上覆凹陷型盆地、面向大洋的被动大陆边缘原型盆地研究，尤其是盆地演化早期阶段裂谷系的研究，将对我国海相碳酸盐岩的油气勘探提供一定的指导作用。

# 高升元古宇潜山油气成藏特征分析

张　坤　潘日芳　王高飞

**摘　要**　通过对高升潜山油气成藏特征的分析，对高升潜山构造、储层、油气运移通道及油气成藏主控因素进行研究。认为高升潜山储层为元古宇大红峪组石英岩，储集空间为构造和溶蚀缝洞。整体构造面貌为一鼻状古隆起，并被多期断层切割形成了多种类型的潜山圈闭。油气来自陈家洼陷，通过洼陷深部的供油窗口经断层不整合面运移至潜山内部成藏。其成藏主要受圈闭、油源及储集性能的控制。

**关键词**　潜山油气藏　构造和溶蚀缝洞　古隆起　潜山圈闭

高升地区地理位置处于辽宁省盘山县高升镇境内，构造上属于辽河坳陷西部凹陷西斜坡中北部的高升古隆起。该区经了三四十年的油气勘探已发现沙三下亚段莲花油层砂砾岩油藏和沙四段白云岩油藏，上报探明石油地质储量 $13344 \times 10^4 t$。

高升地区为西部凹陷古近系早期火山喷发中心，在房身泡组发育了巨厚玄武岩，已钻遇最大厚度可达 1204m（高参 1 井）。由于玄武岩的屏蔽作用，使玄武岩之下的潜山构造形态落实不清，早期认为，巨厚的玄武岩阻挡了油气向潜山内部运移，高升潜山不具备油气成藏条件，使高升潜山勘探一直未获突破。自 2008 年起，通过对高升潜山成藏条件和成藏特征的分析，认为上覆巨厚玄武岩，向陈家、台安洼陷逐渐减薄，可使陈家、台安洼陷的生油岩与潜山地层接触形成供油窗口，台安—大洼断层是油气运移供给通道，该区具备成藏条件。随后钻探的几口探井在元古宇见到了良好的油气显示，其中，高古 2 井、高古 14 井获工业油流。使该区勘探获得重大突破。

# 1　区域地层特征

据钻井揭露，高升地区前古近系自下而上依次为太古宇、中—新元古界、中生界。

## 1.1　太古宇（Ar）

岩性复杂，变质程度深，为斜长混合花岗岩、碎裂斜长混合岩、变粒岩、片麻岩等，有煌斑岩、云煌岩脉侵入体。据盆地内相同岩性用钾氩法分析同位素地质年龄值为 20.1 亿～20.4 亿年。

## 1.2　中—新元古界（Pt）

大红峪组：以大套厚层状石英岩为主，上部夹部分薄层状黑色板岩，见大量中酸性岩脉侵入，与下伏太古宇呈不整合接触，厚度大于 600m 以上。主要分布在西部凹陷杜家台、高升及凹陷北部地区。

高于庄组：上部为杂色白云质灰岩、灰质白云岩，局部地区两者互层构成黑白相间条带；中部为深褐灰、灰褐色板岩；下部为灰色、灰白色白云岩、灰质白云岩夹灰黑色板岩。主要分布在曙光低潜山带曙112潜山。与下覆大红峪组为平行不整合接触。

杨庄组：上部为灰、灰白色白云岩、白云质灰岩及灰质白云岩；中部为石英岩夹板岩、砂质板岩及海绿石砂岩；下部为厚层灰白色、灰色白云岩、灰质白云岩夹板岩、白云质板岩。因地层上下组界线不是很清，地层厚度不详。

雾迷山组：上部和下部为厚层块状白云岩，中部以灰色、紫红色泥灰岩夹互层状紫红色、灰绿色板岩和部分海绿石石英砂岩。分布于曙光地区中低潜山带，厚701m。

洪水庄组：深灰、灰绿色板岩为主，夹薄层含海绿石石英砂岩和白云岩，厚约20m，为主要的隔层。

铁岭组：灰白色、深灰色白云岩为主，夹白云质灰岩和石英砂岩，其顶底为黑色板岩，厚约862m，为曙光高潜山带主要的储层。

下马岭组：灰黑、深灰色页岩，砂质、粉砂质页岩、夹灰色灰岩、泥灰岩，细砂岩，厚约300m。

景儿峪组：薄层状浅灰色灰岩为主，底部为灰白色石英砂岩，厚约270m。

## 1.3  中生界（Mz）

岩性主要为：中酸性火山岩，岩性为安山岩、蚀变安山岩、安山质角砾熔岩、凝灰岩、凝灰质砂砾岩、流纹岩等，地层厚度190～638m，可能为上侏罗统义县组的底部；另外，钻遇的一套紫红、砖红色砂砾岩、砾岩和角砾岩为主夹紫红色泥岩、粗砂岩，可能为下白垩统孙家湾组。用铷锶法、铀铅和钾氩法测得同位素地质年龄值为（112±7）～（136±7）Ma。钻遇厚度190～638m。

# 2  成藏条件分析

## 2.1  油源条件

高升潜山南邻陈家洼陷，北接台安洼陷。陈家洼陷的生油潜力巨大。$Es_3$、$Es_4$ 暗色泥岩最大厚度可达1200m，埋深大都在2700m生油门限以下。经分析表明，沙四期发育咸水湖相沉积环境，沙三期为淡水湖相沉积环境。不同的水体条件配以各沉积时期不同的物源及气候条件，形成了不同的生油条件及类型。在 $Es_3$、$Es_4$ 沉积时期，陈家洼具有生物大量繁殖的气候条件和保存条件，干酪根类型以Ⅰ、Ⅱ型为主，具有很好的生油能力（表1）。沙四段属于好油源岩，但其有效烃源岩薄、分布面积小，按其贡献应属于重要生油岩；沙三段则是较好烃源岩，但其有效烃源岩厚度大、分布面积广，为高升潜山提供了充足的油气源。

## 2.2  圈闭条件

辽河坳陷古潜山分为基岩构造和盖层构造，基岩构造又分为侵蚀残山和断块山。实际上，一般把基岩构造统称为古潜山。从地质意义上讲，只有侵蚀残山才是古地貌定义上的古潜山，而后期的断块山则为构造型或构造与不整合面共同作用的复合型。但作为油气圈闭，我们主要考虑的是储集和封堵条件，故从广义角度将断块山统一到古潜山"构造"类型中。因此，本文将古潜山圈闭基本类型作如下三种划分。

**表1 陈家洼陷生油岩评价表（据李茂芬，1990）**

| 洼陷 | 层位 | C（%） | "A"（%） | 总烃（μg/g） | S²⁻（%） | 干酪根类型 | 评 价 | 备 注 |
|------|------|--------|----------|--------------|----------|------------|-------|-------|
| 陈家洼陷 | 沙三段 | 2.68 | 0.22 | 889 | 0.85 | Ⅱ_B | 较好 | |
| | 沙四段 | 3.80 | 0.47 | 1880 | 1.11 | Ⅱ_A | 好 | |

侵蚀残山，指主要为侵蚀作用成因的古地貌山头圈闭类型。

断块山，指在单斜缓坡地貌背景上形成的单断或双断型构造断块圈闭类型，与前古近系形成的古地貌关系不大，圈闭主要受喜马拉雅运动早期的断块活动控制。

断块—侵蚀残山复合型，指在古地貌山头基础上又受喜马拉雅运动早期断块活动改造的双成因复合圈闭类型。

高升潜山前中生界由中—新元古界和太古宇构成，该区带长期处于古隆起背景下，元古宇构造总体上为一北西高东南低的鼻状古隆起。古新世早期，发育了一系列北东向展布的西掉断层，这些断层切割基岩，把高升潜山分割成不同的条带。晚期发育的东西向或北西向断层进一步分割潜山，使高升潜山总体呈现出东西分带南北分块的特征（图1），形成了一系列潜山圈闭，为油气成藏提供了聚集场所。

## 2.3 储层条件

分析认为高升潜山发育有太古宇花岗岩储层、中—新元古界石英岩和碳酸盐岩储层。

### 2.3.1 太古宇

太古宇潜山长期裸露地表遭受淋漓及风化剥蚀，并且历经多期构造运动的改造和影响，形成了与断裂构造有关的各种孔隙类型。根据岩心观察描述、铸体、压汞、薄片、常规物性分析等资料表明，潜山变质岩储层的主要孔隙类型有构造裂缝、微裂缝及粒间孔隙，在岩心上还可见到极少量沿裂缝分布的溶蚀孔及溶缝。常规物性分析资料表明，该类储层孔隙度一般为0.65%～7.85%，平均为4.54%；渗透率为0.3078～32.248mD，属于低孔低渗型储层。

### 2.3.2 中—新元古界

研究区内中—新元古界储层主要由石英砂岩、碳酸盐岩和侵入岩组成，其中石英砂岩、碳酸盐岩为本区的主要储层。

（1）石英砂岩。

在本区分布广泛，如高古2井、高古10井等。碎屑从微粒—粗中粒，分选一般较好，圆度以次圆状为主。碎屑成分主要是单晶石英，偶具波状消光。有时见少量燧石和白云母碎片，偶见长石和粉砂岩岩屑。含量一般达碎屑的98%～99%。填隙物主要为硅质，以石英次生加大和石英微晶出现，含量3%～10%。有的石英砂岩填隙物有部分伊利石黏土，呈孔隙充填或薄膜状，其含量1%～5%。颗粒支撑，孔隙式胶结。

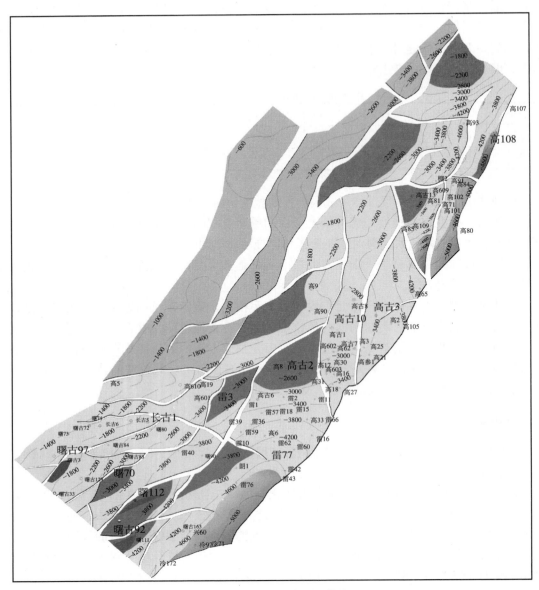

图 1　高升潜山元古宇顶界构造图

　　元古宇石英砂岩储层的主要储集空间类型是以构造裂缝为主，石英的晶孔、洞、微裂缝为辅的储层类型。构造裂缝不但成为孔、洞、微缝等的连接通道而且是流体的主要储集空间。

　　这类储层主要分布在潜山高部位。

　　（2）碳酸盐岩。

　　根据薄片鉴定及 X 光一衍射全岩分析，该区的碳酸盐岩的主要矿物由白云石、方解石、黏土、石英和菱铁矿、菱锰矿组成，其类型包括石灰岩和白云岩。

　　元古宇碳酸盐岩类储集空间以构造裂缝和溶蚀孔、洞、缝为主，基质的微缝、微孔等都是无效的孔隙，所以属裂缝—溶孔型储层。碳酸盐岩储层主要分布于潜山侧翼。

### 2.4 盖层特征

新生代以来，太平洋板块向欧亚板块的俯冲导致郯庐断裂辽河断陷裂陷的初期受郯庐断裂活动的影响，古新世时期在区域张应力作用下，断裂活动异常强烈，以深大断裂活动为代表，台安大断裂强烈活动并断至上地幔，地幔物质沿断面大量涌出且喷发至地表，在高升—雷家一带形成巨厚的玄武岩岩被。

房身泡组玄武岩受主干断裂控制作用强，近断裂发育厚度大，分析在高升地区形成喷发中心，在潜山主体部位厚度较大，向潜山低部位减薄。玄武岩具有单层厚度大、层数多、累计厚度大的特点，并且岩性致密，是良好的盖层。如高古 2 井玄武岩累计厚度为 632m、高参 1 井玄武岩累计厚度为 1199m、高古 1 井玄武岩累计厚度为 1189m。

### 2.5 生储盖组合特征

一个油气藏的形成是多种因素促成的，它不仅需要有储集性良好的储层，还要有资源丰度高、资源量大的生油凹陷，封闭性能强、分布范围广的盖层，以及配合得当的油气运移等条件，归纳起来即储、盖、圈、运、保等一些基本石油地质条件。

如前所述，高升潜山的油气主要来自陈家和台安生油洼陷古近系沙四段和沙三段的湖相泥岩，这些充足有效的烃源供给为本区多种类型的油气藏的形成提供了丰富的物质基础。

本区发育多套储层：太古宇的斜长混合花岗岩、黑云斜长片麻岩；中—新元古界碳酸盐岩、石英岩。

高升潜山上覆巨厚的玄武岩起到了盖层作用，这种理想的组合关系，特别有利于油藏的形成和保存。

## 3 油气成藏特征分析

### 3.1 油藏类型

高升潜山为块状石英岩潜山油藏。依据圈闭形态又可分为：侵蚀残山、断块山、断块—侵蚀残山复合型三种。这些圈闭的顶点埋深在 1800 ~ 3600m 之间。

本区原油性质属稀油。据高古 14 井原油性质分析，密度（20℃）0.8651g/cm³，黏度（50℃）29.84mPa·s，凝固点 34℃，沥青 + 胶质 30.31%，含蜡 9.40%。水型为 $NaHCO_3$。

### 3.2 成藏模式

高升地区潜山地层之上覆盖了巨厚的玄武岩，以往认为其阻止了陈家洼陷的油气向潜山内部运聚成藏。但通分析发现玄武岩的分布由高升构造主体部位向南北两侧陈家、台安洼陷逐渐减薄。高升主体部位的高古 1 井钻遇 1226m 玄武岩，向南处于相对低部位的高古 2 井钻遇玄武岩 646m，已比高古 1 井减薄 580 m。曙光低潜山的曙 112 井钻遇 139m 玄武岩，曙 127 井钻遇 27m 玄武岩，而陈家洼陷中的陈古 3 井未钻遇玄武岩。因此，认为玄武岩在陈家洼陷深部尖灭，使潜山地层与沙四段生油岩相接触形成区域供油窗口。从油—岩对比上也证实高古 2 井油气母岩为沙四段泥岩。油气生成后可通过供油窗口沿着断裂、不整合面、储层的输导体系向潜山运移聚集成藏（图2）。

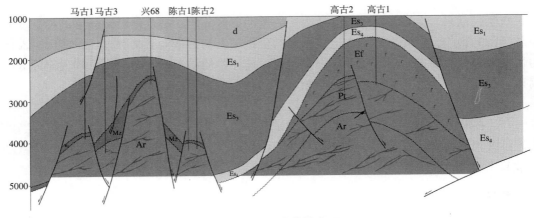

图2　高升潜山成藏模式图

### 3.3　成藏主控因素

#### 3.3.1　潜山圈闭的形成是高升潜山油气藏形成的先决条件

　　西部凹陷古近系的构造沉积演化十分有利于古潜山及其圈闭的形成。西部凹陷古近系早期发育的断层多为北东走向的西倾正断层，强烈切割已形成的古地貌山，使之成为大落差的单面山；中晚期北东走向的东倾断层或近东西走向的断层，进一步切割、差异活动、使之呈现为许多断块山或地垒山。它们主要受北东向主干断裂控制，在凹陷基底形成了成排、成带的潜山圈闭。

#### 3.3.2　陈家洼陷和台安洼陷沙三、沙四烃源岩是该区古潜山油气藏形成的基本保障

　　始新世晚期沉积的沙四、沙三段巨厚的泥岩富含有机质，陈家洼陷生油岩指标分析表明，沙四段是好的生油岩、沙三段为较好生油岩。对于大于3500m的深层而言，烃源岩基本处于成熟—过成熟演化阶段，具有完整的烃源岩演化系列，可生成油、轻质油、凝析油、湿气—干气等多种相态的烃类，为高升地区潜山带的油气藏形成奠定了坚实的油源基础。

#### 3.3.3　中—新元古界石英岩、碳酸盐储层的发育是形成该区古潜山油藏的关键条件

　　高升潜山发育中—新元古界石英岩和碳酸盐岩，其经历了多期构造运动的改造及风化淋滤等作用，发育有多组构造裂缝和溶蚀孔洞。为潜山油气藏的形成提供了优质储层。

## 4　认识与结论

　　（1）高升潜山前古近系由中生界、元古宇、太古宇组成。元古宇地层产状受古地貌和后期构造运动的影响，表现为一被断层切割的轴向北西—南东的向南东倾没的背斜。

　　（2）元古宇顶构造为一北西高东南低的鼻状古隆起。北东向展布的西掉断层将其分割成不同的条带，并形成了一系列圈闭。

　　（3）高升潜山元古宇岩性以石英岩、白云质灰岩为主。储集空间为裂缝、溶蚀孔洞。并且，石英岩内部发育的板岩对内幕油气藏形成起到了十分重要的作用。上覆的巨厚玄武岩是高升潜山油气藏的良好盖层。

（4）潜山之上覆盖的玄武岩向陈家洼陷减薄至尖灭，在洼陷深部形成区域性供油窗口，使油气沿供油窗口或断裂—不整合面—储层组成的输导体系运移。经高古2井油样色、质谱分析证实，高升潜山油主要来自于陈家洼陷。

（5）高古14井钻探结果进一步证实了高升潜山具有形成规模储量的潜力。

## 参 考 文 献

窦立荣 .2001. 油气藏地质学概论 . 北京：石油工业出版社 .

龚再升，杨甲明 .1999. 油气成藏动力学及油气运移模型 . 中国海上油气（地质），13（4）：235−239.

郝芳，周华耀，姜建群 .2000. 油气成藏动力学及其研究进展 . 地学前缘，7（3）：11−21.

郝芳等 .1999. 沉积盆地成藏动力学分析与勘探目标评价——思路和实例 . 成油体系与成藏动力学论文集，北京：地震出版社 .

潘元林，孔凡仙，杨申镳等主编 .1998. 中国隐蔽油气藏 . 北京：地质出版社 .

田世澄，陈建渝等 . 1996. 论成藏动力学系统 . 勘探家，1（2）：20−24.

张巨星，蔡国刚等 .2007. 辽河油田岩性地层油气藏勘探理论与实践 . 北京：石油工业出版社 .

赵文智，何等发等 .1999. 石油地质综合研究导论 . 北京：石油工业出版社 .

# 断陷盆地隐蔽型碳酸盐岩潜山成藏条件与高效发现

赵贤正　王　权　金凤鸣

（中国石油华北油田公司）

**摘　要**　渤海湾盆地作为断陷盆地，具有碳酸盐岩潜山油藏形成的良好条件，随着勘探程度的不断深入，勘探方向逐步转向埋藏深、识别难度大、成藏条件复杂的深潜山、潜山内幕等隐蔽型潜山油藏。研究认为，埋藏深度大于3500m的深潜山以沙三段—沙四段为主要烃源层，油气资源比较丰富；碳酸盐岩储层以孔洞、裂缝为主要储集空间，物性受埋深影响小，具有较好的储集能力；中—新元古界—下古生界碳酸盐岩地层发育六套潜山内幕储盖组合，运移通道的输导能力与潜山储层物性有机配置，控制了油气的优先充注部位，潜山内幕具有油气聚集成藏条件。通过构建"古储古堵"、"红盖侧运"、"坡腹层状"等多种隐蔽型潜山成藏模式，先后在冀中坳陷勘探发现了牛东潜山带、长洋店潜山带、肃宁潜山带、文安斜坡潜山带等等多个隐蔽型潜山油气藏聚集带，展现了该领域良好的勘探前景。

**关键词**　渤海湾盆地　断陷盆地　隐蔽型碳酸盐岩潜山　成藏模式　高效发现

东部陆相断陷盆地是我国主要的油气分布区之一，包括渤海湾、二连、依兰—伊通、苏北—南黄海、江汉、南襄、东海、珠江口等盆地。由于其与坳陷型含油气盆地在形成机制及发育特征上有着明显的差异性，使得二者在油气分布及成藏模式上也存在着较大的差异（付广，2001）。东部断陷盆地具有典型的凸凹相间的构造格局，具备形成中—新元古界—下古生界碳酸盐岩潜山油气藏的良好成藏条件。近几年，通过深化潜山及内幕油藏成藏条件研究，不断构建新的潜山油气成藏模式，在渤海湾盆地冀中坳陷、辽河坳陷、黄骅坳陷先后发现了一批高产富集的（超）深潜山油气藏、潜山内幕油气藏，拓展了潜山领域的勘探范围，展现了良好的勘探前景。

通过对渤海湾盆地潜山油气藏勘探现状的分析，认为，断陷内埋藏浅、规模大、容易发现的山头型潜山油藏大多数已经被钻探，发现规模储量的难度越来越大，而深潜山、潜山内幕、潜山坡等油气藏等隐蔽型潜山油气藏研究与勘探程度都比较低，是今后实现潜山油藏勘探新发现的重要勘探领域。

## 1　隐蔽型潜山油气藏的提出及类型

隐蔽油气藏作为一种重要的油气藏类型，其研究可以追溯到1880年，卡尔提出了隐蔽油气藏的概念；1964年、1966年，莱复生又先后两次在AAPG上撰写文章，论述了对隐蔽圈闭（Subtle Traps）的新认识；1981年，AAPG举行年会，专门开展了隐蔽油气藏专题研讨会，会后由哈尔布特（M.T.Halbouty）主编出版了专著——《寻找隐蔽油气藏》。我国隐蔽油气藏勘探经历了 20 世纪 80 年代初期引进地震地层学阶段，90 年代初期运用层序地层学阶段和 90 年代中后期至今的依靠隐蔽油气藏成藏机理解决隐蔽油气藏勘探的 3 个阶段（朱光辉等，2007）。

对于隐蔽圈闭的概念与分类，前人有不同的定义和划分。根据不同的含义，可将隐蔽圈闭归结三种概念（庞雄奇等，2007）：第一种为广义的地层圈闭（stratigraphic trap），包括地层圈闭（狭义）、不整合、古地貌圈闭和岩性圈闭；第二种是为了与构造圈闭相区分而提出来的非构造圈闭（nonstructural trap），将隐蔽油气藏与非构造油气藏等同起来，指所有的非构造成因所形成的圈闭类型，包括岩性圈闭油气藏、地层圈闭油气藏、混合型圈闭油气藏和水动力圈闭油气藏四大类；第三种是以朱夏先生为代表，认为隐蔽圈闭除非构造圈闭外，还应包括某些类型的构造圈闭，指在现有勘探方法和技术条件下较难识别和描述的油气藏圈闭成因类型，主要包括地层岩性型、古地貌型、不整合型油气藏和部分构造圈闭。隐蔽油气藏概念的提出，在油气勘探实践中，具有重要的理论和现实意义，研究过程中不必拘泥于已有的隐蔽油气藏类型，而要不断地开阔视野与范围，可以发现不同的隐蔽油气藏类型，并采取不同的研究思路与勘探方法。

在渤海湾盆地盆地，潜山油气藏的勘探经历了一个曲折的发展历程：1975—1985 年为潜山勘探高峰期，以构造潜山油气藏为主要油气藏类型，形成了第一次储量增长高峰，并提出"新生古储"潜山成藏理论；1986—2005 年，为潜山勘探低迷期，持续开展潜山油藏勘探，但发现油藏数量有限，储量规模小；2006 年至今，为潜山勘探发展期，以深潜山、潜山内幕油藏为主要勘探对象，发现了多个高产富集潜山油藏，形成了又一次潜山油藏储量的快速增长。

通过对渤海湾盆地潜山油气藏的勘探历程回顾与勘探现状的分析，深潜山油藏、潜山内幕油藏和潜山坡油藏应该是今后深化勘探的重要方向。但由于三维地震资料品质、勘探技术方法、成藏条件复杂性以及研究认识程度的限制，深潜山油气藏、潜山内幕油气藏和潜山坡油气藏的识别、描述难度大，成藏模式更加复杂，油气聚集富集程度的预测与认识难度也更大，因此，将这类潜山油藏统称为隐蔽型潜山油气藏。

借鉴前人对于断陷盆地潜山油气藏的分类方案，结合隐蔽型油气藏的圈闭条件、供烃条件、储集条件、输导条件等成藏条件，划分出深潜山、潜山内幕（潜山腹）和潜山坡三种主要的隐蔽型潜山油气藏类型。

深潜山油气藏：主要是指埋深大于 3500m、构造落实难度大或成藏可能性预测难度大的潜山顶块状油气藏。将这类潜山油气藏归属为隐蔽型潜山油气藏，一是由于埋藏深度大，受三维地震资料品质的限制，其地震资料信噪比和分辨率不高，造成潜山圈闭的发现、落实难度较大；二是其顶部被"红层"覆盖，油气供给以侧向运移为主，聚集成藏条件预测难度大。

潜山内幕油气藏：其是指当油藏不在潜山顶部而位于潜山内部时形成的潜山油气藏类型，成藏组合以"新生古储古盖"为典型特征，油气藏形成主要取决于潜山内部的储盖组合，尤其是隔（盖）层的有效性。该类型油气藏可分布于断陷凹陷斜坡带、洼中潜山断裂构造带以及紧邻生油洼槽的凸起潜山构造带，根据储盖层配置关系、地层产状与油藏形态等因素，又可细分出潜山内幕层状油气藏和潜山内幕块状油气藏等。

潜山坡油气藏：是指沿潜山山坡不整合面分布的地层油气藏，由不均衡剥蚀作用使储层沿山坡不整合面向上尖灭而形成，其上由古近系湖相泥岩封盖，侧面由潜山内幕隔层形成封堵。潜山坡底部是否有烃源岩供给，以及不整合面供油通道是否畅通是成藏的关键。

# 2 隐蔽型潜山油气藏形成条件

## 2.1 深层油气资源丰富

渤海湾盆地深层以沙三段和沙四段—孔店组为主要的生烃层系，具有较大的分布面积。譬如在冀中坳陷，古近系形成的深洼槽和多个沉积中心（也是生油中心）控制着各层系烃源岩的分布；埋深大于3500m的沙三段和沙四段烃源岩具有较大的分布面积（图1），达到8000km²。在廊固凹陷、霸县凹陷和饶阳凹陷发育大范围的半深湖—深湖相沉积（图2），有利于烃源岩的发育。在上述三个凹陷内，沙三段烃源岩厚度一般为300～1500m（表1），有机碳平均含量为0.87%～2.36%，总烃平均含量为610～1064μg/g，生烃潜量平均分别为2.42～8.93mg/g，评价为好烃源岩。而沙四段—孔店组烃源岩以霸县凹陷发育程度好，烃源岩厚度在500～700m，有机碳平均含量为1.6%，总烃平均含量为904μg/g，生烃潜量平均为3.57mg/g，达到好烃源岩标准；其次是晋县凹陷，烃源岩厚度为150～800m，有机碳平均含量为0.63%，总烃平均含量为438μg/g，为中等—好烃源岩。

油气资源评价结果表明，冀中坳陷深层烃源岩生油量为$194.19 \times 10^8$t、生气量为$94075.6 \times 10^8$m³，分别占全区生油气量的71%和87%；深层石油聚集量为$18.25 \times 10^8$t、天然气聚集量为$1237.7 \times 10^8$m³，分别占全区总聚集量的79%和89%。其中霸县凹陷深层石油聚集量为$2.89 \times 10^8$t、天然气聚集量为$573.5 \times 10^8$m³，廊固凹陷深层石油聚集量为$1.89 \times 10^8$t、天然气聚集量为$241.3 \times 10^8$m³，饶阳凹陷深层石油聚集量为$8.78 \times 10^8$t、天然气聚集量为$90.7 \times 10^8$m³。减去可能由深层运移到中浅层的资源量，冀中坳陷深层石油资源

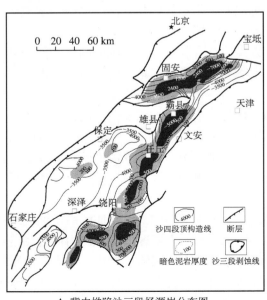
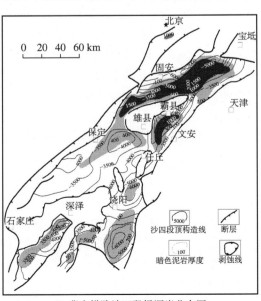

A. 冀中坳陷沙三段烃源岩分布图    B. 冀中坳陷沙四段烃源岩分布图

图1　冀中坳陷深层烃源岩分布图

量为 $9.14 \times 10^8 t \sim 10.3 \times 10^8 t$，天然气资源量为 $1237.66 \times 10^8 m^3$，为深潜山油气藏形成奠定了比较丰富的油气资源基础。

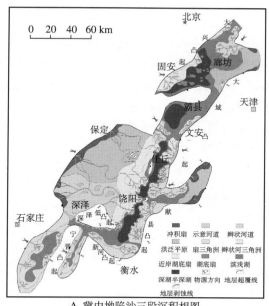

A. 冀中坳陷沙三段沉积相图

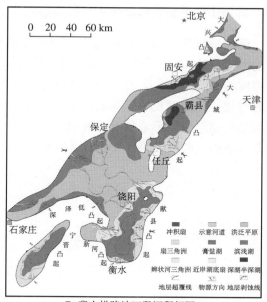

B. 冀中坳陷沙四段沉积相图

图 2　冀中坳陷深层主要层系沉积相图

**表 1　冀中坳陷分凹陷深层（>3500m）烃源岩评价表**

| 凹陷 | 层位 | 暗色泥岩厚度（m） | 有机碳（%） | 总烃（μg/g） | 生烃潜量（mg/g） | 烃源岩评价 |
|---|---|---|---|---|---|---|
| 廊固 | Es₃ | 1300 ~ 1500 | 1.2 | 610 | 3.15 | 好烃源岩 |
|  | Es₄—Ek | 600 ~ 1500 | 0.37 | 146 | 0.61 | 差烃源岩 |
| 霸县 | Es₃ | 500 ~ 700 | 2.36 | 1064 | 8.92 | 好烃源岩 |
|  | Es₄—Ek | 400 ~ 700 | 1.6 | 904 | 3.57 | 好烃源岩 |
| 饶阳 | Es₃ | 300 ~ 600 | 0.87 | 971 | 2.42 | 好烃源岩 |
|  | Es₄—Ek | 0 ~ 100 | 0.63 | 322 | 0.23 | 差烃源岩 |
| 晋县 | Ek | 150 ~ 800 | 0.63 | 438 | — | 中等—好烃源岩 |
| 束鹿 | Es₃下 | 200 ~ 600 | 1.01 | 1090 | 3.17 | 好烃源岩 |

深潜山构造一般在凹陷形成早期就已经具备潜山雏形，古近纪以来始终是油气运移的指向，具有近油源优势。在相同油气源和供油途径的油气运、聚条件下，深层高成熟的轻质油或天然气首先运移、充注于就近的深潜山圈闭达到圈闭溢出点后再继续沿断裂等通道纵向运移至中、浅层圈闭聚集，因此，深潜山油气藏具有早期形成、早期充注的特点。譬如，通过以冀中坳陷饶阳凹陷河间—肃宁深洼槽为同一油源区的梁村、大王庄东、八里庄西以及薛庄等深潜山油气藏的原油特征比较，其原油密度、原油黏度随埋藏深度的变浅而增大，原始油气比则随埋藏深度的变浅而减小，说明油气首先注入深潜山。同时，深潜山

与烃源岩接触面较广，可以多方向、多途径和多方式供油，因此，深层丰富的油气资源非常有利于深潜山油气藏的形成。

## 2.2 深潜山碳酸盐岩储层具备有利储集条件

深层碳酸盐岩储层物性是决定深潜山是否能够成藏并形成油气富集的主要控制因素。从渤海湾盆地 32 个（含 21 个奥陶系油藏、11 个蓟县系雾迷山组油藏）碳酸盐岩潜山油藏孔隙度与埋藏深度变化关系统计（谯汉生，2002），可以看出潜山碳酸盐岩油藏随着埋藏深度的增加，孔隙度没有明显的减小，大体保持在 5% ~ 6% 之间，变化不大（图 3）；说明碳酸盐岩储层早期形成的孔洞和裂缝受埋深成岩作用的影响较小，潜山埋至深层后仍然能保存大量的早期形成的孔洞和裂缝，具有较好的储集性能。

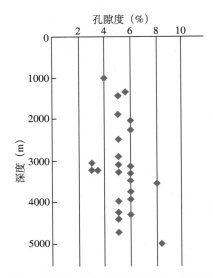

图 3　渤海湾盆地潜山碳酸盐岩孔隙度埋深变化图（据谯汉生等，2002）

以深潜山比较发育的饶阳凹陷、霸县凹陷为例，目前已发现的深潜山油气藏中主要碳酸盐岩储集体为雾迷山组、高于庄组藻云岩，以及寒武系、奥陶系的石灰岩和白云岩。碳酸盐岩的原始结构和构造孔隙大都经过重结晶、白云岩化作用以及构造裂缝及岩溶作用等次生改造，多形成由缝洞孔组成的相互连通的复合储集体。深潜山碳酸盐岩主要储集空间有微裂缝孔隙型、似孔隙型、缝洞孔复合型以及溶洞裂缝型四种，具有较好的储集性能。如饶阳凹陷的大王庄东潜山油藏中部埋深达 4183.6m，日产油量仍高达 1142t；霸县凹陷牛东潜山带牛东 1 井在 5641.5 ~ 6027m 井段酸压后，日产油 642.91t、天然气 $56 \times 10^4 m^3$（赵贤正等，2011）。

## 2.3 潜山内幕地层主要发育六套储盖组合

通过潜山地层纵向岩性组合关系分析，在渤海湾盆地下古生界和中—新元古界可以划分出六套主要的潜山内幕储盖组合（图 4），并在区域上具有一定的分布范围，为潜山内幕油藏的形成提供了有利条件。

第一套储盖组合。中寒武统张夏组鲕灰岩作储层，上覆上寒武统长山－崮山组含泥质

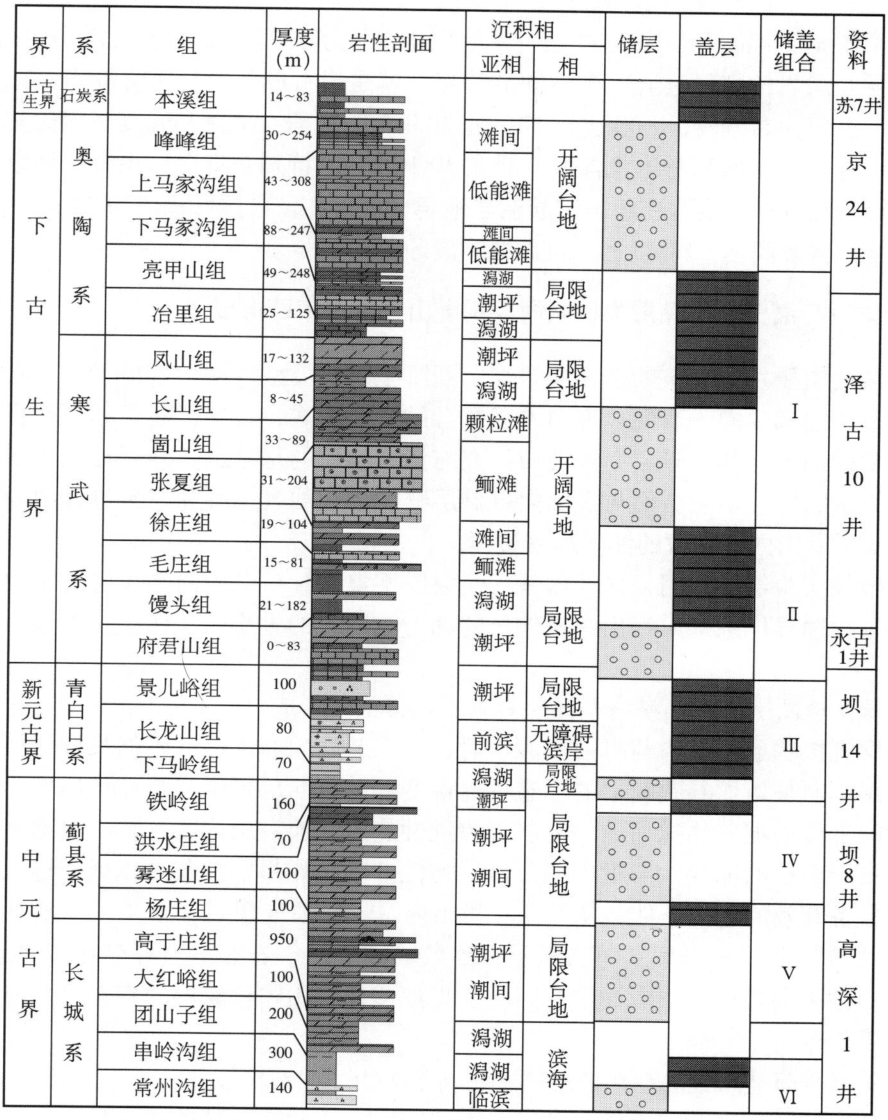

| 界 | 系 | 组 | 厚度(m) | 岩性剖面 | 沉积相 | | 储层 | 盖层 | 储盖组合 | 资料 |
|---|---|---|---|---|---|---|---|---|---|---|
| | | | | | 亚相 | 相 | | | | |
| 上古生界 | 石炭系 | 本溪组 | 14~83 | | | | | 盖层 | | 苏7井 |
| 下古生界 | 奥陶系 | 峰峰组 | 30~254 | | 滩间 | 开阔台地 | 储层 | | | 京24井 |
| | | 上马家沟组 | 43~308 | | 低能滩 | | 储层 | | | |
| | | 下马家沟组 | 88~247 | | 滩间/低能滩 | | 储层 | | | |
| | | 亮甲山组 | 49~248 | | 潟湖/潮坪/潟湖 | 局限台地 | | | | |
| | | 冶里组 | 25~125 | | | | | 盖层 | | |
| | 寒武系 | 凤山组 | 17~132 | | 潮坪/潟湖 | 局限台地 | | 盖层 | I | 泽古10井 |
| | | 长山组 | 8~45 | | 颗粒滩 | | 储层 | | | |
| | | 崮山组 | 33~89 | | 鲕滩 | 开阔台地 | 储层 | | | |
| | | 张夏组 | 31~204 | | | | 储层 | | | |
| | | 徐庄组 | 19~104 | | 滩间 | | | 盖层 | | |
| | | 毛庄组 | 15~81 | | 鲕滩 | | | 盖层 | | |
| | | 馒头组 | 21~182 | | 潟湖 | 局限台地 | | 盖层 | II | |
| | | 府君山组 | 0~83 | | 潮坪 | | 储层 | | | 永古1井 |
| 新元古界 | 青白口系 | 景儿峪组 | 100 | | 潮坪 | 局限台地 | | | | 坝14井 |
| | | 长龙山组 | 80 | | 前滨 | 无障碍滨岸 | | 盖层 | III | |
| | | 下马岭组 | 70 | | 潟湖 | 局限台地 | 储层 | | | |
| 中元古界 | 蓟县系 | 铁岭组 | 160 | | 潮坪 | | | 盖层 | | 坝8井 |
| | | 洪水庄组 | 70 | | 潮坪 | 局限台地 | | 盖层 | IV | |
| | | 雾迷山组 | 1700 | | 潮间 | | 储层 | | | |
| | | 杨庄组 | 100 | | | | | 盖层 | | |
| | 长城系 | 高于庄组 | 950 | | 潮坪/潮间 | 局限台地 | 储层 | | V | 高深1井 |
| | | 大红峪组 | 100 | | | | | | | |
| | | 团山子组 | 200 | | 潟湖 | 滨海 | | | | |
| | | 串岭沟组 | 300 | | 潟湖 | | | 盖层 | | |
| | | 常州沟组 | 140 | | 临滨 | | 储层 | | VI | |

图4　中—新元古界—下古生界储盖组合图

较重的碳酸盐岩作盖层。

第二套储盖组合。下寒武统府君山组碳酸盐岩作储层，上覆馒头组泥页岩作盖层。

第三套储盖组合。蓟县系铁岭组碳酸盐岩作储层，上覆青白口系下马岭组泥页岩作盖层。

第四套储盖组合。蓟县系雾迷山组碳酸盐岩作储层，上覆洪水庄组泥页岩、长龙山组致密石英砂岩夹泥页岩、景儿峪组灰绿色泥灰岩作盖层。

第五套储盖组合。长城系高于庄组碳酸盐岩作储层，上覆蓟县系杨庄组泥云岩作盖层。

第六套储盖组合。长城系常州沟组石英砂岩作储层，上覆串岭沟组泥页岩作盖层。

潜山内幕圈闭形成油气聚集的关键在于是否存在好的潜山内幕盖（隔）层。在上述六套储盖组合中，长山—崮山组、徐庄组、毛庄—馒头组、洪水庄组、串岭沟组已经证实可以作为有效的盖（隔）层，在这些盖（隔）层下找到了具有工业价值的潜山内幕油气藏。这些盖（隔）层岩性特征具有一个相同的特点，就是岩石成分中泥质含量高，在自然伽马测井曲线上表现为高值段，一般达到 12.7 ~ 20μR/h；根据自然伽马强度与泥质相对体积含量关系式计算，其泥质相对体积含量一般在 30% 以上。特别是青白口系景儿峪组—长龙山组—下马岭组和蓟县系洪水庄组，碳酸盐岩地层含泥质高，自然伽马值为 24.3 ~ 25.3μR/h，泥质相对体积含量高达 60% 以上，封盖性能最好。

### 2.4 输导体系与潜山内幕储层物性共同控制潜山内幕油气藏形成

断陷盆地主要发育有坡断型、断垒型、断阶型、斜坡型等潜山构造带，具有断面、不整合面、渗透层和单向、双向、多向不同组合的供烃方式，其中，断层和不整合面是潜山油气藏主要的油气运移输导层。在地质研究与模型构建的基础上，开展油气成藏物理模拟实验，研究了断层、不整合面与潜山内幕储层物性等在油气运移和聚集过程中的相互作用关系，反映了潜山内幕油藏的油气运聚过程。

物理模拟实验结果表明，输导体系（断裂或不整合）与潜山内幕储层的物性差异直接影响着油气从输导体系进入潜山内幕储层的动力与阻力的大小，从而控制着潜山内幕油气成藏。

（1）低渗透断层带和高渗内幕储层有利于内幕油藏形成。

当断层直接沟通了潜山与有效烃源岩时，如果断层的高渗透性不能长期保持，比如随上覆沉积层不断加厚而导致断层的渗透性逐渐变差，或断层带本身具非均质性，对应泥质岩隔层段的部位因泥质涂抹而致使断层的渗透性变差，而潜山内幕存在高渗透性的优质储层段，则由于断层的输导性与潜山内幕储层物性的耦合作用，油气可以优先进入内幕。只要隔层段具备有效的遮挡条件，便可以在潜山内幕形成油气聚集（图5）。文古3井寒武系潜山内幕油藏符合这一机理。而当断层为高效输导层时，若潜山内幕存在高渗透性储层，则潜山顶和潜山内幕均可形成油藏，因此，高渗透性潜山内幕储层的存在是形成潜山内幕油藏的必要条件。

（2）不整合面上倾方向存在低渗透段有利于潜山坡油藏形成。

当不整合面直接沟通了潜山与有效烃源岩时，当不整合面的渗透性较差，低于潜山内幕地层的渗透性时（图6），就会影响油气沿不整合面的向上输导，在不整合的输导性与潜山内幕储层物性的耦合作用下，油气优先进入潜山坡相对较低部位的储层形成聚集。任北奥陶系潜山坡油藏、南马庄寒武系府君山组潜山坡油藏等属于此类成藏机理。

## 3 隐蔽型潜山油气藏勘探高效发现

近年来，随着三维地震勘探技术的快速发展，开展富油凹陷三维地震二次采集和整体连片处理，三维地震资料品质有了大幅度的提高，为深潜山、潜山内幕等隐蔽型潜山圈闭的发现与落实奠定了扎实的资料基础；同时，深化隐蔽型潜山油气藏成藏条件研究，先后在冀中坳陷构建了牛东潜山带超深潜山油气藏、长洋淀潜山带"古储古堵"潜山油藏、肃宁潜山带"红盖侧运"潜山油藏等新的成藏模式（图7），发现了多个高产高效隐蔽型潜山油气藏，形成了冀中坳陷又一次新的储量增长高峰。这些隐蔽型潜山油气藏的发现对渤海湾盆地其他地区潜山勘探也具有重要的指导意义与借鉴作用。

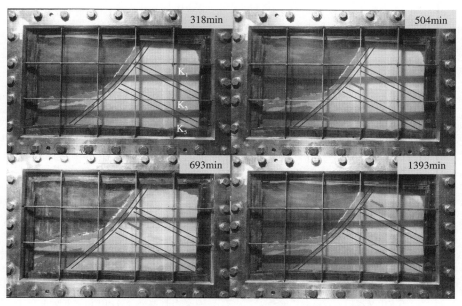

图 5　中等—低效输导断层及高渗透潜山内幕储层油气运聚模拟实验结果
（断层、$K_1$、$K_3$、$K_5$ 的渗透性分别为：1156mD、3746mD、2266mD 和 1156mD
→油气运移方向；$K_1$、$K_2$、$K_5$：潜山及内幕地层）

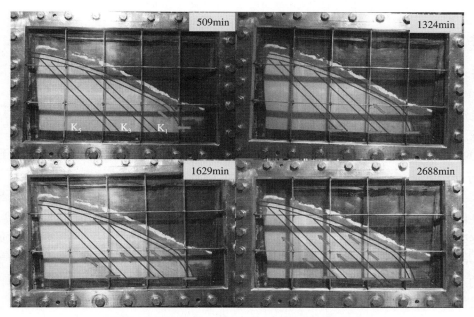

图 6　不整合面非均质性油气运聚模拟实验结果
（不整合面、$K_1$、$K_3$、$K_5$ 的渗透性分别为：416mD、2266mD、1156mD 和 3746mD
→油气运移方向；$K_1$、$K_2$、$K_5$：潜山及内幕地层）

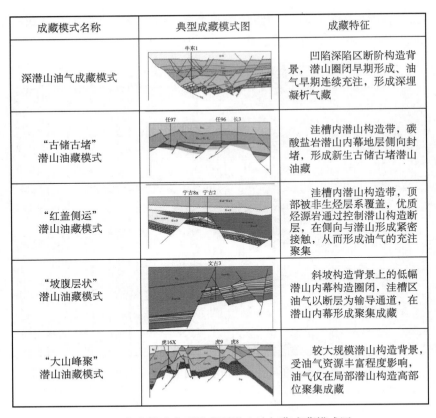

| 成藏模式名称 | 典型成藏模式图 | 成藏特征 |
|---|---|---|
| 深潜山油气成藏模式 | 牛东1 | 凹陷深陷区断阶构造背景，潜山圈闭早期形成、油气早期连续充注，形成深埋凝析气藏 |
| "古储古堵"潜山油藏模式 | 任97　任96　长3 | 洼槽内潜山构造带，碳酸盐岩潜山内幕地层侧向封堵，形成新生古储古堵潜山油藏 |
| "红盖侧运"潜山油藏模式 | 宁古8x　宁古2 | 洼槽内潜山构造带，顶部被非生烃层系覆盖，优质烃源岩通过控制潜山构造断层，在侧向与潜山形成紧密接触，从而形成油气的充注聚集 |
| "坡腹层状"潜山油藏模式 | 文古3 | 斜坡构造背景上的低幅潜山内幕构造圈闭，洼槽区油气以断层为输导通道，在潜山内幕形成聚集成藏 |
| "大山峰聚"潜山油藏模式 | 虎16X　虎9　虎8 | 较大规模潜山构造背景，受油气资源丰富程度影响，油气仅在局部潜山构造高部位聚集成藏 |

图 7　冀中坳陷典型隐蔽型潜山油气藏成藏模式图

### 3.1　牛东潜山带牛东 1 超深潜山油气藏的发现

牛东潜山带处于霸县凹陷东部陡带，勘探面积约 150km²。在 20 世纪 70 年代末期，利用 1∶10 万重力和二维地震勘探资料，先后钻探了家 4 井、家 6 井和新家 4 井三口潜山探井，受资料精度与潜山构造落实程度的限制，均未钻遇潜山。其后 20 余年长期处于勘探停滞状态。

1998 年开始，针对牛东潜山带又开展了新一轮的研究勘探工作。1998—2002 年部署了 1∶5 万高精度重、磁勘探，采集了 1 条 23.4km 的宽线二维地震剖面；2002 年在三维地震空白区采集了 87.6km² 的常规三维地震资料，但是潜山构造落实仍具有多解性，是否具备油源条件还不明确。2005 年，在牛东地区以沙三段地层岩性圈闭为钻探目标，部署了风险探井兴隆 1 井，钻遇沙四段—孔店组地层厚度 1071m（未穿），发现暗色泥岩及碳质泥岩厚度 574m，有机碳平均 1.95%，生烃潜量 3.88g/kg，氯仿沥青 "A" 0.1528%，有机质类型属较好的 II₂ 型，已进入成熟—高成熟阶段。该井的钻探，首次揭示霸县凹陷深层沙四段发育厚层优质烃源岩，为古近系深层和深潜山油藏的形成提供了丰富的资源基础。

针对牛东潜山圈闭存在深浅两种解释方案、圈闭不能准确落实的情况，2009 年，在牛东地区开展了 218km² 的精细二次三维地震采集，并针对牛东潜山目标区进行了 125km² 的叠前深度偏移处理。新采集处理三维地震资料的品质得到大幅提高，牛东深潜山反射波组特征清晰，呈现断阶山结构。经落实，牛东潜山构造带由三个断阶型潜山组成，总面积

58km²。重新认识成藏条件，认为该潜山带被沙四段优质烃源岩覆盖，侧向也与该套烃源岩呈对接关系，油气供给条件有利，从而构建了牛东深潜山油气藏成藏模式（图7）。据此部署的风险探井牛东1井，对5641.5～6027m井段进行大型深度酸压改造，采用16mm油嘴、63.5mm孔板放喷求产，日产油642.91m³、天然气56×10⁴m³，获得高产油气流。

该井的成功钻探与突破，发现了渤海湾盆地乃至中国东部目前最深的油气藏，对于拓宽渤海湾盆地深层勘探领域具有重要意义。

### 3.2 长洋淀潜山带长3"古储古堵"潜山油藏的发现

长洋淀潜山带位于冀中坳陷饶阳凹陷任丘潜山带与雁翎潜山带之间，面积约80km²。勘探早期，按照具有统一油水界面的"新生古储"潜山成藏模式，落实潜山圈闭；分别于1978年、1979年、1998年钻探了任96、任97、任97-1等3口潜山井。任97井在雾迷山组日产油262.0t，而比任97井高56m的任97-1井获得低产，进山深度最浅的任96井出水。表明该潜山带不具有统一的油水界面，油水关系复杂，成藏模式不清，勘探开发一直未取得新进展。

2006年，利用新采集饶阳凹陷马西洼槽二次三维地震资料开展地震资料连片处理，以此为基础进行了新一轮的潜山成藏条件研究工作。

开展精细地层对比研究，认为任96井区与长洋淀潜山之间存在一条断层，断层两侧地层剥蚀程度可能存在差异，上升盘长洋淀潜山一侧层位不是寒武系，可能较老；长洋淀潜山的地震反射特征与任97潜山具有较好相似性，且与任丘雾迷山潜山的深层地震波组有较好相似性。由此推测，长洋淀潜山顶部地层应为雾迷山组地层。开展潜山内幕储盖组合特征研究，根据钻井、测井、岩石薄片以及野外露头观察等资料综合分析认为，区内潜山内幕至少发育了两套储盖组合，第一套为寒武系府君山组为储层、馒头组为盖层的储盖组合，第二套为蓟县系雾迷山组为储层、青白口系景儿峪组－长龙山组为盖层的储盖组合。

开展精细的构造特征研究，长洋淀潜山带之上发育有5条北西向潜山内幕断层，它们相向而掉或阶梯排列，从南向北形成了任97、任97-1、长3等3个潜山内幕高和1个断槽、3个断阶。以此重新认识油藏特征，发现任97-1井和任97两口井之间存在一断槽，任97-1井并非任97井的高部位；断槽内充填的青白口系长龙山组石英砂岩对两侧的雾迷山组形成了有效封堵，从而形成两个独立的潜山成藏系统。进而分析认为，长3井南断层下降盘保留的青白口系景儿峪组—长龙山组对断层上升盘的雾迷山组形成了有效封堵，可以形成"古储古堵"潜山油藏。

在上述认识的指导下，在长洋淀潜山带钻探长3井，对两层潜山井段进行中途测试，分获日产油408m³和518m³，发现了一种新的潜山油气成藏类型。

### 3.3 肃宁潜山带宁古8"红盖侧运"潜山油藏的发现

肃宁潜山带位于饶阳凹陷中部，隶属于大王庄—肃宁中央隆起带，面积约150km²，是一个多层系含油的复式油气聚集带。该区的潜山勘探始于1976年，1976—1987年期间以潜山为目的层共完钻探井10口，其中，5口井钻达潜山，5口井未钻达潜山，仅发现宁古1潜山油藏，探明石油地质储量73×10⁴t。随后，由于潜山埋藏深，早期的二维、三维地震资料质量较差，难以准确落实潜山形态；同时，根据钻井资料，认为宁古2等潜山顶部被沙四段—孔店组"红层"泥岩覆盖，油源条件差；因此，潜山研究与勘探工作一直没有取得新进展。

2006年深化勘探河涧—肃宁地区，实施三维地震二次采集307.54km²；随后，开展三维地震资料的连片处理，三维地震资料品质得到了较大改善，深潜山成像更加清晰可靠。在地层精细对比标定的基础上，精细落实潜山构造，构造面貌发生了较大变化。确定了宁古2断层下降盘的潜山层位，使控山断层断距由原来的50ms增至250ms，增高了潜山幅度，扩大了潜山圈闭的面积。经落实，宁古2潜山圈闭面积8.0km²、高点埋深4500m、幅度500m，提升了其勘探价值。

开展宁古2潜山油气供给条件研究，发现该潜山东侧的宁古1潜山已经成藏，具备油气供给条件。宁古1井处于河涧主生油洼槽中部，钻遇潜山的深度为5061m，其上覆盖沙三段地层。其暗色泥岩厚度553m，占地层厚度的59.1%；烃源岩TOC一般在0.54%～1.836%之间，平均0.74%；$S_1+S_2$一般在0.81～1.63mg/g之间，平均1.488mg/g；运用测井方法精细评价烃源岩，优质烃源岩厚度153.87m、中等烃源岩厚度214.5m，表明，沙三段烃源岩具有良好的生烃条件。结合沉积相、地震反射特征、烃源岩平面分布等资料综合分析，认为在宁古1西部仍是沙三段烃源岩的主要分布区，在宁古2潜山翼部形成直接对接。因此，沙三段烃源岩生成的油气沿断面及不整合面侧向运移至潜山顶部储层聚集，从而构建了"红盖侧运"型潜山成藏模式（易士威等，2010）（图7）。

开展老井复查，认为宁古2井于4885m进入雾迷山组，位于潜山构造低部位；该井井壁取心见到八级荧光显示，预测高部位具备成藏条件。据此，在宁古2潜山高部位钻探宁古8X井，获得日产油253.2t、气6364m³的高产油流。

### 3.4 文安斜坡文古3"坡腹层状"潜山油藏的发现

文安斜坡属于霸县凹陷东部缓坡带，勘探面积1200km²。文安斜坡南北基底结构存在差异性：北段苏桥—信安镇潜山带控山断层断距大，为高垒深槽，垒堑间互结构；而斜坡南部基岩构造发育的反向断层断距总体比较小，为低垒浅槽结构特征。以往按照块状碳酸盐岩潜山油藏的成藏模式勘探，在文安斜坡北段苏桥—信安镇潜山带奥陶系块状碳酸盐岩潜山中探明天然气储量110×10⁸m³、石油储量538.7×10⁴t。而文安南段由于块状型的潜山圈闭不发育，潜山勘探程度低，潜山勘探未发现油藏。

按照潜山内幕油藏的勘探思路，重新认识文安斜坡南段的成藏条件。该地区潜山带顶面总体为一东抬西倾的单斜，但潜山内幕构造形态与潜山顶面差别较大，局部地层南抬，与北东向、南北向两组断层配置形成多个潜山内幕断块、断鼻局部构造；区内发育寒武系—青白口系，为碳酸盐岩与泥岩为不等厚互层，存在多套储盖组合，与控山小断层配置，具备潜山内幕圈闭和油气藏的条件。同时，霸县凹陷洼槽区沙三段、沙四段生油岩埋藏深，呈"倒三角形"分布，油气可通过侵蚀面、断层、缝性碳酸盐岩储层等运移通道向潜山及内幕运移聚集，油气供给条件有利。

综合上述认识，在文安斜坡南部提出了具有形成以徐庄组—府君山组为储盖层、长山—崮山组或徐庄组—馒头组为封堵层、侧翼以断层或不整合面沟通沙四段油源的"坡腹层状"潜山内幕油气成藏模式。钻探文古3井，在潜山内幕寒武系府君山组日产油302.64m³、日产气94643m³，首次实现了文安斜坡潜山内幕府君山组油藏的勘探突破，发现了一种新的潜山内幕油藏类型。

### 3.5 孙虎潜山构造带"大山峰聚"潜山油藏的发现

孙虎潜山构造带位于饶阳凹陷的南部，面积约 150km²。该区钻探工作始于 1976 年，1976—1986 年期间，以潜山为主要目的层就钻探了 13 口探井。但是，只有 7 口井钻到潜山，5 口井在潜山中见到较低级别油气显示，1 口井（虎 2 井）在潜山中试油见到油花。以往研究认为，该地区沙三段和沙一下亚段两套主力烃源层均为差生油层，油源条件差；控制潜山的虎北断层长期活动，下降盘主要对接东营组地层，保存条件差；因此，该潜山带不利于油气聚集成藏。

2007 年，孙虎潜山构造带作为储气库研究评价目标，对构造带主体实施三维地震采集资料。以此为契机，按照新区的研究思路，针对制约勘探的关键认识问题，开展了成藏条件的重新研究。

重新认识资源潜力。潜山带对面的虎北洼槽沙三段地层分布稳定，与已经证实具有良好生烃能力的深西洼槽、杨武寨洼槽对比关系良好，推断沉积时为统一的湖盆，具有类似的生烃条件，虎北洼槽生成的油气可沿虎北断层向孙虎潜山带运移，具备油气源条件。

重新认识保存条件。虽然虎北断层下降盘对接的东营组砂岩十分发育，但上部的东一段泥岩相对发育，可以形成侧向封堵。同时，在孙虎潜山带上还发育有和虎北断层近于平行的一系列北东向北掉断层，致使下降盘的沙四段大段泥岩对局部的小山峰形成良好的侧向封堵；其上覆盖着沙四段、孔店组的泥岩细段，具有较好的保存条件。

重新认识成藏模式。运用三维资料精细落实构造，孙虎潜山受控于虎北断层、高点埋深 2530m、幅度 920m、闭合面积达 50km²；其内部被北东、北西向断层切割，形成多个局部潜山构造。已钻的 7 口潜山井，虽钻到孙虎这座大潜山的较高部位，但这些井均处于各个小山头的低部位，未钻到小潜山峰的最高部位，到高部位还存在 120～360m 的幅度，之所以仅见显示，或试油见油花，可能就是因为位于油水界面附近所致，应该是大潜山上小山峰形成油藏的成藏模式——"大山峰聚"成藏模式。

以上述认识为指导，先后部署钻探虎 8 井、虎 19X、虎 16X 井，均获高产油流。虎 8 井日产油 69.9m³，虎 19X 井日产油 945m³，虎 16X 井日产油 1036m³，又发现了一个新的潜山油藏富集区带。

## 4 认识结论

（1）东部断陷盆地具备形成各种类型潜山油气藏的良好条件，其中，隐蔽型潜山油气藏勘探研究认识程度低，是重要的勘探新领域。

（2）深层潜山油气藏以沙三段和沙四段—孔店组为主力烃源岩；冀中坳陷霸县凹陷、廊固凹陷和饶阳凹陷是有利烃源岩发育区，坳陷深层石油资源量为 $9.14 \times 10^8t \sim 10.3 \times 10^8t$，天然气资源量为 $1237.66 \times 10^8m^3$。

（3）深层潜山储集性能受埋藏深度影响较小，储集空间主要有微裂缝孔隙型、似孔隙型、缝洞孔复合型以及溶洞裂缝型四种，具有较好的储集条件。

（4）渤海湾盆地中—新元古界—下古生界主要发育六套潜山内幕储盖组合关系，具有形成潜山内幕油藏的良好成藏条件。

（5）潜山油藏成藏物理模拟实验研究，表明输导体系（断裂或不整合）与潜山内幕储层的物性有机配置，控制着潜山内幕油气藏的形成。

（6）通过油气勘探实践，在冀中坳陷已经发现了牛东1超深潜山油气藏、长3"古储古堵"潜山油藏、文古3"坡腹层状"潜山内幕油藏，以及宁古8"红盖侧运"潜山油藏等多种富集的隐蔽型潜山油气藏，表明其具有广阔的勘探前景。

## 参 考 文 献

付广，杨勉. 2011. 断陷盆地油气成藏模式及分布特征. 石油实验地质，23（4）：408-411.

庞雄奇，陈冬霞，张俊. 2007. 隐蔽油气藏成藏机理研究现状及展望. 海相油气地质，12（1）：56-62.

谯汉生，方朝亮，牛嘉玉等. 2002. 渤海湾盆地深层石油地质. 北京：石油工业出版社.

易士威，赵淑芳，范炳达等. 2010. 冀中坳陷中央断裂构造带潜山发育特征及成藏模式. 石油学报，31（3）：361-367.

赵贤正，金凤鸣，王权等. 2011. 渤海湾盆地牛东1超深潜山高温油气藏的发现及其意义. 石油学报，32（4）：1-13.

赵贤正，金凤鸣，王余泉等. 2008. 冀中坳陷长洋淀地区"古储古堵"潜山成藏模式. 石油学报，29（4）：489-498

朱光辉，蒋恕，蔡东升等. 2007. 中国碎屑岩隐蔽油气藏勘探进展与问题. 江汉石油学院学报，29（2）：1-8.

# 海相碳酸盐岩油气藏评价技术

# 塔北南斜坡区岩溶储层特征及主控因素[❶]

姜　华[1,2]　　王　华[2]　　方欣欣[3]　　刘　伟[1]　　张　磊[1]

（1. 中国石油勘探开发研究院石油地质所；

2. 中国地质大学（武汉）；3. 中国地质大学）

**摘　要**　塔北南斜坡区下奥陶统碳酸盐岩（深度大于 6500m）已展示出良好的油气勘探前景，但对其岩溶储层发育特征及分布规律的研究仍不够清楚。结合岩心、薄片、测井、录井、高分辨率三维地震等资料，运用构造演化史分析、储层特征描述等方法，对塔北南斜坡区岩溶类型、发育期次、分布范围以及叠加方式展开研究，认为吐木休克组尖灭线以北以潜山岩溶作用为主，尖灭线以南大部分地区以顺层岩溶作用为主，英买地区以垂向岩溶作用主导。该区域岩溶储层发育的复杂性主要受控于高能相带的展布以及构造演化史。本次研究中对岩溶叠加方式及不同地区储层发育特征的认识对于进一步深化该区域油气勘探将起到指导性的作用。

**关键词**　塔北南斜坡区　潜山岩溶　顺层岩溶　垂向岩溶　构造演化

塔里木盆地是我国最大的内陆叠合含油气盆地，是西部重要的油气资源接替区，而塔北地区是其中最重要的产油气地区之一（贾承造等，1997；何登发，2007；张朝军等，2010）。随着深层和超深层的油气勘探不断取得新的突破，目前，在塔北南斜坡区下奥陶统碳酸盐岩（深度大于 6500m）已展示出良好的勘探前景。大量石油地质研究已经基本确定了该区烃源充足、盖层条件优越以及油气供给匹配等优越的成藏条件，因此，寻找油气的关键是储层的性能和分布（何发歧，2002；吕修祥等，2007；俞仁连等，2005；武芳芳等，2009）。而岩溶储层是该区域最重要的油气储层，其古岩溶体系的形成方式及分布的研究成为油气勘探的关键。

# 1　研究区概况

塔北地区是塔里木盆地目前发现油气储量最多的地区，也是塔里木盆地油气富集程度最高的地区。塔北隆起位于库车坳陷与北部坳陷之间，是塔里木盆地北部一个近东西走向的隐伏隆起，北临库车坳陷，南面自西而东为北部坳陷的阿瓦提凹陷、满加尔凹陷和孔雀河斜坡（杨宁等，2005；崔泽宏等，2005；崔海峰等，2010）。根据古生界顶面地质特征和形态，塔北隆起可划分为 6 个二级构造单元，分别为北侧轮台凸起、英买力低凸起、哈拉

---

❶基金项目：本文得到国家自然科学基金项目（编号：40872077）和湖北省重点自然科学基金（编号：2008CDA098）联合资助。

哈塘凹陷、轮南低凸起（轮南潜山背斜带）、草湖凹陷和库尔勒鼻状凸起。轮台凸起是塔北隆起的核心，南侧各构造单元属塔北古生代隆起的南斜坡，在平面上呈"三凸两凹"的构造格局（图1）。

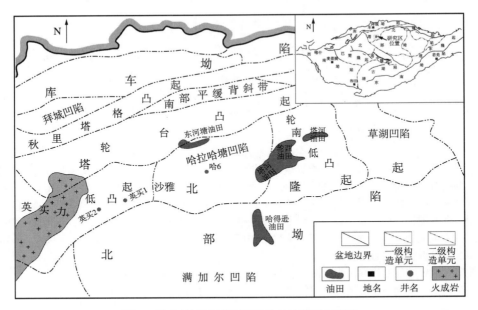

图1 塔北地区区域地质背景与油气勘探现状

塔北隆起具有多层系富油气的特点。古生界寒武系、奥陶系、志留系以及中新生界多套层系均有油气发现或显示，特别是深层奥陶系碳酸盐岩油气藏，分布面积大，油气富集程度高，目前在奥陶系发现的储层主要集中于一间房组—鹰山组顶部（图2）。其中，中—下奥陶统鹰山组为半闭塞台地相—开阔台地相的白云岩、灰质白云岩和石灰岩；中奥陶统一间房组为台地边缘相的砂屑灰岩、砾屑灰岩；其顶部的吐木休克组为淹没台地相的红褐色泥质灰岩、生屑灰岩、瘤状灰岩，良里塔格组为台缘缓坡相的泥晶灰岩、生屑泥晶灰岩、亮晶砂屑灰岩等，桑塔木组以混积陆棚相的砂泥岩为主夹石灰岩，吐木休克组和桑塔木组构成了该区域优质的盖层。

## 2 古岩溶储层特征

### 2.1 古岩溶发育类型

古岩溶（Plaeokarst）是指过去地质历史中，一套碳酸盐岩地层在化学溶蚀和相关形变过程中所产生的所有成岩作用属性及特征，古岩溶通常被后期沉积的沉积物或沉积地层覆盖。在油气勘探领域，将地质历史过程中所有通过溶蚀作用产生溶蚀孔洞的溶蚀作用过程和结果都纳入古岩溶研究范畴，包括发生于地表、浅地表的大气水岩溶、地下的大气淡水和咸水的混合水岩溶及深部热液岩溶（黄思静，2008；赵宗举，2008；潘文庆，2009；李忠，2010）。塔里木盆地是典型的叠合盆地，多期构造运动使碳酸盐岩台地沉积发生多次暴露和埋藏过程，从而发生多期和多种类型的岩溶作用。由于发育的成岩阶段、构造背景等

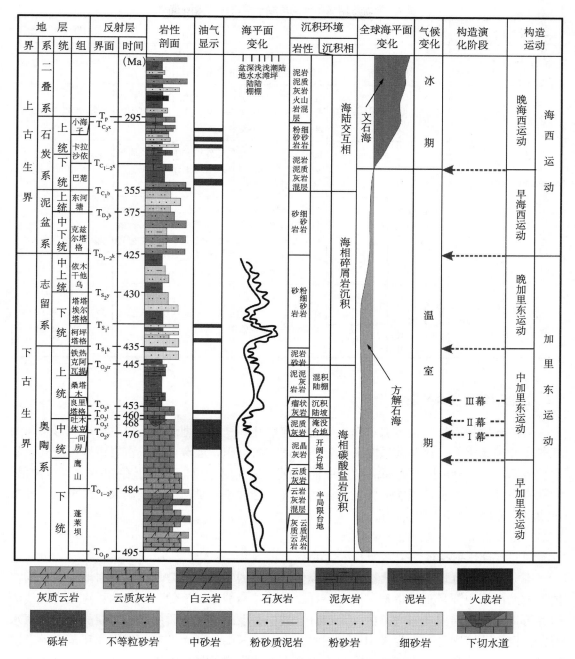

图 2 塔北地区古生界地层发育特征及其构造背景

条件的差异，在岩溶叠加地区的不同位置起主导作用的岩溶并不相同。通过岩心、薄片观察以及同位素地球化学分析等手段，将塔北地区发育的岩溶类型进行了识别（表 1）。根据一间房组顶部直接盖层（主要指吐木休克组泥质灰岩）是否存在，塔北奥陶系岩溶区域可划分为潜山部分和内幕部分，其中，潜山部分以潜山岩溶为主导，曾发育多期暴露；内幕岩溶大部分地区以顺层岩溶发育为主（张宝民，2009），而在英买地区由于断裂发育则以垂向岩溶为主。

**表1 塔北南斜坡区一间房组—鹰山组古岩溶类型**

| 成岩阶段 | 成岩环境 | 岩溶作用分类 | | 内 涵 | 各期岩溶主控范围 |
|---|---|---|---|---|---|
| 同生成岩 | 混合水—大气淡水 | 准同生期大气淡水溶蚀岩溶 | | 与三、四级相对海平面下降导致的沉积物短期暴露受大气淡水淋滤相关的岩溶 | 塔北南缘广泛发育 |
| 表生成岩 | 暴露 | 广泛暴露 | 层间岩溶 | 地形整体平缓，受区域构造控制发生整体抬升剥蚀和淡水淋滤作用后，其上沉积仍为碳酸盐岩，平行不整合接触 | 塔北南缘广泛发育 |
| | | 局部暴露 | 潜山岩溶 | 地形起伏较大，受构造作用发生整体或局部暴露大气溶蚀后被埋藏，与上覆地层主要以角度不整合接触 | 轮南低凸起 |
| | | | 顺层岩溶 | 在潜水下倾方向，受水压头的作用，在埋藏部分隔水层以下发生的岩溶作用，早期岩溶和深大断裂是其形成的两个必要条件：前者是顺层岩溶侧向渗流和扩溶的先决条件；后者是保证水体循环实现岩溶的必要条件 | 塔北南缘广泛发育 |
| 早成岩至晚成岩 | 埋 藏 | 受断裂控制岩溶（垂向岩溶） | 与地表水下渗相关 | 在埋藏条件下，由于断裂垂向沟通地表水或深部流体形成的岩溶 | 英买1、2号井区及斜坡下倾部位 |
| | | | 与热液相关 | | |

## 2.2 古岩溶储层发育特征

对油气勘探而言，由古岩溶作用形成的溶蚀孔洞缝和大型溶洞是最主要地貌形态和油气的主要储集空间。这些地质时期的岩溶被后期的沉积物埋藏而形成古岩溶残留空间，从而使 6000 ~ 8000m 甚至更深的地层中能够保持油气成为可能。由于存在多种岩溶作用，导致在录井、测井和地震响应特征方面的差异，这种差异是由溶蚀孔洞大小、形状、分布以及洞穴充填物的区别引起的。

### 2.2.1 潜山岩溶与顺层岩溶主要特征

（1）地震反射特征。

高分辨率三维地震为古岩溶的识别提供了有效的手段，在塔北地区古岩溶残余空间在地震上的反应主要呈现"串珠"反射特征。以哈拉哈塘地区为例，以吐木休克组尖灭线为边界可以划分为潜山区和内幕区两个部分，其中，潜山区在地质期经历多期的暴露和淡水侵蚀，而内幕区则是在发生潜山岩溶同时，由于水压头作用而发育一定规模和范围的顺层岩溶。潜山岩溶和顺层岩溶作用在平面上具有普遍发育的特点，因而，在其控制区溶蚀空间表现为"似层状"分布的特点。在地震反射上，潜山区主要表现为一间房组顶界面以下的多种形态的"串珠"密集的分布，这是广泛暴露导致的强烈淡水溶蚀作用而形成的大型岩溶洞穴的反射特征；而内幕区则反应为相对孤立的"串珠"，这是顺层岩溶作用沿着断裂、早期层间岩溶形成的通道进行优势溶蚀的结果（图3）。顺层岩溶的发育是有条件和范围的，这与水压头的高度、地表水基准面的分布以及可供水体向地表循环的深大断裂发育部位相关。总体上距离暴露区越远，顺层岩溶发育越差并最终停止（图4）。

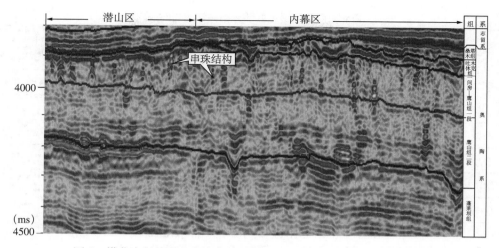

图 3 塔北南斜坡区古岩溶在地震剖面上的典型"串珠"反射特征

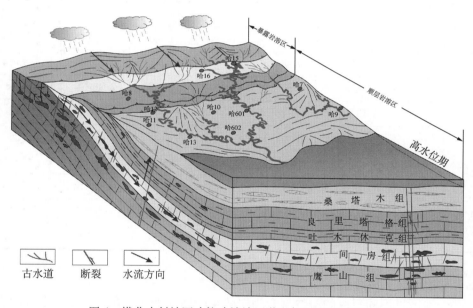

图 4 塔北南斜坡区哈拉哈塘地区潜山与顺层岩溶发育模式

（2）充填特征。

在潜山区，由于多期的暴露可以形成较大的溶蚀空间，而与上部地层复杂的接触关系导致岩溶洞穴一般被复杂的充填物全充填或部分充填（表2）。在钻井过程中主要表现为大尺度的放空，部分井可达几十米的放空，同时，也存在着大量的中小型岩溶孔洞；从充填物类型来看，主要有岩溶垮塌形成的角砾岩、上覆碎屑岩地层破碎砂砾、渗流粉砂、泥质等，成分复杂，充填时期也各不相同。在内幕区，充填物相对简单，主要以岩溶角砾、方解石巨晶、少量泥质充填为主。对部分距离高差较小地区（如哈拉哈塘地区），主要表现为钻井时发生大量钻井液漏失，而在取心段很少有充填物发现，反映埋藏岩溶因受地表条件控制，其充填物存在较大的差异。在不同岩性、不同部位存在的岩溶角砾表现出潜山岩溶和顺层岩溶形成大规模或较大规模洞穴系统而形成的垮塌（图5）。

表 2　塔北南斜坡区潜山区部分钻井钻遇岩溶洞穴统计表

| 井名 | 井漏、放空以及洞穴充填特征 | 所在部位 | 层位 | 距一间房组一鹰山组顶界面距离（m） |
|---|---|---|---|---|
| LG100 | 灰绿色泥岩半充填 | 潜山区 | 一间房组 | 70 |
| LG102 | 累计放空 15m | 潜山区 | 一间房组 | 114.8 |
| LG15 | 累计放空 1.5m | 潜山区 | 一间房组 | 20 |
| LG17 | 泥质充填 | 潜山区 | 一间房组 | 25 |
| LG1 | 泥质粉砂充填 | 潜山区 | 一间房组 | 9.8 |
| LG201 | 角砾岩充填物 | 潜山区 | 一间房组 | 7 |
| LG42 | 粉砂岩、泥岩、角砾灰岩等洞穴充填物，放空 | 潜山区 | 一间房组 | 7.43 |
| LN8 | 放空，方解石巨晶充填物 0.5m | 潜山区 | 一间房组 | 60.4 |
| H601 | 漏失钻井液 368.75m³ | 内幕区 | 一间房组 | 2.48 |
| H601-2 | 漏失钻井液 69.4m³ | 内幕区 | 一间房组 | 4.72 |
| H7 | 漏失钻井液 929.09m³ | 内幕区 | 一间房组 | 25.58 |
| H701 | 漏失钻井液 98.2m³ | 内幕区 | 一间房组 | 3.68 |
| H702 | 漏失钻井液 166.1m³ | 内幕区 | 一间房组 | 30.5 |
| H7-1 | 漏失钻井液 809m³ | 内幕区 | 一间房组 | 36 |
| H11 | 漏失钻井液 225m³ | 内幕区 | 一间房组 | 13.45 |
| H12 | 漏失钻井液 124m³ | 内幕区 | 一间房组 | 88.85 |
| H13-1 | 漏失钻井液 133.6m³ | 内幕区 | 一间房组 | 6.58 |
| H16 | 漏失钻井液 1394.18m³ | 内幕区 | 一间房组 | 2.86 |

### 2.2.2　垂向岩溶储层主要特征

与大部分地区以不同尺度的溶蚀洞穴为主的空间体系不同，在英买地区发育的岩溶储层主要为与主干断裂相关的次级断裂、裂缝及小型岩溶缝洞。垂向岩溶在该区域的发育主要与该区域局部发生的快速隆升产生的大量断裂密切相关。由于断裂的垂向沟通作用，使地表水得以进入深部一间房组一鹰山组，并对断裂附近的碳酸盐岩进行溶蚀。这类岩溶的主要特点是：

（1）在地震反射剖面上，"串珠"发育与断裂配置关系明显，即垂向岩溶作用主要发育在断裂带附近，这种沿着断裂溶蚀的特点使岩溶储层在平面上分布表现为"栅格状"分布特征。

（2）储集空间以小型溶蚀洞缝为主，这是由于垂向岩溶与地表具有较远距离，地表淡水要穿过多套地层才能对深部可溶性碳酸盐岩进行溶蚀，期间水体中与溶蚀能力相关的各种属性都会发生变化。同时，垂向岩溶发育于半封闭的地下环境中，因此水体循环不畅，阻碍了大规模岩溶作用的发生。

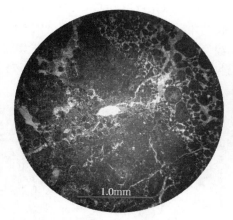
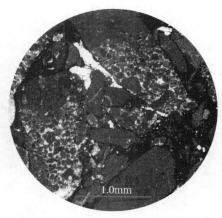

A. H15井，6585.45m，$O_2y$，亮晶砂屑灰岩，溶蚀角砾微观结构

B. LN12井，6369m，$O_2y$，亮晶砂屑灰岩，溶蚀角砾微观结构

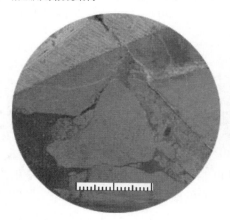
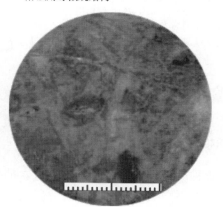

C. LN44井，5322.8m，$O_{1-2}y$，泥晶砂屑灰岩，溶蚀角砾岩心照片

D. LN39井，5426.5m，$O_{1-2}y$，藻粘结灰岩，小型溶蚀洞穴岩心照片

图5 塔北南斜坡区典型潜山岩溶特征

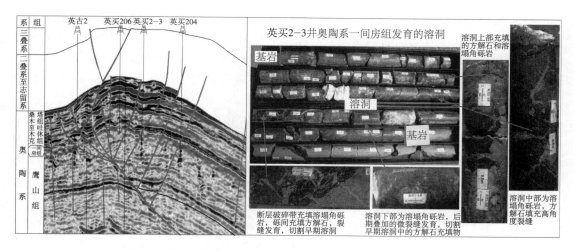

图6 塔北南斜坡区英买地区断裂与"串珠"地震反射关系

少量钻井（如英买2-3井）钻遇与断裂带直接沟通的溶蚀空间，发育相对规模较大的溶蚀洞穴，但往往被断裂活动或岩溶过程中形成的角砾半充填或完全充填（图6），难于保存成为储集空间。垂向岩溶发育带最主要的储渗空间是与断裂伴生的大量裂缝以及流体沿裂缝扩溶形成的小型溶蚀孔洞，这种尺度的溶蚀空间在深埋阶段更容易保存（图7）。

A. 英买201井，20 4/35，鹰山组（$O_{1-2}y_1$）
褐灰色泥晶灰岩，发育高角度裂缝

B. 英买201井，23 39/54，鹰山组（$O_{1-2}y_1$）
裂缝带，方解石胶结

图7 塔北南斜坡区英买地区裂缝发育典型特征

# 3 岩溶储层主控因素分析

## 3.1 沉积相对岩溶储层发育的影响

虽然各种沉积环境中沉积的碳酸盐岩都有可能由于沉积、成岩或构造等因素影响而成为储集岩，但不同沉积相带的碳酸盐岩成为储集岩的潜力却不相同，储层的孔隙特征也不一样。无论是礁滩型储层、岩溶型储层或白云岩储层，沉积相对其发育和分布都有重要的控制作用。不同构造背景、不同碳酸盐岩台地结构类型控制下的各沉积相带的原生储集性能以及对其后改造作用的制约，这是碳酸盐岩储层发育的基础。通常情况下，沉积相带对碳酸盐岩储层的控制作用主要与不同岩相的溶蚀能力密切相关。

塔北奥陶系碳酸盐岩台地经历了加积型镶边台缘（晚寒武世—蓬莱坝组沉积期）→加积型末端变陡缓坡（鹰山组沉积期）→淹没退积型缓坡（一间房组沉积期）→淹没台地（吐木休克组沉积期）→加积—进积型缓坡（良里塔格组沉积期）的演化（图8），从而形成了一间房组—鹰山组广泛的高能相带以及顶部泥质含量较高的吐木休克组淹没台地相，并构成天然的潜在储盖组合。

一般而言，海相碳酸盐岩台地沉积中的台内滩沉积亚相、高能条件下的礁滩复合体和潮下高能沉积相带为优质储层发育的有利地区。一间房组—鹰山组以碳酸盐岩缓坡环境的开阔台地相为主体，发育有台内滩亚相和滩间海亚相。其中，一间房组以开阔台地滩相亮晶颗粒灰岩、泥晶颗粒灰岩为主，局部夹托盘礁；鹰山组为开阔台地滩相颗粒灰岩、滩间泥晶灰岩及其过渡岩性的互层，石灰岩厚度大且纯，滩相亮晶颗粒灰岩、泥晶颗粒灰岩占80%以上，颗粒成分主要有砂屑、鲕粒、生屑及砾屑等。上奥陶统吐木休克组和良里塔格组则以斜坡—盆地相富泥岩石类型为主。对塔北南缘斜坡区17口单井一间房组和鹰山组内亮晶颗粒灰岩、泥晶颗粒灰岩、颗粒泥晶灰岩、泥晶灰岩以及其他岩石成分进行统计，一

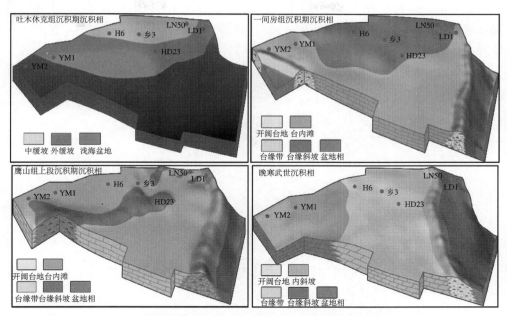

图 8 塔北南缘斜坡区奥陶系主要地层沉积相展布

间房组内台滩亮晶颗粒灰岩占 66.27%，泥晶颗粒灰岩占 18.74%；鹰山组台内滩亮晶颗粒灰岩占 38.3%，泥晶颗粒灰岩占 18.1%。总体上台内滩亚相岩性纯，矿物成分方解石占 90%以上，泥质含量少为 2% ~ 5%，粒屑含量在 50% 以上，性硬脆，易破裂，矿物成分化学活泼性相对强，易于高速溶蚀形成大量的溶蚀孔、洞、缝并成为有效的储集空间（图 9）。因此，一间房组—鹰山组开阔海台地相的台内滩亚相是有利储层发育的沉积相带。

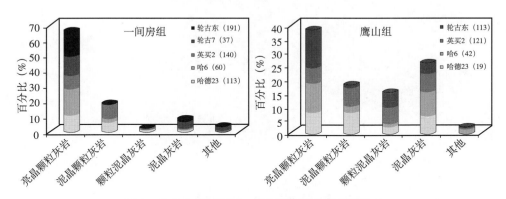

图 9 塔北南缘斜坡区一间房组与鹰山组岩类统计

## 3.2 古构造活动控制的岩溶叠加是岩溶储层发育差异性的决定性因素

塔北地区碳酸盐岩岩溶储层是由构造作用及其相联系的各类古岩溶作用共同参与下形成的，是多期、多种类型的古岩溶作用叠加的结果。塔北隆起在加里东晚期—早海西期形成雏形，至晚海西期—印支期才发育定型，整个发育过程地貌地形由早期的沉积控制为主转为晚期的构造控制为主，并且隆起高部位在地质时期不断发生迁移，这种构造活动引起的古地形以及一间房组—鹰山组在不同成岩期的环境变迁最终形成了现今的岩溶特征。总体上，一间房组—鹰山组碳酸盐岩除普遍发育同沉积期岩溶外，还经历了加里东中期、加里东晚期、早海西期、晚海西期四个主要的岩溶阶段，其后又经历了长期的埋藏岩溶阶段，造成了复杂的岩溶叠加，进而形成了丰富的储集空间类型。四个主要构造期的岩溶发育如下（图10）。

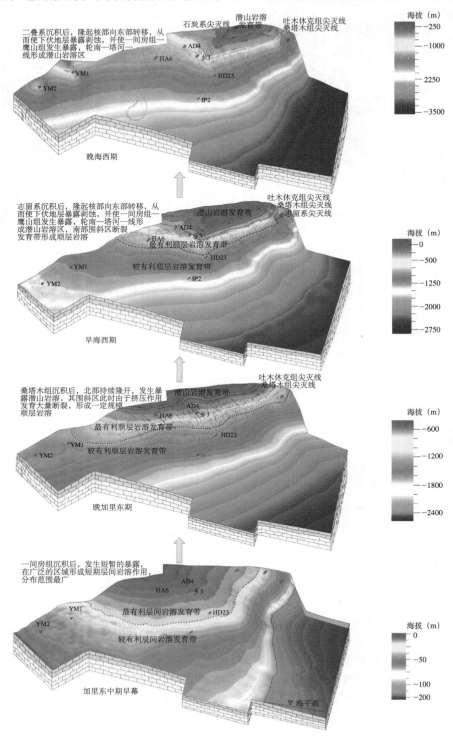

图10　主要岩溶期一间房组顶界面古构造形态演化与岩溶作用

### 3.2.1　加里东中期

多幕次是加里东中期运动的显著特点，在一间房组—鹰山组碳酸盐岩沉积过程中，伴随着4级海平面升降变化，发生多期的同沉积期岩溶；早奥陶世末的加里东中期Ⅰ幕运动，塔里木克拉通周缘由大陆伸展环境向聚敛构造背景转变，一间房组顶部大部分区域发生短期暴露，形成短期的层间岩溶；其后的吐木休克组沉积末期的加里东中期Ⅱ幕以及良里塔格组沉积后的加里东中期Ⅲ幕分别发生暴露剥蚀，形成层间岩溶，并通过同沉积期断裂对一间房组—鹰山组碳酸盐岩地层进行溶蚀作用。本期岩溶具有普遍存在的特征，但是，由于古地貌的差异，仍表现出差异性，该时期哈拉哈塘及周围区域处于继承性隆起的高部位，受到的岩溶作用相对其他区域更为强烈，因此，在相对低洼的英买地区的加里东中期岩溶形成的溶蚀洞穴等相对要少很多，在岩心观察中罕有发现。

### 3.2.2　加里东晚期

加里东晚期（志留系沉积前），整个北部表现为均衡隆升，呈现北高南低的地貌形态。在此背景下，北部局部地区发生剥蚀，使一间房组—鹰山组发生暴露，形成潜山岩溶，而在盖层覆盖区则开始发育顺层岩溶。该岩溶期从哈拉哈塘至轮古一线均发生暴露，因此，有利于其围斜区发生顺层岩溶，此时的英买地区仍继承性的处于构造低部位，处于埋藏状态，距离暴露区距离很大。因此，并未受到该期岩溶作用的直接影响。

### 3.2.3　海西早期

中泥盆世末的海西早期运动，在区域压扭应力作用下，早期断裂继承性活动，同时发育大量同生期伴生断裂或裂缝。受其影响，轮南—塔河地区发育成一个北东向展布、向南西方向倾伏的，具鞍部特征的大型鼻状凸起。同时，由于长期抬升暴露，风化剥蚀强烈，隆起顶部的大部分地区普遍缺失志留—泥盆系及上奥陶统。另外，构造运动所形成的古地貌高差大，受大范围淋滤作用影响，奥陶系碳酸盐岩岩溶普遍发育，在暴露区形成典型的喀斯特地貌溶蚀，形成岩溶高地、斜坡、谷地与众多溶蚀残丘古地貌和地下溶蚀缝洞系统。本期岩溶作用中，一间房组—鹰山组暴露溶蚀范围扩展，部分地区潜山岩溶作用与加里东晚期的顺层岩溶叠加，从而形成良好的风化壳型岩溶；此时的内幕区，由于隆升形成的较大水压头以及断裂的广泛发育，在哈拉哈塘—塔河—轮古东地区发育了顺层岩溶，从而使内幕区的储层条件得到了极大的改善。塔北南缘斜坡区，特别是内幕岩溶区大型洞穴及洞缝型的储集空间都形成于该期。

### 3.2.4　海西晚期

海西晚期，塔北隆起在总体上继承了海西早期"北高南低、向西南倾覆，北东向延伸的大型鼻状古构造"面貌的基础上，轮南古潜山西南倾伏的鼻状凸起向北收敛，凸起高部位逐渐向东移动。石炭—二叠系以及北部的中下奥陶统均遭受不同程度的剥蚀。海西晚期剥蚀强度具北强南弱的特征，而处于暴露状态或浅埋藏状态的北部奥陶系碳酸盐岩再一次接受大气降水作用，是古岩溶作用的又一重要时期。而西部英买地区在该时期由于寒武纪膏盐体的活动，发生短期强烈快速隆升，发育大量的断裂与地表大气淡水沟通形成的垂向岩溶。这期岩溶为扩溶的建设性岩溶。而二叠纪火山活动强烈，大量辉绿岩侵入到英买力地区，热液沿主断裂顺流而上对奥陶系碳酸盐岩产生一定的影响。一方面在该区域辉绿岩对良里塔格组的侵入作用最强，而对一间房组—鹰山组的影响相对较弱，另一方面发现的热液岩溶主要对已存在的缝洞空间进行了充填，其改造以破坏性表现为主，尚未发现对储层的改善起到重要作用。

总体上，塔北南缘斜坡区岩溶储层的复杂性受控于构造演化。由于塔北南缘斜坡区不同地区在地史演化过程中受构造活动的影响不同，在其控制下发育的岩溶类型、期次、强度、叠加方式等方面都存在差异（图11）。吐木休克组尖灭线以北主要是以潜山岩溶作用为主导，尖灭线以南的内幕区可分为两个主要岩溶控制区，其中哈拉哈塘以东地区为层间岩溶和顺层岩溶主要控制区，以西地区（特别是英买力地区）则以垂向岩溶作用控制为主。在距离尖灭线更远、埋深更大的地区，埋藏岩溶的作用对储层的作用则显得明显，但整体岩溶储层品质相对较差。

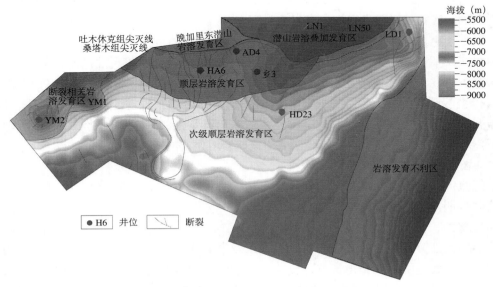

图 11　塔北南缘斜坡区一间房组—鹰山组岩溶发育区带划分
（底图为一间房组—鹰山组现今顶界面构造）

# 4　结论

（1）塔北南斜坡区的岩溶储层是地质时期中多期构造活动控制下的多期岩溶作用叠加的结果，按照主控岩溶作用可以划分为潜山岩溶区和内幕岩溶区，其中内幕岩溶区又可以划分为顺层岩溶区和垂向岩溶作用区。

（2）潜山岩溶区和顺层岩溶区发育大型的溶蚀洞穴和不同规模的孔洞，作为油气储渗空间的主要是由裂缝系统沟通的残余的溶蚀洞穴、孔洞，储层在横向上具有较为连续的"似层状"分布特征；而垂向岩溶作用区主要以断裂控制的裂缝及小型溶蚀孔洞为主要储渗空间，储层在横向上显示为"栅格状"分布特征。

（3）塔北南斜坡区的岩溶分布主要受控于两个主要因素：①高能沉积相带的存在。南斜坡区主要的岩溶储层集中发育于一间房组—鹰山组顶部，与其为台内或内缓坡的高能沉积相带密不可分。②构造活动的控制。地质时期中构造活动控制的断裂发育及古地形的变迁是决定岩溶发育的类型、作用强度、叠加方式的最重要条件，正是由于多幕式的构造变迁形成了分布复杂的、强烈非均质的岩溶储集空间。

# 参 考 文 献

崔海峰，郑多明，李得滋．2010．英买力地区碳酸盐岩内幕油气藏特征及勘探方向．石油地球物理勘探，45（1）：196−241．

崔泽宏，王志欣，汤良杰．2005．塔北隆起北部叠加断裂构造特征与成因背景分析．中国地质，32（3）：378−385．

何登发．2007．不整合面的结构与油气聚集．石油勘探与开发，34（2）：142−149．

何发歧．2002．碳酸盐岩地层中不整合−岩溶风化壳油气田—以塔里木盆地塔河油田为例．地质论评，48（4）：391−397．

黄思静，王春梅，黄培培．2008．碳酸盐成岩作用的研究前沿和值得考虑的问题．成都理工大学学报（自然科学版），35（1）：1−7．

贾承造．1997．中国塔里木盆地构造特征与油气．北京：石油工业出版社．

李忠，黄思静，刘嘉庆等．2010．塔里木盆地塔河奥陶系碳酸盐岩储层埋藏成岩和构造−热流体作用及其有效性．沉积学报，28（5）：969−974．

吕修祥，周新源，李建交等．2007．塔里木盆地塔北隆起碳酸盐岩油气成藏特点．地质学报，81（8）：1057−1064．

潘文庆，刘永福，Dickson J A D 等．2009．塔里木盆地下古生界碳酸盐岩热液岩溶的特征及地质模型．沉积学报，27（5）：983−997．

武芳芳，朱光有等．2009．塔里木盆地油气输导体系及对油气成藏的控制作用．石油学报，30（3）：332−339．

杨宁，吕修祥，陈梅涛等．2005．英买力地区碳酸盐岩古风化壳油气聚集模式探讨．天然气地球科学，16（1）：263−270．

俞仁连，闫相宾，金晓辉等．2005．塔里木盆地研究进展与勘探方向．石油与天然气地质，26（5）：598−604．

张宝民，刘静江．2009．中国岩溶储集层分类与特征及相关的理论问题．石油勘探与开发，36（1）：12−17．

张朝军，贾承造，李本亮等．2010．塔北隆起中西部地区古岩溶与油气聚集．石油勘探与开发，37（3）：263−269．

赵宗举．2008．海相碳酸盐岩储集层类型、成藏模式及勘探思路．石油勘探与开发，35（6）：692−703．

# 南海西部深水区生物礁有利分布及勘探前景

孙志鹏[1]　钟泽红[1]　陆永潮[2]　熊　翔[1]　阎丽妮[2]　郭明刚[1]

(1. 中海石油（中国）有限公司湛江分公司；2. 中国地质大学（武汉）)

**摘　要**　南海西部海域自 20 世纪 70 年代勘探以来，在北部湾、琼东南、珠江口（西部）盆地发现莺 9 井、涠洲 10-3N 等多个碳酸盐岩油藏。古近—新近系碳酸盐岩分布区主要位于盆地内构造隆起（凸起）区，如神狐隆起、松涛凸起。岩性主要为礁灰岩、生物灰岩、灰岩及少量白云岩。南海西部深水区中新统生物礁具备良好的形成条件，主要表现在研究区南部中新统充填沉积时发育有稳定的碳酸盐岩隆台区，晚渐新统至中新统渐进的海平面变化、适宜气候条件、多类型的造礁生物发育，决定该区生物礁的广泛存在。深水区生物礁具有四大特征：①海进退积淹没型，南部永乐隆起西北侧、北侧和东侧的多阶台缘结构随着海平面上升形成沿台缘呈多环带状分布的生物礁环。②礁相完整：实际地震剖面和反演剖面均显示礁前的前积反射相，礁核丘状反射相和礁后平行反射相分带性，其中，礁核中还可划分出水平充填的礁沟亚相和丘状的礁脊亚相。③生物礁在古隆起及其边缘阶地上稳定海进退积定植生长，并连环呈裙状。④生物礁生长及其几何形态主要受控于构造沉降、海平面变化及气候条件，并确定了构造控制台缘结构和生物礁的分布，西南季风控制了礁体内幕结构和生长方向。依据地震资料解释，南海西部深水区生物礁可分为四个大型环形礁裙带。综合成藏因素分析，南海西部深水区生物礁勘探潜力大、勘探前景良好。

**关键词**　南海西部　深水　碳酸盐岩　生物礁　层序地层　勘探潜力

南中国海盆地在古近—新近纪普遍发育大规模生物礁，主要是在晚渐新统和中新统地层内（王国忠，2000）。自 20 世纪 70 年代勘探以来，我国南海北部盆地发现大量生物礁，而且发现了以流花 11-1 大油田为代表的多个生物礁油田。南海西部海域在北部湾、琼东南、珠江口（西部）盆地发现莺 9 井、涠洲 10-3N 等多个碳酸盐岩油藏。古近—新近系碳酸盐岩分布区主要位于盆地内构造隆起（凸起）区，如神狐隆起、松涛凸起。岩性主要为礁灰岩、生物灰岩、灰岩及少量白云岩。但之后生物礁的勘探一直未能获得新的发现，浅水区也未能发现新的生物礁。近年来，随着南海西部深水区地震资料大量采集，识别出大面积分布的丘状反射，深水区生物礁是否发育的问题引起了勘探家们的重视。

南海西部深水区是指南海北部西区水深介于 300 ~ 3000m 的范围，面积约计 $5.3 \times 10^4 km^2$，主要位于琼东南盆地南部，部分位于珠江口盆地西南部的神狐隆起。现今南海西部深水区勘探程度很低，仅钻 3 口探井，地震采集以二维资料为主。南海西部深水区领域广，面积大，覆盖琼东南、珠江口西部盆地主要沉积凹陷，古近—新近系沉积巨厚，根据现有资料分析，勘探潜力巨大。

本文通过南海西部盆地生物礁钻井的分析与深水区地震资料的研究，认为，南海西部深水区具有生物礁发育的良好条件，尤其是位于琼东南南部隆起上的广大地区，晚渐新统一中新统沉积时期具有充裕的生物礁发育背景条件，生物礁分布广，厚度大，预测储层发育。深水区生物礁具备有利的油气成藏条件，勘探潜力良好。

# 1 南海西部浅水区生物礁特征

琼东南、珠江口（西部）盆地浅水区发现莺9井、琼海36-2等典型生物礁及灰岩。古近—新近系生物礁分布主要位于盆地内构造隆起（凸起）区，如神狐隆起、松涛凸起。时代为晚渐新世和中中新世。岩性主要为礁灰岩、生物灰岩、灰岩及少量白云岩。

神狐隆起上琼海36-2生物礁最为典型，位于稳定台地上，面积127km²。韩江组生物礁厚度达224m（836～1060m），主要岩性为珊瑚藻、红藻灰岩，造礁生物为珊瑚藻、红藻。岩石裂缝、孔隙良好。

Ying9井位于琼东南盆地松涛凸起，钻遇生物碎屑灰岩，生物碎屑主要为红藻、珊瑚、苔藓虫、海百合和海绵，含少量有孔虫、介形虫、腕足、瓣鳃等。岩石孔隙发育，储层好。

琼东南盆地南部西沙群岛陆地早在1974年钻探的西永1井及之后钻探的多口钻井揭示，在新近纪生物礁持续生长到现今，生物礁厚度达1251m。岩石以虫藻屑隐晶礁灰岩和藻屑隐晶—细晶礁白云岩为主；生物相组合从下至上依次为：介形虫为主→直立式枝状格架藻类和披覆式结壳藻类组合→钙藻类＋珊瑚组合、底栖有孔虫增多。其沉积相从下至上则大体发育为礁基相→礁核相→礁滩共生相→局限台地礁相。造礁生物主要为珊瑚藻、红藻。说明新近纪以来，南海西部具有生物礁发育的良好古气候、古地理环境和生物背景条件。

# 2 深水区生物礁发育背景

## 2.1 南海海域生物礁发育基本条件

根据现有地震资料解释，在琼东南盆地深水区南部隆起区中新统识别出大量生物礁，分布广，具有典型的生物礁丘状反射特征（图1，图2）。生物礁的分布期次与南海盆地区域上生物礁发育的期次是一致的。

通过区域基底构造背景、主成礁期、古构造地理、古气候和古海平面变化等综合分析，明确了南海海域生物礁主要发育在陆壳地块上、晚渐新统至早、中中新统均具有生物礁的发育，其中，中新统为生物礁的主发育期，其具备三个必要条件：①该时期构造相对稳定，为南海海域的裂后缓慢沉降期。②海平面表现为相对稳定并缓慢上升期。③有稳定的陆壳隆起或地块。

## 2.2 深水区生物礁发育的有利因素

通过钻井、岩心和地震资料综合分析，南海西部深水区中新统生物礁具备良好的形成条件。其主要表现在研究区南部中新统充填沉积时发育有稳定的隆起或台地区；渐进的古海平面变化；适宜气候条件；多类型的造礁生物发育。研究区中新统基底沉降速率、邻区单井的高频层序单元的分析揭示，南海西部深水区生物礁生长基底为南部隆起区的稳定陆块基底，生物礁主生长期为早中新统三亚组晚期和中中新统梅山组，生物礁主要发育在每个层序的海进体系域中。

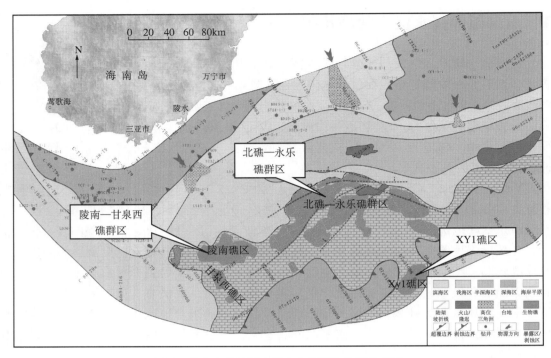

图 1　琼东南盆地深水区中中新世生物礁分布图

图 2　生物礁典型剖面（05e31083）

南部隆起区台地碳酸盐岩储层永乐隆起区除北缘有很小的几个断陷内发育古近系沉积外，大部分区域是早中新世以后伴随着热沉降才逐渐沉没水下接受沉积的。这时，隆起区与大陆物源区海南岛、越南东部主物源区都相距 200～300km，而且早期受到凹陷带、凸起带或海底大峡谷的阻隔作用，除南部隆起自身零星的高地可以提供局部的碎屑物外，基本上没有碎屑物质的补给，形成了一个远离岸线、陆地沉积作用影响微弱、远洋沉积居主导地位的大型浅水台地，为台地碳酸岩盐的发育创造了非常有利的环境条件。永乐隆起区永兴岛上的 XY1 井钻遇了自中新世早期（直接发育在老基底上）到第四纪长期发育的复合礁灰岩，说明，该区持续的构造沉降导致相对海平面上升为礁体提供稳定的生长空间，适合于礁体的发育和生长。

从跨越深水区深凹—低凸起—隆起区等构造单元的地震剖面沉降模拟分析可以看出，盆地演化总体经历了热沉降和加速沉降两个阶段。在南部隆起（包括松南和陵南低凸起上）主要表现为稳定、缓慢、递减的沉降过程，从 $T_{60}$ 和 $T_{40}$ 间充填沉积的沉降速率变化可以看出，热沉降期的沉降速率总体不大，在 $T_{52}$—$T_{60}$ 间构造沉降量最大 100m/Ma，最大总沉降量小于 200m/Ma，其后逐渐递减，至 $T_{40}$—$T_{41}$ 期间最大构造沉降量仅 50～60m/Ma，最大总沉降量小于 100m/Ma。指示晚渐新统至中中新统，南部隆起（包括松南和陵南低凸起区）总体为构造活动相对稳定并逐渐递减演化过程，有利于碳酸盐岩生物礁的生长发育。而在 T40 以后，其总沉降量剧升至 250m/Ma 以上，南部隆起迅速被淹没，生物礁生长终止。

# 3  南海西部生物礁发育特征

## 3.1  生物礁结构特征与分布

从二维地震剖面的精细解剖可以看出，研究区生物礁具有三大特征。

（1）海进退积淹没型。大量二维地震剖面上均发育自隆区边缘斜坡的台缘向隆起台内发育的四期呈环带状分布的生物礁滩体。

西永 1 井等单井多元参数分析厘定并恢复了研究区高频海平面变化，同时以沉积亚相为单元（岩心段以微相为单元），层序单元可划分到五级准层序。以此为基础，进行精细的层序分析，深水区主成礁期梅山组海进期有四次相对较大海泛—海进过程（四级旋回），每期又有 3～4 次更次级相对海泛—海进（五级旋回），这一海平面变化过程，在南海西部同时期的生物礁生长过程中均有很好的响应。

（2）礁相完整。地震剖面上礁前的前积反射相，礁核丘状反射相和礁后平行反射相分带明显，其中，礁核中还可划分出礁沟亚相和礁脊亚相（图3）。

（3）生物礁在古隆起及其边缘斜坡上稳定海进退积定植生长，并连片呈裙状。

## 3.2  生物礁生长模式和控制因素

南海西部深水区（不包括长昌生物礁）具有三类台缘结构及礁体生长模式。在南海西部深水区长乐隆起的东侧、东北和西北侧不同台缘背景可划分三种台缘结构和生物礁预测模型，即断控阶地型，断挠型，沉积斜坡型（图4）。不同类型台缘的结构特征、沉积相带分布、礁体生长特征及构造主控因素有差异。南部隆起台地边缘的台缘坡折沿着下伏隐蔽

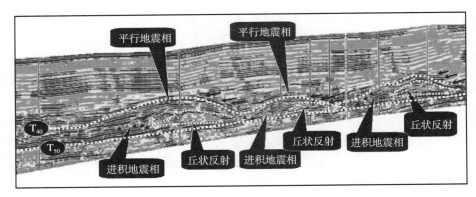

图 3　生物礁反演剖面

断裂走向发育，并直接控制了台地边缘和台前斜坡的沉积分界。南部隆起的北侧、台缘坡折和东侧台缘坡折主要受控于台缘斜坡带的两大隐伏的弧形帚状断裂体系和其间的转换带，即北侧隐伏帚状断裂体系和东侧隐伏帚状断裂体系及两大隐伏断裂体系间的转换带。

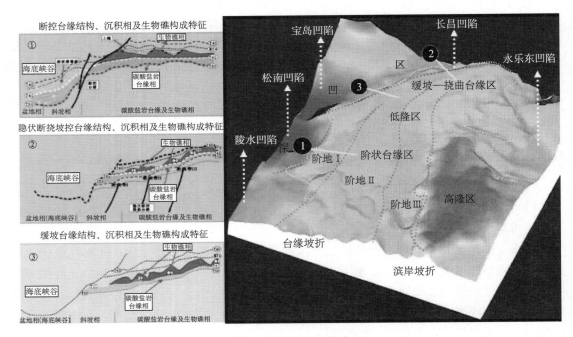

图 4　生物礁台地模式

　　台地的生长主要受构造运动、海平面变化、沉积作用及气候联合作用的控制，同时也受季风及洋流的控制。研究区台地边缘结构的不对称性及多种沉积几何样式，主要受控于构造活动及其引起的构造格局及古地貌格局的差异性以及古季风的影响，同时也受控于古洋流的分布特征。与此同时，构造及沉积速率的相对程度加之全球海平面的升降变化也导致了研究区不同部位相对海平面的升降变化以及沉积物生成量的变化。以上因素共同作用形成了研究区台地边缘沉积的不对称性的差异及多样性。构造、古气候、生物礁生长等各种因素导致了相对海平面的变化，相对海平面的变化最终导致了台地结构的不对称性。总体上，南部隆起边缘的梅山组四期呈环带状分布的台缘礁主要表现为相对海平面的持续上升过程，构造控、断坳控的台缘被有序的淹没，在古海水适宜的条件下各级台缘逐渐发育生物礁直至被淹没，并上升到上一台缘开始生物礁的生长过程，从而形成南部隆起上的呈环带状退积性结构台缘礁滩体（图5）。

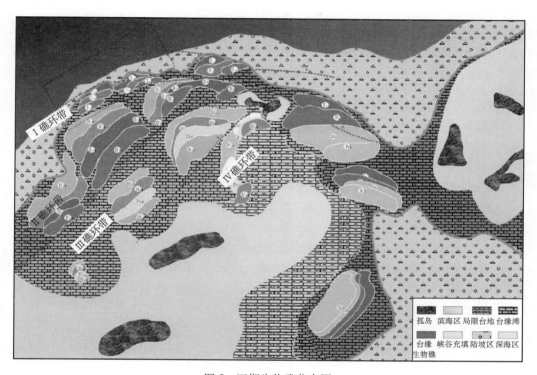

图 5　四期生物礁分布图

# 4　生物礁勘探潜力

根据礁体评价的五项指标（生物礁分布规律和规模、礁储层特征、离生烃凹陷的距离、礁体埋藏和保存条件、输导系统和成藏类型）将南海西部深水区南部隆起及其周缘的生物礁群划分出四类勘探区带。最有利勘探区带—Ⅰ礁环带、有利勘探区带—Ⅱ礁环带、较有利勘探区带—Ⅲ礁环带、具勘探前景区带—Ⅳ礁环带。

第Ⅰ礁环为具有①"沿倾向叠瓦退积生长，沿走向分块连片成裙"分布规律；②礁核和礁滩相发育，且遭受 $T_{40}$ 界面的长期暴露剥蚀，应具有良好的储集条件；③礁体位于台缘，紧邻生油主凹，具近源先得油的优越条件；④输导通畅，路径短，台缘的基底隐伏和同生生长断层发育，以断层输导为主；⑤ $T_{40}$ 后的区域海进，上覆沉积有厚层的莺—黄组海相泥岩盖层。第Ⅰ礁环为最有利的勘探区带。其中该礁环三维区面积约 $200km^2$，可分为东、西两个礁裙，可选择相应的勘探目标精细评价，建议选择有利礁体钻探。

# 5　结论和建议

通过与周边盆地对比研究，明确了南海地区古近—新近系生物礁形成背景，认为西部深水区具有生物礁发育有利条件，解剖了南海西部深水区典型生物礁构成特征。南海西部深水区生物礁形成可划分三类台缘结构及礁体生长模式。台地边缘结构的不对称性及多种沉积几何样式主要受控于构造活动及其引起的构造格局及古地貌格局的差异性以及古季风和古洋流的影响。

　　南海西部深水区生物礁分布广，厚度大，埋深浅，预测储层发育。生物礁可以作为深水勘探油气的储层类型之一，勘探潜力大。现有生物礁分布区三维地震资料范围小，建议加大三维地震采集，利于开展更精细的全三维刻画和描述。最后指出的是，因深水区无钻井，生物礁研究主要基于二维地震资料，认识仍存在一定的不确定性，有待今后进一步研究。

## 参 考 文 献

陈国威 . 2003. 南海生物礁及礁油气藏形成的基本特征 . 海洋地质动态，19(7)：32−37.
王国忠 . 2001. 南海珊瑚礁区沉积学 . 北京：海洋出版社 .

# 渤南低凸起碳酸盐岩潜山储层形成机制

于海波　周心怀　王德英　彭文绪　余宏忠

（中海石油（中国）有限公司天津分公司）

**摘　要**　渤南低凸起潜山基岩主要为元古宇或太古宇花岗岩、古生界碳酸盐岩和中生界火山碎屑岩，而碳酸盐岩潜山是渤南低凸起潜山中重要的油气勘探和开发目标，本文运用钻井、地震、岩心、薄片、测井等资料，以渤中28-1碳酸盐岩潜山油气田为例，对碳酸盐岩储层形成机制进行了综合分析，研究表明，岩性、沉积相、岩溶作用和构造破裂作用是储层发育的主要控制因素。①岩性和沉积相是储层形成的基础，渤南低凸起碳酸盐岩潜山岩性中白云岩普遍发育，灰岩发育相对比较局限，纵向上可划分为白云岩→泥岩→致密灰岩→白云岩→灰岩等岩性旋回，发育开阔海、局限海、潮间坪、潮坪、浅滩等沉积相带，油气主要分布在局限海、潮间坪和潮坪沉积相带中的白云岩和部分灰岩之中。②岩溶作用是储层形成的关键，纵向上可划分为风化壳岩溶带和内部溶蚀带，两个岩溶作用发育带之间被致密灰岩段或泥岩段所分隔，进而形成潜山内部两套油水系统；风化壳岩溶带的形成与潜山顶面具有密切关系，主要分布在潜山面以下 0 ~ 250m 的范围内，油气主要发育在 0 ~ 140m 的范围内；内部溶蚀带的形成与潜山内部平行不整合面—中寒武统底界面密切相关，主要是表生岩溶作用的结果，分布较为局限，主要分布在中寒武统底界面 0 ~ 150m 的范围内，油气主要发育在 0 ~ 130m 范围内；岩溶古地貌分析表明，岩溶高地边缘和宽缓的岩溶斜坡相带是古岩溶发育最有利的部位，储层优势发育，油气聚集丰度高。③构造破裂作用是储层形成的纽带，构造抬升作用形成的不整合面促进了岩溶型储层和各种类型裂缝的发育，分析表明，该潜山至少存在三期裂隙，主要发育半充填或未充填的构造缝和风化溶蚀缝两种类型，集中分布在风化壳附近，可形成裂缝—孔洞型和孔洞—裂缝型储层，大大改善了储层的孔渗性。

**关键词**　渤南低凸起　碳酸盐岩潜山　形成机制　岩溶作用

## 1　概况

　　渤南低凸起位于渤海海域南部，近东西走向，自西向东逐渐抬升，被郯庐走滑断裂带的东西支分割成三大段。渤南低凸起东接庙西凹陷，向西倾没，并与埕北低凸起相邻，北临渤中凹陷，南临黄河口凹陷（图 1），南北两侧发育的边界断裂深入烃源岩之中，油气运移通畅。目前，在渤中低凸起上已经发现了 BZ26-2、BZ27-4、BZ28-1、PL19-3 等多个大中型油气田及含油气构造，油气主要富集在前古近系潜山、古近系和新近系等层系之中，是典型的复式油气聚集区带。

　　渤南低凸起前古近系潜山岩性比较复杂，主要包括元古宇变质花岗岩、古生界碳酸盐岩和中生界火山碎屑岩（图 1），本文研究的古生界碳酸盐岩潜山位于渤南低凸起中段，主要由寒武系、奥陶系组成，是在元古宇变质花岗岩基底上发育起来的碳酸盐岩沉积，是目前潜山中主要的含油层系，内部地层产状表现为北东倾向的单斜构造，已经发现的 BZ28-1 油气田就属于断块型碳酸盐岩油气田，储层主要为奥陶系和寒武系的白云岩。

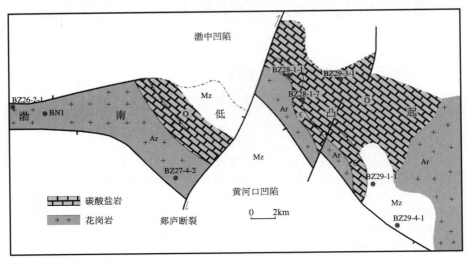

图 1　渤南低凸起区域位置及基岩分布图（据曾选萍等，2010）

## 2　储层特征

古生界碳酸盐岩潜山地层岩性较复杂，主要包括白云岩、灰岩、云灰岩、灰云岩和泥岩等。白云岩分布比较广泛，奥陶系、寒武系各层段中均有发育，是主要的储集岩性；灰岩发育比较局限，主要发育在奥陶系上马家沟组、寒武系张夏组之中；灰云岩、云灰岩发育局限，仅在奥陶系下马家沟组、上寒武统中见有发育。

岩心物性分析结果表明，白云岩物性普遍好于灰岩，白云岩平均孔隙度 3.3%、平均渗透率 2.0mD，灰岩平均孔隙度 2.1%、平均渗透率 0.1mD。在白云岩之中，以粉—细晶、粉晶白云岩的孔渗最好，孔隙度在 3.2% ~ 6.9% 之间，渗透率在 0.9 ~ 3.9mD 之间。

岩心和薄片观察揭示，古生界碳酸盐岩储集岩储集空间主要为成岩后生作用、构造作用和风化溶蚀作用形成的次生孔隙，按其成因及对储层贡献的大小，可主要划分为晶间孔、构造缝、溶蚀孔隙等三大类。

（1）晶间孔。孔间有晶间缝或喉道相连通，孔径和分布一般都较为均匀，在下寒武统、上寒武统、下奥陶统的白云岩中最为发育。

（2）构造缝十分发育，几乎各个层段、每块岩心上均可见到，多为半充填或未充填，充填物主要为方解石和碎屑物质。

（3）溶蚀孔隙。碳酸盐岩储集岩遭受过漫长地质时期的风化、溶蚀作用，溶蚀现象普遍，溶蚀孔隙发育，形态不规则，依据其产状特征，又可细分为晶间、晶内溶蚀孔隙，粒间、粒内溶蚀孔隙等，白云岩溶蚀孔隙相对发育，灰岩发育较差，肉眼与镜下观察表明，孔隙充填现象普遍，从全充填比例来看，白云岩较低，灰岩较高，灰云岩介于其间。

# 3 储层形成机制

## 3.1 岩性和沉积相是储层形成的基础

沉积环境对碳酸盐岩储层的发育具有重要的控制作用（王雷等，2005），储层储集条件的好坏及后期变化均与沉积物类型和沉积环境有明显关系（赵文智等，1998）。钻井资料统计结果表明，古生界碳酸盐岩主要包括灰岩、白云岩、灰质白云岩、白云质灰岩、泥质灰岩、泥质白云岩、鲕粒灰岩等，白云岩普遍发育，灰岩发育相对比较局限，纵向上可划分为白云岩→泥岩→致密灰岩（鲕粒灰岩）→白云岩→灰岩等岩性旋回（图2），不同岩性之间的含油气性及其油气产能存在差异，白云岩的含油气性最好、产能最高，其次为石灰岩，

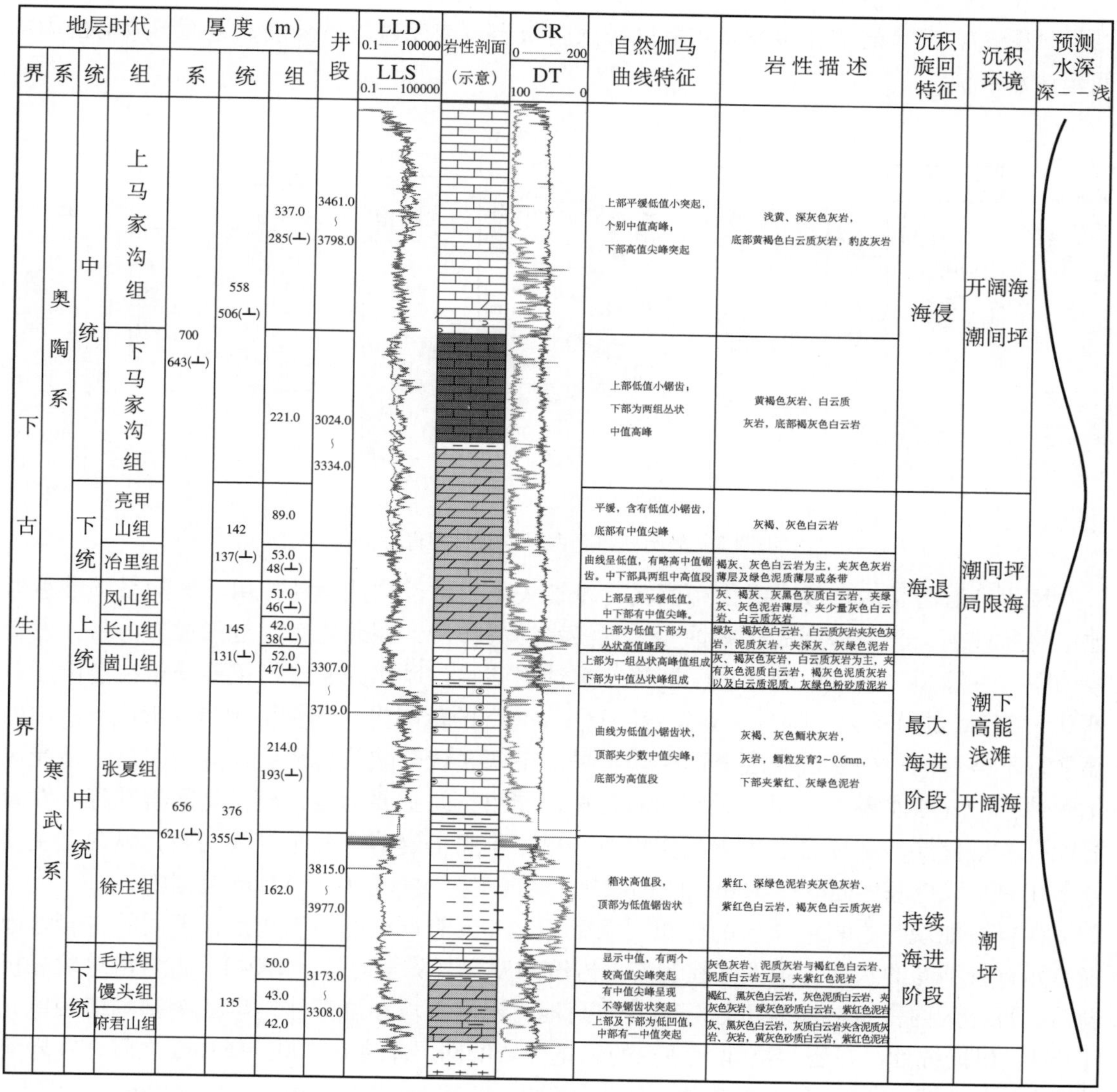

| 界 | 系 | 统 | 组 | 厚度(m) 系 | 厚度(m) 统 | 厚度(m) 组 | 井段 | 自然伽马曲线特征 | 岩性描述 | 沉积旋回特征 | 沉积环境 | 预测水深 深--浅 |
|---|---|---|---|---|---|---|---|---|---|---|---|---|
| 下古生界 | 奥陶系 | 中统 | 上马家沟组 | 700 / 643(⊥) | 558 / 506(⊥) | 337.0 | 3461.0 285(⊥) 3798.0 | 上部平缓低值小突起，个别中值高峰突起，下部高值尖峰突起 | 浅黄、深灰色灰岩，底部黄褐色白云质灰岩，豹皮灰岩 | 海侵 | 开阔海 潮间坪 | |
| | | | 下马家沟组 | | | 221.0 | 3024.0~3334.0 | 上部低值小锯齿，下部为两组丛状中值高峰 | 黄褐色灰岩、白云质灰岩，底部褐灰色白云岩 | | | |
| | | 下统 | 亮甲山组 | | 142 / 137(⊥) | 89.0 | | 平缓，含有低值小锯齿，中值高峰 | 灰褐、灰色白云岩 | 海退 | 潮间坪 局限海 | |
| | | | 冶里组 | | | 53.0 48(⊥) | | 曲线呈低值，有略高中值锯齿。中下部具两组中高值丛状尖峰 | 褐灰、灰色白云岩为主，夹灰色白云质薄层及绿色泥质条带 | | | |
| | 寒武系 | 上统 | 凤山组 | | 145 / 131(⊥) | 51.0 46(⊥) | | 上部呈现平缓低值，中下部有中值尖峰 | 灰、褐灰、黄褐色白云岩，夹灰绿色泥岩 | | | |
| | | | 长山组 | | | 42.0 38(⊥) | | 上部为低值下部为丛状高值尖峰 | 绿灰、褐灰色灰岩、白云岩夹灰绿岩、泥质灰岩 | | | |
| | | | 崮山组 | | | 52.0 47(⊥) | 3307.0~3719.0 | 上部一组丛状高峰值组成，下部为中值丛状高峰组成 | 灰褐、灰色灰岩、灰质白云质灰岩为主，有灰绿色泥质岩以及白云质泥质、灰绿色粉砂质泥岩 | 最大海进阶段 | 潮下 高能 浅滩 开阔海 | |
| | | 中统 | 张夏组 | 656 / 621(⊥) | 376 / 355(⊥) | 214.0 193(⊥) | | 曲线呈低值小锯齿状，顶部少数中值尖峰，底部为高值段 | 灰褐、灰色鲕状灰岩，鲕粒直径2~0.6mm，下夹紫红、灰绿色泥岩 | | | |
| | | | 徐庄组 | | | 162.0 | 3815.0~3977.0 | 箱状高值段，顶部为低值锯齿段 | 紫红、深灰绿色泥岩夹灰黑色泥岩，紫红色白云岩，褐灰色白云质灰岩 | 持续海进阶段 | 潮坪 | |
| | | 下统 | 毛庄组 | | 135 | 50.0 | 3173.0~3308.0 | 显示中值，有两个较高值中值尖峰突起 | 灰色泥岩、泥质灰岩与紫红色白云岩互层，泥质白云岩 | | | |
| | | | 馒头组 | | | 43.0 | | 有中值尖峰呈现不等锯齿状变起 | 褐灰、黑灰色白云岩，灰质泥质灰岩，灰岩，黄灰色砂质白云岩 | | | |
| | | | 府君山组 | | | 42.0 | | 上部及下部为低值凹曲，中部有一中值突起 | 褐、黑灰色白云岩，灰质白云岩夹含泥质岩、灰岩，紫红色白云岩 | | | |

图2 渤南低凸起碳酸盐岩潜山储层综合柱状图

灰质白云岩、白云质灰岩次之，鲕粒灰岩的含油气性最差、基本上没有油气产出。

根据岩石类型、沉积构造、生物化石等资料的分析，结合钻井、测井资料，古生界可主要划分为开阔海、局限海、潮间坪、浅滩、潮坪等五个主要的沉积相带（图2），其中局限海、潮间坪和云坪是有利储层形成发育的主要相带，位于海水相对较浅的区域，白云岩发育，灰岩次之，白云岩以颗粒结构为主，晶间孔、晶间溶孔发育，后经构造作用，暴露地表，遭受风化剥蚀和大气淡水淋滤作用，形成以溶蚀作用为主的储集类型，因此，局限海、潮间坪和云坪是古生界碳酸盐岩潜山中有利的储集相带。

### 3.2 岩溶作用是储层形成的关键

研究区内岩溶作用普遍发育，是形成区内储集空间的主要原因之一，在岩心和薄片上普遍见有溶蚀孔洞、粒内溶孔、晶间溶孔、溶蚀缝、溶蚀孔隙等与岩溶作用相关的现象。

根据研究区内钻井、岩心中的岩溶发育特征，纵向上可划分为风化壳岩溶带和内部溶蚀带（图3），两个岩溶作用发育带之间被致密灰岩段或泥岩段所分隔，进而形成潜山内部两套油水系统。

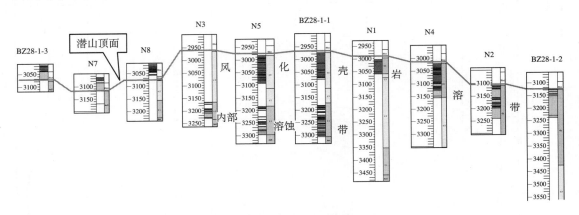

图 3  渤南低凸起古岩溶储层发育特征

风化壳岩溶带的形成与潜山顶面具有密切关系，由于构造运动作用，奥陶系碳酸盐岩地层暴露地表，长期遭受风化剥蚀、大气淡水淋滤作用，在风化壳附近形成岩溶带，发育溶蚀型、裂缝型、溶蚀—裂缝型、裂缝—溶蚀型储层，风化壳岩溶带主要分布在潜山面以下 0 ~ 250m 的范围内，油气主要发育在 0 ~ 140m 的范围内；内部溶蚀带的形成与潜山内部平行不整合面—中寒武统底界面密切相关，下寒武统碳酸盐岩地层暴露地表后，遭受风化剥蚀、大气淡水淋滤作用的时间相对较短，储集空间主要为溶蚀缝、晶间溶孔等，发育溶蚀孔隙型储层，主要是表生岩溶作用的结果，平面上岩溶带分布较为局限，纵向上主要分布在中寒武统底界面 0 ~ 150m 的范围内，油气主要发育在 0 ~ 130m 范围内。

古岩溶地貌与古岩溶储层的分布关系密切，并具有严格的控制作用，不同的古岩溶地貌单元有着不同的水动力条件并控制着古岩溶的发育（陈学时等，2004）。古岩溶地貌分析表明，研究区内古岩溶地貌可划分为岩溶高地、岩溶斜坡和岩溶洼地等三个基本地貌单元（图4）。根据统计，在岩溶高地上钻探的风化壳岩溶储层厚度在 100 ~ 110m 之间，在岩溶斜坡上钻探的风化壳岩溶储层厚度主要分布在 90 ~ 130m 之间，最高可达 240m；平面上，风化壳岩溶带内油气分布具有连片分布的特征，受局部构造圈闭的控制较小，而在内部岩溶带内，油气分布较为局限。这表明，宽缓的岩溶斜坡和岩溶高地边缘是岩溶储层发育和油气聚集最有利的地区。

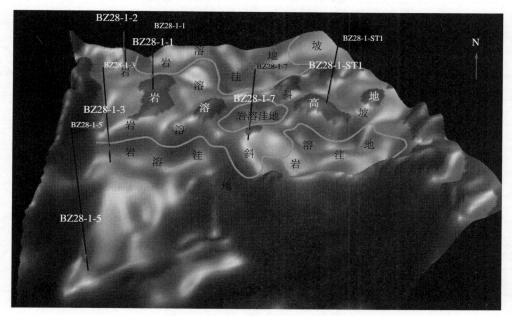

图4　渤南低凸起碳酸盐岩潜山古岩溶地貌图

### 3.3　构造破裂作用是储层形成的纽带

构造运动导致研究区内发育两个大型的不整合面：奥陶系与古近系相接触的角度不整合面和寒武系内部中寒武统与下寒武统之间缺失徐庄组形成的平行不整合面，在不整合面附近，古岩溶储层极为发育，可形成大规模的溶蚀缝、孔、洞等。

古生界碳酸盐岩经历了多期构造运动，发育众多断裂和由断裂活动而产生的裂缝，这些断裂和裂缝可进一步构造油气的储集空间和渗流通道。统计分析表明，研究区内的裂缝主要发育在风化壳附近（表1），并多呈高角度发育，根据其相互切割关系，至少可识别出三期裂隙，可进一步划分为构造缝和风化溶蚀缝两大类，这些裂隙多为半充填或未充填，早期缝主要被方解石充填，充填紧密，多为全充填，晚期缝切割早期缝，充填物主要为碎屑物质，多为半充填，且充填松散。这些裂缝对储层的改善具有十分重要的意义，可形成裂缝—孔隙（洞）型和孔隙（洞）—裂缝型储层，大大改善了储层的孔渗性。

## 4　结论

（1）渤南低凸起碳酸盐岩潜山储层岩性以白云岩为主，分布广泛，普遍发育，其次为灰岩，发育比较局限，白云岩储层物性由于灰岩发育晶间孔、构造缝和溶蚀孔隙等三大类储集空间。

表1 渤南低凸起碳酸盐岩潜山裂缝发育统计表

| 层 位 | | 1 井 | | | 2 井 | | | 7 井 | | |
|---|---|---|---|---|---|---|---|---|---|---|
| | | 裂缝发育段(m) | 层厚(m) | 裂缝段百分比 | 裂缝发育段(m) | 层厚(m) | 裂缝段百分比 | 裂缝发育段(m) | 层厚(m) | 裂缝段百分比 |
| 奥陶系 | 上马家沟组 | | | | | | | | | |
| | 下马家沟组 | | | | | | | 46 | 221 | 20.8 |
| | 亮甲山组 | | | | 169.5 | 299 | 56.7 | 27.9 | 101 | 27.6 |
| | 冶里组 | | | | | | | | | |
| 上寒武系 | 凤山组 | 52 | 79 | 65.8 | 50 | 106 | 47.2 | | | |
| | 长山组 | 11.5 | 37 | 31 | 含泥质重 | 40 | | | | |
| | 崮山组 | 含泥质重 | 23.5 | | 含泥质重 | 34 | | | | |
| 中寒武系 | 张夏组 | 不发育 | 57.5 | | 不发育 | 208 | | | | |
| | 徐庄组 | | | | 泥岩 | 162 | | 不发育 | | |
| | 毛庄组 | 泥岩 | | | 泥岩 | 13 | | | | |
| 下寒武系 | 馒头组 | 含泥质重 | | | | | | | | |
| | 府君山组 | 28 | 42 | 66.7 | | | | | | |

（2）岩性和沉积相是储层形成的基础，纵向上可划分为白云岩→泥岩→致密灰岩→白云岩→灰岩等岩性旋回，发育开阔海、局限海、潮间坪、潮坪、浅滩等沉积相带，油气主要分布在局限海、潮间坪和潮坪沉积相带中的白云岩和部分灰岩之中。

（3）岩溶作用是储层形成的关键，纵向上可划分为风化壳岩溶带和内部溶蚀带，两个岩溶作用发育带之间被致密灰岩段或泥岩段所分隔，进而形成潜山内部两套油水系统；风化壳岩溶带的形成与潜山顶面具有密切关系，主要分布在潜山面以下0～250m的范围内，油气主要发育在0～140m的范围内；内部溶蚀带的形成与潜山内部平行不整合面—中寒武统底界面密切相关，主要是表生岩溶作用的结果，分布较为局限，主要分布在中寒武统底界面0～150m的范围内，油气主要发育在0～130m范围内；岩溶古地貌分析表明，岩溶高地边缘和宽缓的岩溶斜坡相带是古岩溶发育最有利的部位，储层优势发育，油气聚集丰度高。

（4）构造破裂作用是储层形成的纽带，构造抬升作用形成的不整合面促进了岩溶型储层和各种类型裂缝的发育，分析表明，该潜山至少存在三期裂隙，主要发育半充填或未充填的构造缝和风化溶蚀缝两种类型，集中分布在风化壳附近，可形成裂缝—孔洞型和孔洞—裂缝型储层，大大改善了储层的孔渗性。

## 参 考 文 献

陈学时，易万霞，卢文忠．2004．中国油气田古岩溶与油气储层．沉积学报，22（2）：244-253．

王雷，史基安，王琪等．2005．鄂尔多斯盆地西南缘奥陶系碳酸盐岩储层主控因素分析．油气地质与采收率，12（4）：10-13.

王世虎，宋国奇，徐春华等．1997.胜利油区早古生代沉积相.岩相古地理，17（6）：32-37.

徐春华，宋国奇，陈丽．1997.胜利油区下古生界潜山岩溶作用及宏观储集特征.复式油气田，3：32-37.

赵文智，张光亚，何海清等．1998.中国海相石油地质与叠合盆地含油气盆地.北京：地质出版社.

曾选萍，茆利，王玉静等．2010.渤南低凸起潜山岩性识别及储集性能预测.特种油气藏，17（3）：27-30.

曾治平，倪建华．2002.断裂系统对渤南低凸起油气藏分布的影响.海洋石油，114（4）：32-36.

# 陕北斜坡上古生界储层裂缝形成时限讨论[❶]

## 万永平　张丽霞

（陕西延长石油（集团）有限责任公司研究院）

**摘　要**　储层裂缝研究是低渗致密岩性油气藏研究的关键。文章从鄂尔多斯盆地构造背景出发，通过显微构造研究、成岩作用研究及储层微裂缝中的流体包裹体测温研究，认为，研究区上古生界储层微裂缝发育时间晚于压溶作用发生时间，而早于储层最大埋深时间即排烃高峰期。储层微裂缝的发育为上古生界气藏的成藏提供了必要的运移通道。

**关键词**　陕北斜坡　上古生界　微裂缝　流体包裹体

鄂尔多斯盆地东缘陕北斜坡上古生界储层主要为石炭系本溪组及二叠系山西组、石盒子组，储层埋深为 2400～3200m，盆地内部褶皱、断裂等构造不发育，为典型的低孔、低渗岩性气藏（Fu Jinhua，2004）。在低孔、低渗油气藏中，天然裂缝的发育成为油气运移通道及储存空间，同时，也是主导人工压裂规模的主要因素之一。裂缝发育特征的研究成为寻找油气富集区、井网优化、井位部署及提高单井产量的关键（Steve，2000）。文章从矿物颗粒尺度、微裂缝的发育特征及其内部流体包裹体的形成条件、发育期次等角度出发，结合盆地构造热演化过程研究了储层微裂缝的形成过程及时限，为研究天然气运移及成藏提供了必要的基础。

## 1　区域构造背景

鄂尔多斯盆地自古生代以来是一个稳定的陆内克拉通盆地，以特提斯构造域开合和古太平洋板块俯冲为代表的印支运动和以秦岭陆内造山运动为代表的燕山运动使盆地发生了整体旋转和抬升，在盆地内部未形成断裂褶皱等大型构造。但在周缘统一应力场的作用下，在盆地内部古生界至中生界形成构造微裂缝，成为盆地油气运移及成藏的通道及场所，特别为上古生界气藏的垂向运移及形成"近源运聚"气藏提供了构造基础。

## 2　微裂缝发育特征

基于矿物颗粒尺度的微裂缝是宏观裂缝的微观表现，可以更准确地反映构造事件、异常高压事件以及成岩过程。微裂缝的研究主要针对裂缝面形态、裂缝宽度、开启状态、充

---

❶ 资助项目：科技部项目"低（超低）渗透油田高效增产改造和提高采收率技术研究与产业规范化"（2007BAB17B00）；企业项目"延长探区上古生界储层裂缝预测及评价"（YCSY2009-A-08）。

填物、裂缝发育期次及各期次发育的主要方向，为宏观构造提供微观佐证。

　　研究区碎屑岩中微裂缝表面较平直，充填有流体包裹体（图1，图2），缝宽一般在 3～5μm。裂缝一般切穿石英、长石等脆性矿物颗粒，在发育加大边的石英颗粒上，微裂缝同时切穿石英颗粒矿物及加大边（图3），在绿泥石等层状硅酸盐矿物边缘终止或改变发育方向。微裂缝一般呈共轭形式产出，共轭角在50°～70°之间（图3，图4），为剪性破裂。

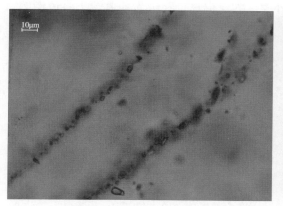

图1　山西组石英颗粒中微裂缝及包裹体

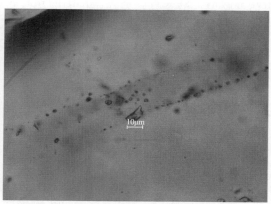

图2　石盒子组石英颗粒中微裂缝及流体包裹体

图3　山西组石英颗粒中微裂缝交切关系

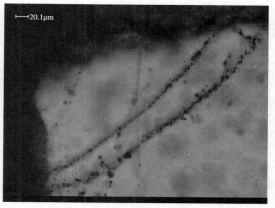

图4　石盒子组石英颗粒中微裂缝交切关系

# 3　包裹体产状

　　研究区上古生界砂岩储层成岩作用最高经历了晚成岩作用B期，在晚成岩作用A1亚期主要发育压溶作用，形成石英次生加大边，对储层渗透性造成破坏。固结成岩作用后期，在区域应力场作用下，岩石发育微裂缝。在形成石英加大边及微裂缝过程中，地层中的流体相物质被捕获在生长矿物的晶体缺陷及微裂缝中形成流体包裹体，包裹体显微测温可以为储层演化过程中最关键的成岩温度条件提供直接证据。

### 3.1 石英次生加大边中包裹体

形成于石英加大边中的流体包裹体一般沿加大边呈弧形状分布（图5），包裹体胚腔形态受成岩作用的限制而呈不规则状发育，其内部包裹体一般呈近圆形（图5，图6），包裹体直径多在 3 ~ 7μm 之间，个别可达 6 ~ 8μm。多个包裹体呈"串珠状"成群展布，主要发育盐水包裹体及少量含液态烃盐水包裹体。前者在单偏光显微镜下无色透明；后者包裹体壁略厚，液态烃附着在包体内壁和气泡外缘，为浅褐色，在荧光显微镜下具微弱的黄绿色荧光（图6）。

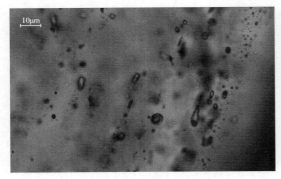 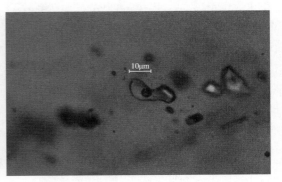

图5　山西组石英加大边中流体包裹体　　　　　图6　石盒子组石英加大边中流体包裹体

### 3.2 微裂缝中包裹体

岩层在固结成岩作用后期，在区域构造应力作用下发生应力—应变变形，当构造应力达到岩石破裂强度之后，岩石产生破裂作用形成微裂缝。研究区目的储层微裂缝中多发育流体包裹体，包裹体一般沿微裂缝呈雁列状—条带状分布，单个包裹体形态一般为长轴平行于微裂缝的椭圆状或不规则状（图1，图2，图4），包裹体长短轴之比多在 2：1 ~ 3：1 之间，长轴一般在 3 ~ 5μm 之间。包裹体类型主要为盐水包裹体及含烃类盐水包裹体。

## 4 包裹体形成条件

流体包裹体是捕获在矿物晶体缺陷或微裂缝中的均一流体，经后期降温分异成固态、液态及气态等三种相态。其能很好地记录成岩作用阶段的温度、盐度、压力等信息，并不受后期地质事件的影响及改造（卢焕章，2004；刘斌，1999），通过测试各个地质演化阶段的流体包裹体，可以获得对应各阶段的热演化温压条件。

在文章研究过程中，自下而上分别对上古生界二叠系山西组山2段、山1段及石盒子组盒8段微裂缝及石英加大边中发育的流体包裹体进行均一测温（表1），测试结果显示，微裂缝中均一温度较高且自上而下温度逐渐升高，最高达到 140 ~ 150℃；石英加大边中温度较低，但自上而下温度升高的趋势不变，最高温度为 120℃左右。

表1 研究区上古生界二叠系流体包裹体分析结果表

| 赋存状态 | 宿主矿物 | 层位 | 直径（μm） | 气液比 | 类型 | 均一相态 | 成因 | 均一温度（℃） | 冰点温度（℃） | 盐度（NaCl）百分含量（%） |
|---|---|---|---|---|---|---|---|---|---|---|
| 微裂缝 | 石英 | 盒8段 | 4～8 | 3～8 | 盐水 | 液相 | 次生 | 120～140 | -4.2～-3.7 | 6.01～6.74 |
| | 石英 | | 3～5 | 3～5 | $CO_2$ | 液相 | 次生 | 32～35 | | |
| | 石英 | 山1段 | 3～6 | 5～7 | 盐水 | 液相 | 次生 | 140～150 | -4.2～-3.7 | 6.2～6.8 |
| | 石英 | 山2段 | 3～5 | 5～7 | 盐水 | 液相 | 次生 | 140～150 | -4.9～-3.7 | 4.81～7.83 |
| | 石英 | | 2～5 | 3～5 | $CO_2$ | 液相 | 次生 | 30～34 | | |
| 石英加大边 | 石英 | 山1段 | 3～7 | 3～8 | 盐水 | 液相 | 次生 | 110～120 | -6.9～-2.5 | 3.71～7.86 |
| | 石英 | 山2段 | 3～7 | 4～8 | 盐水 | 液相 | 次生 | 120～130 | -4.8～-3.7 | 6.34～10.36 |

注：数据由西安石油大学陕西省油气成藏地质学重点实验室 Linkam THM600 冷热台测得。

# 5 裂缝形成时限讨论及成藏意义

## 5.1 储层最大埋深时限

根据盆地古地温史及热演化温度，可以很好地推算盆地埋深及油气演化史。鄂尔多斯盆地自晚古生代以来是一个持续沉降、低热坳陷的内陆盆地，盆地中生代地温梯度为 3.3～4.5℃/100m，其中，盆地东缘陕北斜坡地温梯度为 4.4℃/100m。

研究区目的储层镜质组反射率（$R_o$ 值）在 1.80～1.86 之间，个别可达 1.93，根据前人建立的镜质组反射率与古地温的关系式：

$$R_o = 0.0113 \times T - 0.233$$

式中，$R_o$ 为镜质组反射率；$T$ 为古地温（℃）。

可得该区目的储层经历的最高热演化温度可达 185℃。前人研究认为，研究区二叠系底部在晚侏罗世—早白垩世达到最大埋深（赵宏刚，2005），最大深度达到 4300m，同时，盆地热演化程度达到最高，为烃源岩的最大生排烃期（任战利等，2007）。

## 5.2 裂缝形成时限

研究区上古生界砂岩储层发育压溶作用，该过程形成的石英次生加大边发生在晚成岩作用阶段 A 期，由前述石英颗粒中的微裂缝与石英加大边的交切关系及加大边与微裂缝中流体包裹体温度测试结果可知，微裂缝形成时期晚于石英次生加大边而早于目的储层最大埋深时期，即目的储层微裂缝形成于早白垩世之前。

## 5.3 微裂缝的成藏意义

研究区目的储层为典型的低渗致密的岩性气藏，盆地内部无断裂构造发育，储层裂缝的发育成为天然气运移及成藏提供了必要条件：①晚成岩作用 A 期发育的压溶作用形成石英次生加大边，对储层渗透性造成进一步破坏，发育在其后的微裂缝起到了改善储层渗透性的作用。②研究区上古生界储层低渗致密，储层与烃源岩之间发育 20 ~ 40m 厚的碳酸盐岩及 40 ~ 90m 厚的泥岩隔层，在盆地大规模排烃期之前形成的储层微裂缝的发育成为天然气垂向运移的构造基础。

# 6 结论

（1）研究区目的储层主要发育剪性微裂缝，微裂缝形成于早白垩世之前，即上古生界烃源岩排烃高峰期之前，而晚于石英次生加大边的形成时限。

（2）研究区目的储层经历了压溶成岩作用，形成的石英次生加大边对储层渗透性造成进一步破坏，形成于次生加大之后的微裂缝切穿了加大边，对储层渗透性有一定的改善作用。

（3）储层微裂缝的发育为天然气垂向运移提供了必要的运移通道，同时为天然气成藏提供了储存空间。

## 参 考 文 献

刘斌，沈昆．1999. 流体包裹体热力学．北京：地质出版社，44-49.

卢焕章，范宏瑞．2004. 流体包裹体．北京：科学出版社，232-240.

潘雪峰，曾伟，张庄．2006. 青西区块裂缝型储层微观特征及意义．西南石油学院学报，28（5）：36-39.

任战利，张盛，高胜利等．2007. 鄂尔多斯盆地构造热演化史及其成藏成矿意义．中国科学 D 辑，23（增刊 I）：23-32.

苏培东，秦启荣，黄润秋．2005. 储层裂缝预测研究现状与展望．西南石油学院学报，27（5）：14-17.

王香增，万永平．2008. 油气储层裂缝定量描述及其地质意义．地质通报，27（11）：1939-1942.

夏毓亮，林锦荣，刘汉彬．2003. 中国北方主要产铀盆地砂岩型铀矿成矿年代学研究．铀矿地质，19（3）：129-136.

谢奕汉，范宏瑞，王英兰．1998. 流体包裹体与盆地油气的生成和演化．地质科技情报，17（增刊）：100-104.

谢奕汉，范宏瑞，王英兰．1999. 石油包裹体与石油成熟度及油气演化．海相油气地质，4（3）：32-35.

杨华，席胜利．2002. 长庆天然气勘探取得的突破地质勘探．天然气工业，22（6）：10-12

曾联波，李跃纲，王正国等．2007. 邛西构造须二段特低渗透砂岩储层微观裂缝的分布特征．天然气工业，17（6）：45-48.

张泓．1996. 鄂尔多斯盆地中新生代构造应力场．华北地质矿产杂志，11（1）：87-92.

张文淮，陈紫英．1993. 流体包裹体地质学．武汉：中国地质大学出版社，16-96.

张义楷，周立发．2006. 鄂尔多斯盆地中新生代构造应力场与油气聚集．石油试验地质，28（3）：215-219.

赵宏刚. 2005. 鄂尔多斯盆地构造热演化与砂岩型铀成矿. 铀矿地质, 21 (5): 275—282.

朱志澄, 宋鸿林. 1990. 构造地质学. 武汉: 中国地质大学出版社, 50—56.

Eadington P J. 1991. Fluid history analysis: A new concept for prospect evaluation. The APEA Journal, 31: 301—320.

Fu Jinhua, Xi Shengli, Liu Xinshe. 2004. Complex Exploration Techniques for the Low-permeability Lithologic Gas Pool in the Upper Paleozoic of Ordos Basin. Petroleum cience, 1 (2): 111—118.

Orlando J. Ortega, Randall A. Marrett, Stephen E. Laubach. 2006. A scale-independent approach to fracture intensity and average spacing measurement. AAPG Bulletin, 90 (2): 193—208.

Steve Laubach et al. 2000. New directions in fracture characterization. Geologic column, 704—711.